한국산업인력공단 새 출제기준에 따른!!

# 굴착기 운전기능사

## 기중기·로더·불도저 공통

대한민국 국가대표 브랜드
국가자격 시험문제 전문출판
에듀크라운
국가자격시험문제 전문출판
최고의 적중률!! 최고의 합격률!!
크라운출판사
국가자격시험문제 전문출판
http://www.crownbook.com

# 머리말

건설 기계 관련 자격증 취득자는 매년 증가하고 있는데, 2018년 9월 기준으로 총 1,287천 개(전년 대비 5.8% 증가)이다. 면허가 가장 많이 발급된 건설 기계는 지게차(3톤 미만 지게차 포함) 678천여 개이며, 다음으로 굴착기(3톤 미만 굴착기 포함) 375천여 개, 로더(5톤/3톤 미만 로더 포함) 93천여 개, 기중기 70천여 개, 불도저(5톤 미만 불도저 포함) 22천여 개 순으로 많았다. 국토 교통부에 등록된 건설 기계 수도 매년 증가하여 2018년 9월 기준, 500,624대(전년 대비 2.7% 증가)에 이르고 있다.(국토 교통부, '건설 기계 현황 통계', 2018.9.30.).

그러나 건설 기계 조종사 면허 수는 실제 건설 기계 운전원으로 취업한 사람 수를 의미하지 않는다. 건설 기계 운전원들이 일거리 확보 차원에서 여러 기종의 조종사 면허를 중복하여 취득하는 경우가 많기 때문이다.

크라운 출판사의 본서『굴착기 운전 기능사(기중기 · 로더 · 불도저 공통)』는 건설 기계 운전면허 시험의 실제 현장에서 발생하는 이와 같은 현상을 현실적으로 반영하여, 다양한 건설 기계 면허를 취득해 건설 현장에서 경쟁력을 갖추고자 하는 수험생의 요구에 부합하도록 기획되었다.

건설 기계 관련 취업 시장의 전망은 현 상태를 유지할 것으로 보인다. 우리나라의 SOC 건설이 성숙기에 접어들어 신규 건설 수주와 투자가 이전과 같이 크지는 않겠지만, 이전에 건설된 SOC 시 설이 노후화됨에 따라 유지 보수 업무가 증가할 것으로 보인다. 또한 노후 건물의 증가에 따른 유지 보수 및 리모델링 시장이 빠르게 성장할 것으로 예상된다.

재건축/재개발 증가, 침체된 도심을 되살리는 도시 재생 사업 증가, 소득 증가 및 노령화 · 가치관 변화에 따른 다양한 유형의 신규 주택(타운 하우스, 전원주택, 고급 주택, 스마트 홈, 실버 하우스, 요양 시설 등) 수요 증가, 여가 활동 및 문화 욕구 증대에 따른 생활 SOC(체육 시설, 도서관, 박물관, 복지 시설 등의 사회 간접 자본) 발주 증가, 3기 신도시 건설 계획 등의 요인들도 건설 기계 운전원의 일자리에 긍정적이다.

# 출제기준(필기)

| 직무 분야 | 건설 | 중직무 분야 | 건설 기계 운전 | 자격 종목 | 굴착기 운전 기능사 | 적용 기간 | 2022.1.1.~2024.12.31. |
|---|---|---|---|---|---|---|---|
| ○ 직무 내용 : 건설 현장의 토목 공사 등을 위하여 장비를 조종하여 터파기, 깎기, 상차, 쌓기, 메우기 등의 작업을 수행하는 직무이다. | | | | | | | |

| 필기 검정 방법 | 객관식 | 문제 수 | 60 | 시험 시간 | 1시간 |
|---|---|---|---|---|---|

| 필기 과목명 | 문제 수 | 주요 항목 | 세부 항목 | 세세 항목 |
|---|---|---|---|---|
| 굴착기 조종, 점검 및 안전관리 | 60 | 1. 점검 | 1. 운전 전 · 후 점검 | 1. 작업 환경 점검<br>2. 오일 · 냉각수 점검<br>3. 구동 계통 점검 |
| | | | 2. 장비 시운전 | 1. 엔진 시운전<br>2. 구동부 시운전 |
| | | | 3. 작업 상황 파악 | 1. 작업 공정 파악<br>2. 작업 간섭 사항 파악<br>3. 작업 관계자간 의사소통 |
| | | 2. 주행 및 작업 | 1. 주행 | 1. 주행 성능 장치 확인<br>2. 작업 현장 내 · 외 주행 |
| | | | 2. 작업 | 1. 깎기<br>2. 쌓기<br>3. 메우기<br>4. 선택 장치 연결 |
| | | | 3. 전 · 후진 주행 장치 | 1. 조향 장치 및 현가장치 구조와 기능<br>2. 변속 장치 구조와 기능<br>3. 동력 전달 장치 구조와 기능<br>4. 제동 장치 구조와 기능<br>5. 주행 장치 구조와 기능<br>6. 타이어 |
| | | 3. 구조 및 기능 | 1. 일반 사항 | 1. 개요 및 구조<br>2. 종류 및 용도 |
| | | | 2. 작업 장치 | 1. 암, 붐 구조 및 작동<br>2. 버켓 종류 및 기능 |
| | | | 3. 작업용 연결 장치 | 1. 연결 장치 구조 및 기능 |
| | | | 4. 상부 회전체 | 1. 선회 장치<br>2. 선회 고정 장치<br>3. 카운터 웨이트 |

| 필기 과목명 | 문제 수 | 주요 항목 | 세부 항목 | 세세 항목 |
|---|---|---|---|---|
| | | | 5. 하부 회전체 | 1. 센터 조인트<br>2. 주행 모터<br>3. 주행 감속 기어 |
| | | 4. 안전 관리 | 1. 안전 보호구 착용 및 안전장치 확인 | 1. 산업 안전 보건법 준수<br>2. 안전 보호구 및 안전장치 |
| | | | 2. 위험 요소 확인 | 1. 안전 표시<br>2. 안전 수칙<br>3. 위험 요소 |
| | | | 3. 안전 운반 작업 | 1. 장비 사용 설명서<br>2. 안전 운반<br>3. 작업 안전 및 기타 안전 사항 |
| | | | 4. 장비 안전 관리 | 1. 장비 안전 관리<br>2. 일상 점검표<br>3. 작업 요청서<br>4. 장비 안전 관리 교육<br>5. 기계 · 기구 및 공구에 관한 사항 |
| | | | 5. 가스 및 전기 안전 관리 | 1. 가스 안전 관련 및 가스 배관<br>2. 손상 방지, 작업 시 주의 사항(가스 배관)<br>3. 전기 안전 관련 및 전기 시설<br>4. 손상 방지, 작업 시 주의 사항(전기 시설물) |
| | | 5. 건설 기계 관리법 및 도로 교통법 | 1. 건설 기계 관리법 | 1. 건설 기계 등록 및 검사<br>2. 면허 · 사업 · 벌칙 |
| | | | 2. 도로 교통법 | 1. 도로 통행 방법에 관한 사항<br>2. 도로 통행 법규의 벌칙 |
| | | 6. 장비 구조 | 1. 엔진 구조 | 1. 엔진 본체 구조와 기능<br>2. 윤활 장치 구조와 기능<br>3. 연료 장치 구조와 기능<br>4. 흡배기 장치 구조와 기능<br>5. 냉각 장치 구조와 기능 |
| | | | 2. 전기 장치 | 1. 시동 장치 구조와 기능<br>2. 충전 장치 구조와 기능<br>3. 등화 및 계기 장치 구조와 기능<br>4. 퓨즈 및 계기 장치 구조와 기능 |
| | | | 3. 유압 일반 | 1. 유압유<br>2. 유압 펌프, 유압 모터 및 유압 실린더<br>3. 제어 밸브<br>4. 유압 기호 및 회로<br>5. 기타 부속 장치 |

# 목 차

## PART 1
## 핵심요약 및 주제별 기출문제



## PART 2
## CBT 실전모의고사

PART

# 01

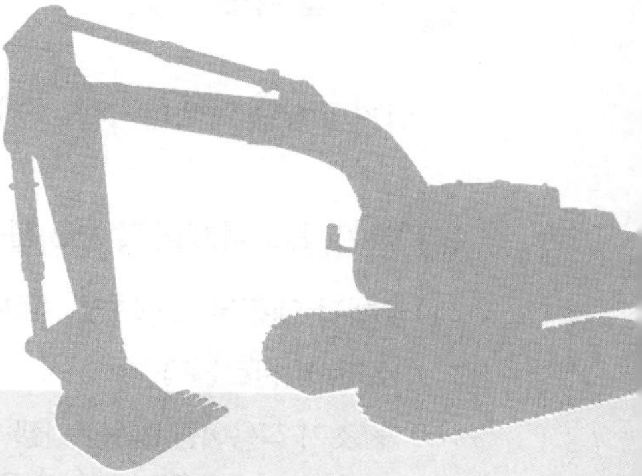

# 핵심요약 및 주제별 기출문제

CHAPTER 01

# 건설기계기관

## 1 열기관

열기관이란 열에너지를 기계적 에너지로 바꿔서 동력을 얻는 장치를 말한다.

### (1) 열기관의 기계학적 사이클에 의한 분류

1) 2행정 엔진은 크랭크축 1회전 당 캠축 1회전에 상승행정(흡입 · 압축) → 하강행정(동력 · 배기 · 소기)이 완료된다.

※ 소기 작용이란 2행정 디젤 엔진에서 소기 펌프에 의해 대기압 이상으로 압력이 상승한 새로운 공기를 실린더 내에 밀어 넣는 작용을 말한다.

2행정 사이클 가솔린

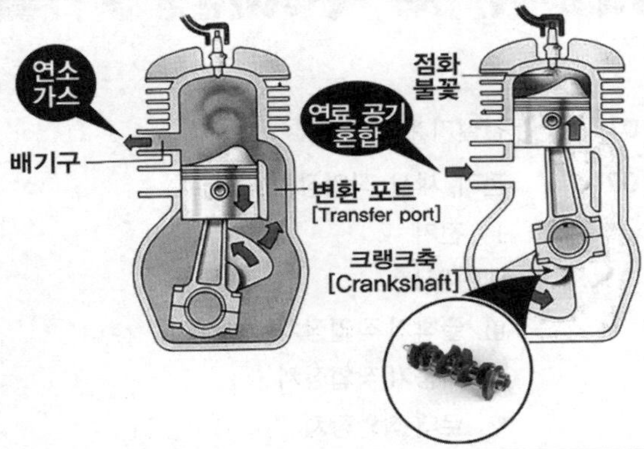


2) 4행정 엔진은 크랭크축 2회전 당 캠축 1회전에 흡입행정 → 압축행정 → 연소 · 팽창(동력, 폭발) 행정 → 배기행정이 완료된다.

4행정 사이클 가솔린

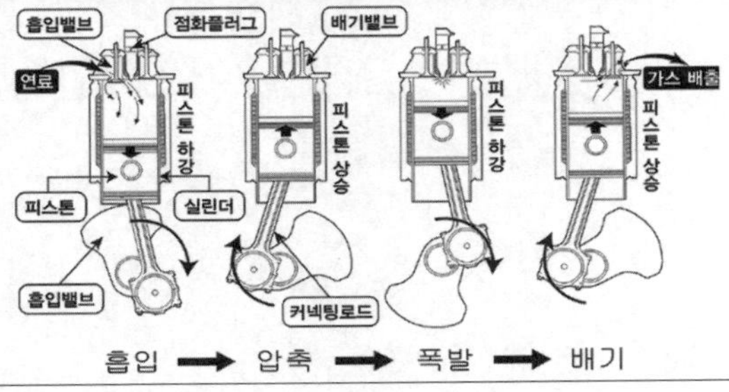

## (2) 열기관의 점화 방식에 따른 분류

1) 불꽃점화엔진은 스파크 플러그에서 전기 불꽃으로 점화하는 방식이며, 가솔린 엔진과 LPG 엔진이 속한다.

2) 압축착화엔진은 흡입 공기를 고온 · 고압으로 압축한 후 거기에 고압의 연료를 분사해서 착화하는 방식이며, 디젤 엔진이 속한다.

## (3) 열기관의 실린더 행정 및 내경에 따른 분류

- 스퀘어 엔진(정방형 엔진)이란 행정과 내경 치수가 같은 엔진을 말한다.
- 언더 스퀘어 엔진(장행정 엔진)이란 내경보다 행정 치수가 더 큰 엔진을 말한다.
- 오버 스퀘어 엔진(단행정 엔진)이란 행정보다 내경 치수가 더 큰 엔진을 말한다.

※ 오버 스퀘어 엔진의 장 · 단점

| 장점 | 단점 |
|---|---|
| • 체적 효율을 높일 수 있다.<br>• V형 엔진에서는 엔진 폭이 좁아진다.<br>• 흡 · 배기 밸브의 지름을 크게 할 수 있다.<br>• 단위 체적당 엔진 출력을 높일 수 있다.<br>• 직렬형 엔진에서는 엔진 높이가 낮아진다.<br>• 피스톤 평균속도를 높이지 않고 엔진 회전수를 높일 수 있다. | • 피스톤이 과열되기 쉽다.<br>• 실린더 내경이 커서 엔진 길이가 길어진다.<br>• 연소 압력이 커서 엔진 베어링 폭이 커야 한다.<br>• 엔진 회전수가 높아질수록 회전 부분의 진동이 커진다. |

## (4) 내연기관의 일반적인 내용

- 엔진오일은 일정 주행거리마다 교환한다.
- 크롬 도금한 라이너에는 크롬 도금된 피스톤 링을 사용하지 않는다.
- 2행정 사이클 엔진의 인젝션 펌프 회전속도는 크랭크축 회전속도와 같다.
- 가압식 라디에이터 부압 밸브가 열리지 않으면 라디에이터가 손상되는 원인이 된다.

# 기출문제

**01 다음 중 내연기관의 일반적인 내용으로 옳은 것은?**

① 크롬 도금한 라이너에는 크롬 도금된 피스톤 링을 사용하지 않는다.
② 엔진오일은 계절마다 교환한다.
③ 2행정 사이클 엔진의 인젝션 펌프 회전속도는 크랭크축 회전속도의 2배이다.
④ 가압식 라디에이터 부압 밸브가 밀착 불량이면 라디에이터가 손상된다.

해설
- 엔진오일은 일정 주행 거리마다 교환한다.
- 2행정 사이클 엔진의 인젝션 펌프 회전속도는 크랭크축 회전속도와 같다.
- 가압식 라디에이터 부압 밸브가 열리지 않으면 라디에이터가 손상되는 원인이 된다.

**02 4행정 엔진의 행정(Stroke)과 관련이 없는 것은?**

① 배기행정 ② 소기행정
③ 압축행정 ④ 흡입행정

해설
소기행정 : 2행정 엔진과 관련이 있다.

**03 오토 엔진 대비 디젤 엔진의 장점이 아닌 것은?**

① 연료소비율이 낮다.
② 가속성이 좋고 운전이 정숙하다.
③ 열효율이 높다.
④ 비교적 화재 위험이 적다.

해설
오토 엔진은 가속성이 좋고 운전이 정숙하다.

**04 다음 중 가솔린 엔진과 비교하였을 때 디젤 엔진의 단점은?**

① 흡입행정 시 펌핑 손실을 줄일 수 있다.
② 열효율이 높다.
③ 마력당 중량이 크다.
④ 일산화탄소(CO) 배출량이 적다.

해설
디젤 엔진의 단점은 마력당 중량이 크다.

**05 디젤 엔진에서 흡입행정 시 흡입되는 것은?**

① 혼합기 ② 엔진오일
③ 공기 ④ 연료

해설
디젤 엔진은 압축착화기관으로서 공기만 흡입한 후 압축행정을 거치면서 압축열로 인해 온도가 높아진 공기에 연료를 분사하여 착화시킨다.

**06 피스톤의 평균속도를 올리지 않으면서 엔진 회전수를 높이고 단위 체적당 출력을 크게 할 수 있는 엔진은?**

① 단행정 엔진
② 장행정 엔진
③ 정방형 엔진
④ 고속형 엔진

해설
단행정 엔진 : 피스톤의 평균속도를 올리지 않으면서 엔진 회전수를 높이고 단위 체적당 출력을 크게 할 수 있다.

정답 01 ① 02 ② 03 ② 04 ③ 05 ③ 06 ①

CHAPTER 01

# 건설기계기관

## 2 실린더 헤드·블록 및 연소실

### 실린더 헤드의 분류

#### (1) 실린더 헤드(Cylinder head)

실린더 헤드란 실린더 블록 위에 조립되어 있으며, 연소가스 및 압축압력을 단속하는 부품을 말한다. 일반적인 디젤 엔진의 압축압력은 35~45kgf/cm$^2$이다.

1) 실린더 헤드 개스킷은 엔진에서 실린더 헤드와 실린더 블록 사이에 끼워져 연소실 압축가스의 누출을 방지하는 부품이다.

2) 실린더 헤드의 변형도는 간극 게이지, 곧은자로 측정한다.

3) 밸브 배열에 따른 분류

- I-헤드형은 실린더 헤드에 흡·배기 밸브를 모두 설치한다.
- L-헤드형은 실린더 블록에 흡·배기 밸브를 나란히 설치한다.
- F-헤드형은 실린더 헤드에 흡기 밸브, 실린더 블록에 배기 밸브를 설치한다.
- T-헤드형은 실린더 블록에 실린더를 중심으로 양쪽으로 이웃하게 흡·배기 밸브를 설치한다.

| 실린더 헤드의 분류 | | | |
|---|---|---|---|
| 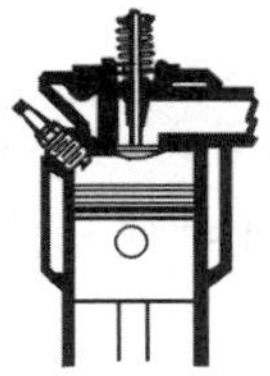 | 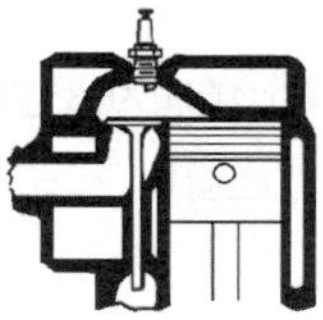 | 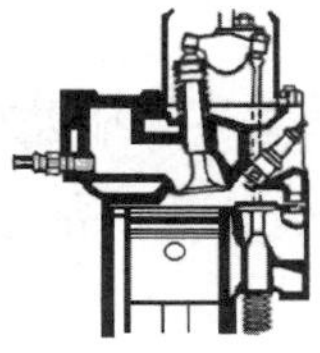 | 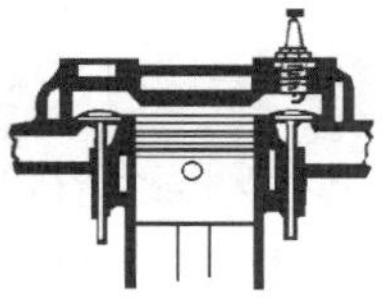 |
| I-헤드형 | L-헤드형 | F-헤드형 | T-헤드형 |

#### (2) 실린더 블록(Cylinder block)

실린더 블록은 일체식과 라이너식으로 분류된다. 일체식은 실린더 블록과 실린더를 일체로 제작하며, 실린더 벽이 마모되면 보링을 해야 한다. 라이너식은 실린더를 실린더 블록에 끼울 수 있도록 별도 제작한다. 습식은 냉각수가 라이너에 직접 닿고, 건식은 냉각수가 라이너에 직접 닿지 않는다.

1) 실린더 간극이란 실린더와 피스톤 스커트 사이의 간극을 말하며, 실린더 간극을 측정할 때 실린더와 피스톤 스커트 사이를 측정한다.

2) 실린더 마멸량은 실린더의 상단부에서 가장 크며, 축 방향보다 직각 방향이 더 크다.

3) 엔진 압축압력이란 압축행정 시 피스톤이 실린더 상단에 있을 때 혼합가스의 압력을 말한다. 정상 압축압력은 규정압력의 70~110% 이내이다.

4) 피스톤 간극이 과다하면 피스톤 슬랩, 압축압력 및 엔진 출력 저하, 블로바이 가스 과다현상이 발생한다.

### (3) 디젤 엔진의 연소실

- 디젤 엔진의 연소실은 직접분사식, 예연소실식, 와류실식, 공기실식으로 분류된다.

| 디젤 엔진 연소실의 종류 | | | |
|---|---|---|---|
| 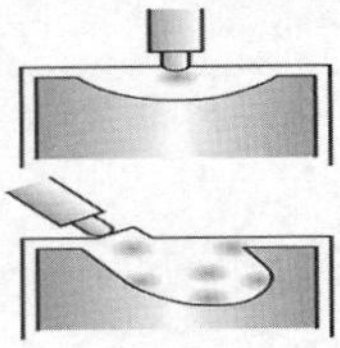 | 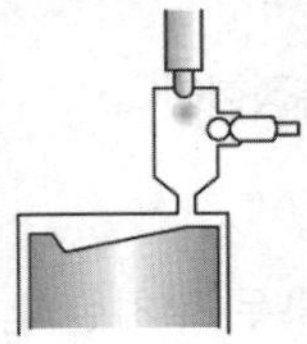 |  | 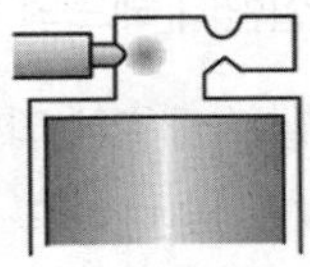 |
| 직접분사식 | 예연소실식 | 와류실식 | 공기실식 |

- 직접분사식이란 실린더 헤드와 피스톤 헤드에 의해 형성된 단일 연소실 내에 연료를 직접적으로 분사하는 방식을 말한다.
- 예연소실이란 실린더 헤드와 피스톤 사이에 주연소실이 있으며, 그 외 별도의 부실을 갖춘 방식을 말한다.
- 와류실식이란 분사 노즐 부근에 공기 와류가 많이 발생하도록 하는 방식을 말한다.
- 공기실식이란 예연소실식과 와류실식과 달리 부실의 대칭되는 위치에 분사 노즐을 설치한 방식을 말한다.

1) 직접분사식의 장 · 단점

| 장점 | 단점 |
|---|---|
| • 열효율이 높다.<br>• 구조가 간단하다.<br>• 냉시동이 우수하다.<br>• 연료 소비율이 낮다.<br>• 연소실 표면적이 작아 냉각 손실량이 적다. | • 엔진 회전수가 낮다.<br>• 연료분사압력이 높다.<br>• 디젤 노크가 잘 일어난다.<br>• 다공 노즐을 사용하여 잘 막힌다. |

2) 예연소실식의 장 · 단점

| 장점 | 단점 |
|---|---|
| • 연료분사압력이 낮다.<br>• 저급 연료 사용이 가능하다.<br>• 실린더 헤드 구조가 간단하다.<br>• 핀틀 노즐을 사용하여 잘 막히지 않는다.<br>• 디젤 노크가 잘 일어나지 않아 조용하다. | • 열효율이 낮다.<br>• 연료 소비율이 높다.<br>• 냉시동 간 예열 플러그가 필요하다.<br>• 분기공이 작아 스로틀링 손실이 크다.<br>• 연소실 표면적이 커 냉각 손실량이 많다. |

3) 와류실식의 장 · 단점

| 장점 | 단점 |
|---|---|
| • 고속 운전이 용이하다.<br>• 분기공이 커 스로틀링 손실이 작다.<br>• 예연소실에 비해 연료소비율이 낮다.<br>• 핀틀 노즐을 사용하여 잘 막히지 않는다. | • 제작이 어렵다.<br>• 냉시동 간 예열 플러그가 필요하다.<br>• 연소실 표면적이 커 냉각 손실량이 많다.<br>• 예연소실에 비해 디젤 노크가 잘 일어난다. |

4) 공기실식의 장 · 단점

| 장점 | 단점 |
|---|---|
| • 시동이 잘된다.<br>• 정숙한 운전이 가능하다.<br>• 착화지연기간이 짧아 디젤 노크가 잘 일어난다.<br>• 핀틀 노즐을 사용하여 잘 막히지 않는다. | • 열효율이 낮다.<br>• 구조가 복잡하다.<br>• 연료 소비율이 높다.<br>• 고속 운전에 적합하지 않다.<br>• 후기 연소로 배기가스 온도가 높다. |

### (4) 예열 플러그(Glow plug)

예열 플러그는 디젤 엔진의 시동보조장치이다. 주로 예연소실식과 와류실식에 사용하며, 코일형과 실드형이 있다.

1) 코일형 예열 플러그의 특징

- 직렬로 연결되어 있다.
- 별도의 저항기가 필요하다.
- 히트 코일이 연소실에 노출되어 있다.
- 기계적 강도 및 가스에 의한 부식에 약하다.

2) 실드형 예열 플러그의 특징

- 저항기가 필요 없다.
- 병렬로 연결되어 있다.
- 발열부가 얇은 열선으로 되어있다.

# 기출문제

**01 실린더 헤드를 알루미늄 합금으로 제작하는 이유는?**

① 부식성이 좋기 때문이다.
② 가볍고 열전도율이 높기 때문이다.
③ 연소실 온도를 높여 체적효율을 낮출 수 있기 때문이다.
④ 주철에 비해 열팽창계수가 작기 때문이다.

해설

- 부식성이 적기 때문이다.
- 연소실 온도를 낮춰 체적효율을 높일 수 있기 때문이다.
- 주철에 비해 열팽창계수가 크기 때문이다.

**02 디젤 엔진의 실린더 압축압력 측정방법으로 틀린 것은?**

① 축전지의 충전상태를 점검한다.
② 엔진을 정상온도로 웜업시킨다.
③ 분사노즐은 모두 제거한다.
④ 습식시험을 먼저하고 건식시험을 나중에 한다.

해설

건식시험을 먼저 하고 습식시험을 나중에 한다.

**03 실린더 압축압력이 규정 압력보다 높을 때의 원인은?**

① 옥탄가가 지나치게 높음
② 연소실 내 카본 퇴적
③ 압축비가 작아짐
④ 연소실 내 돌출부가 없어짐

해설

연소실 내 카본이 퇴적되면 압축압력이 높아진다.

**04 실린더 압축압력이 저하되는 원인이 아닌 것은?**

① 밸브 시트 마모
② 밸브 스템 씰 마모
③ 헤드 개스킷 찢어짐
④ 피스톤 링 마모

해설

밸브 스템 씰이 마모되면 엔진오일이 연소실로 유입된다.

**05 실린더 벽 마모량이 가장 큰 부분은?**

① 실린더 하단
② 실린더 중간
③ 실린더 상단
④ 실린더 헤드

해설

실린더 상단에서 연소압력이 가장 높고 피스톤 슬랩 현상이 발생하므로 마모량이 가장 크다.

**06 실린더 벽이 마모되었을 때 나타나는 현상으로 옳지 않은 것은?**

① 압축압력 저하 및 블로바이 가스 과다
② 연료 소모 저하 및 엔진 출력 저하
③ 엔진오일 희석
④ 피스톤 슬랩 현상

해설

실린더 벽이 마모되면 연료 소모가 증가하고 엔진 출력이 저하된다.

정답 01 ② 02 ④ 03 ② 04 ② 05 ③ 06 ②

**07 디젤 엔진의 습식 라이너에 대한 설명이 아닌 것은?**

① 냉각수와 직접적으로 접촉하지 않는다.
② 냉각효율이 좋다.
③ 조립 시 라이너 바깥둘레에 비눗물을 바른다.
④ 씰링(Sealing)이 손상되면 크랭크 케이스로 냉각수가 유입된다.

해설

냉각수와 직접적으로 접촉하지 않는 것은 건식 라이너이다.

**08 디젤 엔진 연소실의 구비조건이 아닌 것은?**

① 열효율이 높을 것
② 디젤 노크 발생이 없을 것
③ 연소 시간이 짧을 것
④ 평균유효압력이 낮을 것

해설

평균유효압력이 높을 것

**09 디젤 엔진의 연소실 형식이 아닌 것은?**

① 예연소실식 ② 직접분사식
③ 연료실식 ④ 와류실식

해설

디젤 엔진의 연소실 형식은 예연소실식, 직접분사식, 공기실식, 와류실식으로 분류된다.

**10 디젤 엔진의 연소실 형식 중 연소실 표면적이 작아 냉각 손실이 작고, 냉시동성이 우수한 형식은 무엇인가?**

① 와류실식 ② 공기실식
③ 직접분사식 ④ 예연소실식

해설

직접분사식 : 연소실 표면적이 작아 냉각손실이 작고, 냉시동성이 우수하다.

**11 디젤 엔진의 연소실에서 복실식 연소실이 아닌 것은?**

① 예연소실식 ② 와류실식
③ 공기실식 ④ 직접분사식

해설

- 예연소실식 : 복실식
- 와류실식 : 복실식
- 공기실식 : 복실식
- 직접분사식 : 단실식

**12 디젤 엔진의 예열장치에서 연소실 내 압축공기를 직접 예열하는 방식은?**

① 흡기 히터 방식
② 흡기 가열 방식
③ 히터 레인지 방식
④ 예열 플러그 방식

해설

예열 플러그 방식 : 연소실 내 압축공기를 직접 예열하는 방식을 말한다.

**13 엔진 예열장치에서 코일형 예열플러그 대비 실드형 예열플러그에 대한 설명으로 틀린 것은?**

① 예열플러그 하나가 단선되어도 나머지는 작동된다.
② 기계적 강도 및 가스에 의한 부식에 약하다.
③ 각각의 예열플러그는 서로 병렬 연결되어 있다.
④ 열용량이 크고 발열량이 크다.

해설

코일형 예열플러그는 기계적 강도 및 가스에 의한 부식에 약하다.

07 ① 08 ④ 09 ③ 10 ③ 11 ④ 12 ④ 13 ②

## 3 흡·배기 밸브

### (1) 밸브의 구조

1) 밸브 헤드는 배기밸브 보다 흡기밸브가 더 크다.
2) 밸브 페이스는 밸브 시트에 접촉되어 기밀을 유지한다.
3) 밸브 헤드의 열은 밸브 페이스 및 시트를 거쳐 방출된다.
4) 밸브 마진의 두께가 규정 값 이하가 되면 밸브를 교환해야 한다.

밸브의 구조

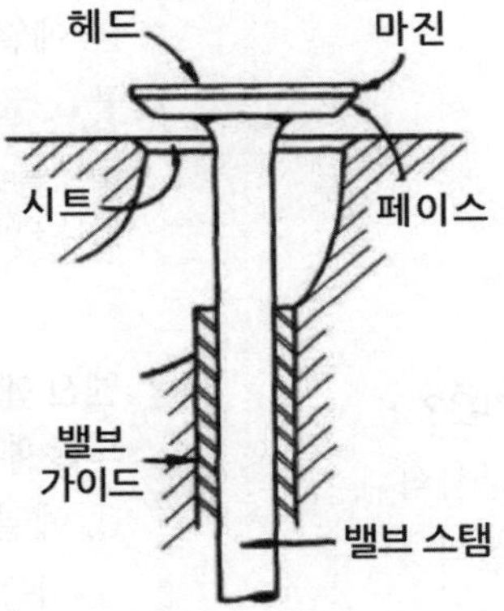


### (2) 밸브가 갖추어야 할 조건

1) 열전도율이 좋아야 한다.
2) 내마모성이 우수해야 한다.
3) 내부식성이 우수해야 한다.
4) 충격에 대한 저항력이 커야 한다.

### (3) 밸브의 재질

밸브 재질은 주로 페라이트 계열, 오스트나이트 계열을 사용한다.

### (4) 밸브 시트가 침하되면 발생하는 현상

1) 연소실 압축압력이 누설된다.
2) 밸브 스프링의 장력이 작아진다.
3) 밸브가 완전하게 닫히지 않는다.
4) 밸브와 로커암과의 간극이 작아진다.

### (5) 밸브 서징(Surging) 현상

1) 밸브 서징 현상이란 밸브 스프링의 고유 진동수와 캠 회전수가 공명에 의해 밸브 스프링이 공진하는 현상을 말한다.
2) 밸브 서징 방지대책
   - 2중 스프링을 사용한다.
   - 원뿔 스프링을 사용한다.
   - 부등 피치 스프링을 사용한다.

### (6) 밸브 오버랩(Overlap)

밸브 오버랩이란 흡기 밸브와 배기 밸브가 동시에 열려 있는 상태를 말한다.

### (7) 밸브 스프링의 점검

밸브 스프링은 자유고, 직각도, 스프링 장력을 점검해야 한다. 자유고의 낮아짐 변화량은 3% 이내, 직각도는 자유높이 100mm당 3mm 이내, 스프링 장력의 감소는 표준값의 15% 이내이어야 한다.

### (8) 밸브스프링 재질은 주로 니켈강, 규소-크롬강을 사용한다.

# 기출문제

**01 디젤 엔진의 압축행정 시 흡 · 배기밸브의 상태는?**

① 흡기밸브만 열려 있다.
② 흡 · 배기밸브가 모두 닫혀 있다.
③ 배기밸브만 열려 있다.
④ 흡기 · 배기밸브가 모두 열려 있다.

해설

- 흡입행정 시 흡기밸브만 열려 있다.
- 배기행정 시 배기밸브만 열려 있다.
- 밸브 오버랩 시 흡기 · 배기밸브가 모두 열려 있다.

**02 디젤 엔진에서 감압장치의 기능은?**

① 흡기밸브 또는 배기밸브를 열어 엔진을 가볍게 회전시키는 장치이다.
② 캠축을 원활히 회전시키는 장치이다.
③ 타이밍 기어를 원활하게 회전시키는 장치이다.
④ 크랭크축을 느리게 회전시키는 장치이다.

해설

실린더 감압장치 : 흡기밸브 또는 배기밸브를 강제로 열어 실린더 압축압력을 감소시켜 시동을 도와주는 장치를 말한다.

**03 밸브 스프링의 서징(Surging) 현상에 대한 설명으로 옳은 것은?**

① 엔진이 고속에서 저속으로 변할 때 밸브 스프링의 장력 차가 발생하는 현상
② 밸브 스프링의 고유 진동수와 캠 회전수가 공명에 의해 밸브 스프링이 공진하는 현상
③ 밸브가 열릴 때 천천히 열리는 현상
④ 흡 · 배기 밸브가 동시에 열리는 현상

해설

밸브 서징 현상 : 밸브 스프링의 고유 진동수와 캠 회전수가 공명에 의해 밸브 스프링이 공진하는 현상을 말한다.

**04 밸브 오버랩(Overlap)에 대한 설명으로 가장 적절한 것은?**

① 밸브 시트와 면의 접촉 면적
② 밸브 스프링을 이중으로 사용
③ 로커암에 의해 밸브가 열린 상태
④ 흡기 밸브와 배기 밸브가 동시에 열려 있는 상태

해설

밸브 오버랩 : 흡기 밸브와 배기 밸브가 동시에 열려 있는 상태를 말한다.

**05 밸브 스프링의 점검 항목 및 기준으로 틀린 것은?**

① 스프링 장력의 감소는 표준값의 10% 이내일 것
② 접촉면의 상태는 2/3 이상 수평일 것
③ 자유고의 낮아짐 변화량은 3% 이내일 것
④ 직각도는 자유높이 100mm당 3mm 이내일 것

해설

스프링 장력의 감소는 표준값의 15% 이내일 것

정답 01 ② 02 ① 03 ② 04 ④ 05 ①

**06 밸브 스프링 자유높이의 감소는 표준값에 대하여 몇 % 이내이어야 정상인가?**

① 3%　　② 8%

③ 12%　　④ 15%

해설

밸브 스프링 자유높이의 감소는 표준값에 대하여 3% 이내이어야 한다.

06 ①

## 4 피스톤 및 커넥팅 로드, 크랭크축

### (1) 피스톤 및 커넥팅 로드

1) 피스톤 헤드의 구조

- 랜드란 피스톤 링이 끼워지는 홈과 홈 사이를 말한다.
- 보스란 피스톤 핀과 커넥팅로드의 소단부를 연결 부위를 말한다.
- 리브는 피스톤을 보강하며, 피스톤 헤드의 열을 피스톤 링과 스커트 부로 전달한다.
- 히트 댐이란 피스톤 헤드의 열이 스커트 부로 전달되지 못하게 파놓은 홈을 말한다.

피스톤 헤드의 구조

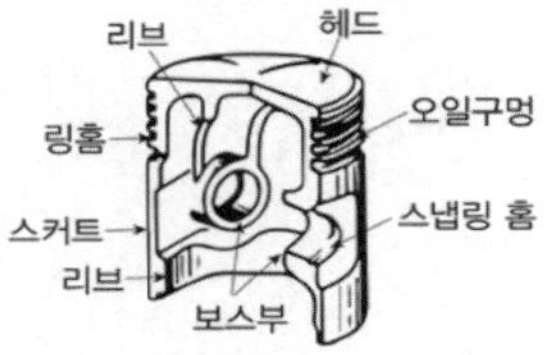


2) 피스톤 핀의 연결방식은 전부동식, 고정식, 반부동식(요동식)으로 분류된다.

- 전부동식은 스냅 링으로 핀이 고정된다.
- 고정식은 피스톤 보스에 핀이 고정된다.
- 반부동식(요동식)은 커넥팅 로드 소단부에 핀이 고정된다.

3) 피스톤 링의 특징

- 형상에 따라 편심형, 동심형으로 분류된다.
- 일부를 절개하고 개방시켜 적절한 탄성을 갖게 한다.
- 주로 내마멸성이 크며, 열팽창이 적은 특수주철이 사용된다.
- 링 이음부는 랩 이음, 실 이음, 각 이음, 버트 이음 등으로 분류된다.
- 압축 및 연소행정 시 가스가 누설되는 것을 방지하기 위해 사이드 스러스트(Side thrust) 방향을 피하고, 'Y'자처럼 3개의 절개부 방향이 모두 일치하지 않도록 120~180°로 조립한다. 사이드 스러스트란 측압을 말하며, 피스톤이 상승 및 하강할 때 실린더 벽과 접촉하여 발생하는 압력을 말한다.

4) 넥팅 로드의 길이는 소단부 중심에서 대단부 중심까지를 말하며, 피스톤 행정의 약 1.5~2.3배이다.

| 피스톤 링의 3대 작용 : 기밀 작용, 열전도 작용, 오일제어 작용 |
|---|

## (2) 크랭크축

1) 크랭크축의 형식

- 4실린더는 크랭크 핀의 설치각이 180°이다. 점화 순서는 1-3-4-2 또는 1-2-4-3이다.
- 6실린더는 크랭크 핀의 설치각이 120°이다. 점화 순서는 1-4-2-6-3-5(좌수식) 또는 1-5-3-6-2-4(우수식)이다.

크랭크축의 형식

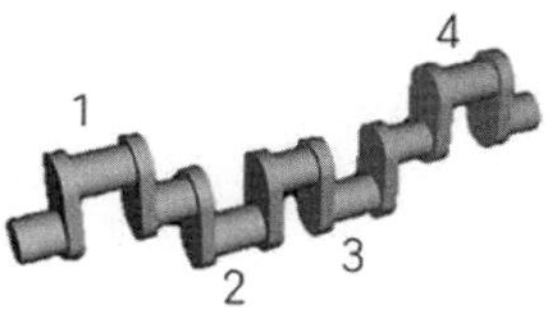


2) 크랭크축의 구비조건

- 내마멸성이 커야한다.
- 내부식성이 커야한다.
- 강도 및 강성이 우수해야 한다.
- 정적 및 동적 평형을 갖추어야 한다.

3) 크랭크축 베어링의 구조

크랭크 축 베어링의 구조

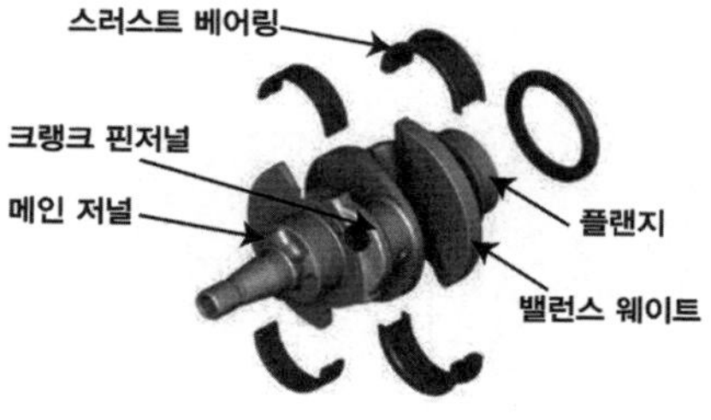

• 베어링 러그는 축 방향 또는 회전방향으로 움직이는 것을 방지하기 위해 둔다.
• 베어링 크러시란 베어링의 외경과 하우징 둘레와의 차이를 말하며, 온도가 변하여 베어링이 저널에 따라 움직이는 것을 방지하기 위해 둔다.
• 베어링 스프레드란 베어링을 조립하지 않았을 때 베어링 바깥쪽 지름과 베어링 하우징 안지름에 차이를 말하며, 베어링을 조립할 때 크러시가 압축되면서 안쪽으로 찌그러지는 것을 방지하기 위해 둔다.

베어링 크러시

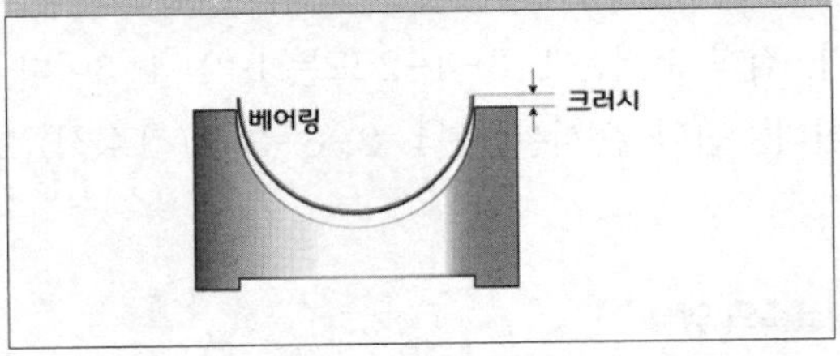


베어링 스프레드

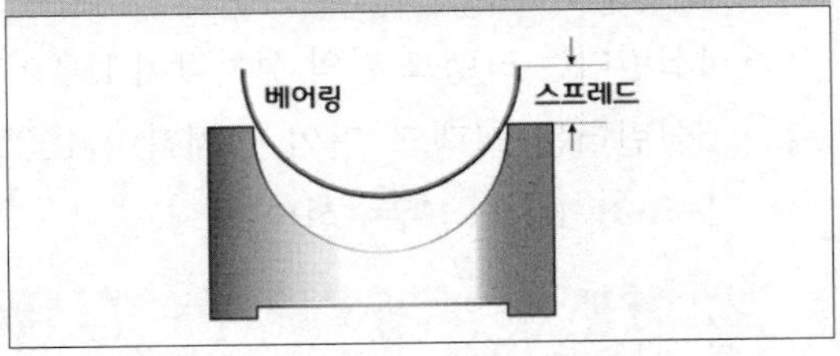

# 기출문제

**01 피스톤의 구비조건이 아닌 것은?**

① 고온강도가 높아야 한다.
② 무게가 작아야 한다.
③ 열팽창계수가 커야 한다.
④ 내마모성이 좋아야 한다.

해설

열팽창계수가 작아야 한다.

**02 피스톤 옵셋(Off-set)을 두는 목적은?**

① 피스톤의 측압을 감소시키기 위해
② 피스톤의 열팽창을 방지하기 위해
③ 피스톤 마멸을 방지하기 위해
④ 피스톤 간격을 크게 하기 위해

해설

피스톤 옵셋은 피스톤의 측압을 감소시키기 위해 둔다.

**03 피스톤 핀 고정방식에 해당하지 않는 것은?**

① 전부동식
② 3/4부동식
③ 반부동식
④ 고정식

해설

피스톤 핀 고정방식은 전부동식, 반부동식, 고정식으로 분류된다.

**04 피스톤 링의 작용이 아닌 것은?**

① 오일제어 작용
② 열전도 작용
③ 기밀 작용
④ 완전연소 억제 작용

해설

피스톤 링의 3대 작용은 오일제어 작용, 열전도 작용, 기밀 작용으로 분류된다.

**05 피스톤 간극이 클 때 발생하는 현상이 아닌 것은?**

① 실린더 압축압력이 높아진다.
② 엔진 시동이 어려워진다.
③ 블로바이 가스(Blow-by Gas)가 발생한다.
④ 피스톤 슬랩 현상이 발생한다.

해설

실린더 압축압력이 낮아진다.

**06 피스톤의 측압을 받지 않는 스커트 부를 떼어 내어 경량화하여 고속엔진에 많이 사용하는 피스톤은?**

① 풀 스커트 피스톤
② 솔리드 피스톤
③ 슬리퍼 피스톤
④ 스피릿 스커트 피스톤

해설

- 풀 스커트 피스톤 : 피스톤 핀 아랫부분이 길고 그 둘레가 균일하게 생긴 피스톤을 말한다.
- 솔리드 피스톤 : 스커트부에 홈이 없고 통형으로 된 피스톤을 말한다.
- 스피릿 스커트 피스톤 : 스커트부에 단열용가로 슬릿이나 탄력용 세로 슬릿이 나 있는 피스톤을 말한다.

정답 01 ③ 02 ① 03 ② 04 ④ 05 ① 06 ③

**07 피스톤 링 절개구 방향에 대한 설명으로 옳은 것은?**

① 조립 시 피스톤 사이드 스러스트 방향으로 두는 것이 좋다.
② 조립 시 피스톤 사이드 스러스트 방향을 피하는 것이 좋다.
③ 조립 시 크랭크축 방향으로 두는 것이 좋다.
④ 조립 시 절개구 방향은 관계없다.

해설

- 조립 시 피스톤 사이드 스러스트 방향을 피하는 것이 좋다.
- 조립 시 측압 방향을 피해서 두는 것이 좋다.
- 조립 시 절개구 방향에 주의해야 한다.

**08 4기통 엔진 대비 6기통 엔진의 장점이 아닌 것은?**

① 가속이 원활하고 신속하다.
② 저속회전이 용이하고 출력이 높다.
③ 구조가 복잡하여 제작비가 비싸다.
④ 엔진 진동이 적다.

해설

6기통 엔진은 구조가 복잡하여 제작비가 비싸다.

**09 디젤 엔진의 진동이 심해지는 원인으로 틀린 것은?**

① 실린더 수가 많을수록 진동이 심해진다.
② 피스톤 및 커넥팅로드의 중량 차이가 클수록 진동이 심해진다.
③ 실린더 마모로 인해 각 기통별 실린더 안지름의 차이가 클수록 진동이 심해진다.
④ 연료 분사량 및 분사압력의 불균형이 클수록 진동이 심해진다.

해설

실린더 수가 많을수록 진동이 적다.

**10 크랭크축 저널베어링의 구비조건이 아닌 것은?**

① 피로성이 있을 것
② 하중 부담 능력이 있을 것
③ 내식성이 있을 것
④ 매입성이 있을 것

해설

내피로성이 있을 것

**11 베어링이 하우징 내에서 움직이는 것을 방지하기 위해 베어링 바깥둘레를 하우징 둘레보다 조금 크게 하여 차이를 두는 것은?**

① 베어링 돌기
② 베어링 오일 구멍
③ 베어링 크러시
④ 베어링 스프레드

해설

베어링 크러시란 베어링이 하우징 내에서 움직이는 것을 방지하기 위해 베어링 바깥둘레를 하우징 둘레보다 조금 크게 하여 차이를 두는 것을 말한다.

**12 크랭크축 메인저널 베어링의 마모를 점검하는 방법은?**

① 직각자 방법
② 플라스틱 게이지 방법
③ 필러 게이지 방법
④ 심(Shim) 방법

해설

크랭크축 메인저널 베어링의 마모는 플라스틱 게이지 방법으로 점검한다.

정답 07 ② 08 ③ 09 ① 10 ① 11 ③ 12 ②

**13 크랭크 핀 축받이 오일 간극이 커졌을 때 나타나는 현상으로 옳은 것은?**

① 오일 압력이 낮아진다.

② 오일 압력이 높아진다.

③ 실린더 벽에 뿌려지는 오일이 부족해진다.

④ 연소실로 유입되는 오일 양이 적어진다.

해설

- 오일 압력이 낮아진다.
- 실린더 벽에 뿌려지는 오일이 많아진다.
- 연소실로 유입되는 오일 양이 많아진다.

13 ①

## 5 윤활 및 냉각장치

### (1) 윤활장치

윤활유에서 가장 중요한 성질은 점도이다.

#### 1) 윤활유의 구비조건

- 비중이 적당해야 한다.
- 인화점 및 발화점이 높아야 한다.
- 점성과 온도 관계가 양호해야 한다.
- 카본 생성이 적고 강한 유막을 형성해야 한다.

#### 2) 윤활유의 여과방식

- 분류식이란 각 윤활부에 윤활유를 직접 공급하고, 바이 패스되는 윤활유를 여과시킨 후 오일팬으로 보내는 방식을 말한다. 엔진 각 윤활부에 여과되지 않는 윤활유가 공급되므로 엔진 베어링이 손상될 우려가 크다.
- 전류식이란 윤활유의 전량을 여과시킨 후 공급하는 방식을 말하며, 주로 소형 승용엔진에 많이 사용된다.
- 복합식(샨트식)이란 윤활유의 일부를 여과시킨 후 공급하고, 나머지는 오일팬으로 보내는 방식을 말한다.

#### 3) 윤활유의 색상에 따른 원인

- 적색은 휘발유가 유입된 경우
- 우유색은 냉각수가 유입된 경우
- 회색은 연소가스 생성물이 유입된 경우
- 흑색은 장기간 동안 오일을 교환하지 않은 경우

#### 4) 윤활유의 소모가 과다한 원인

- 밸브 가이드 고무가 불량한 경우
- 크랭크축 오일실이 마모된 경우
- 피스톤 링이 과도하게 마모된 경우

#### 5) 오일펌프

기어펌프, 베인펌프, 플런저펌프, 로터리펌프로 분류된다. 윤활장치 내 릴리프 밸브는 유압이 규정값 이상으로 상승하는 것을 방지하고, 오일압력의 과도한 상승을 방지한다.

### (2) 냉각장치

냉각장치는 공랭식, 수랭식으로 분류된다. 수랭식은 자연순환, 강제순환, 밀봉압력, 압력순환 방식으로 구분된다.

1) 라디에이터(Radiator)는 작고 가벼우며 강도가 커야 하고, 단위 면적당 방열량이 크고, 냉각수 및 공기 흐름 저항이 적어야 한다. 코어 막힘률이 20% 이상이면 교환한다.

코어 막힘률(%) = (신품용량–사용품용량) / 신품 용량 *100

2) 써모스탯(Thermostat)은 펠릿형, 벨로즈형, 바이메탈형으로 분류된다.

3) 부동액은 에탄올글리콜, 글리세린, 메탄올 성분으로 분류된다. 적절하게 열을 전달해야 하고, 휘발성이 없어야 하고, 냉각장치의 부식을 방지해야 한다.

4) 전동팬의 특징
- 가격이 비싸다.
- 냉각 효율이 좋다.
- 히터 난방이 빠르다.
- 전기 에너지로 작동된다.
- 소음과 소비전력이 크다.
- 일정한 풍량을 얻을 수 있다.
- 라디에이터 설치가 용이하다.

5) 엔진이 과열되는 원인
- 냉각수량이 적은 경우
- 워터펌프가 불량한 경우
- 써모스탯이 닫힌 채로 고장 난 경우
- 워터재킷에 이물질이 많이 쌓인 경우

# 기출문제

**01 윤활유의 구비조건이 아닌 것은?**

① 인화점 및 발화점이 낮을 것
② 비중이 적당할 것
③ 카본 생성이 적고 강한 유막을 형성할 것
④ 점성과 온도 관계가 양호할 것

해설
인화점 및 발화점이 높을 것

**02 4행정 기관의 윤활방식 중 피스톤 핀과 피스톤까지 윤활유를 압송하여 윤활하는 방식은?**

① 전 비산식
② 전 진공식
③ 비산 압송식
④ 전 압송식

해설
전 압송식 : 피스톤 핀과 피스톤까지 윤활유를 압송하여 윤활하는 방식을 말한다.

**03 엔진오일의 점도가 너무 높은 것을 사용했을 때 발생하는 현상은?**

① 엔진 시동 시 필요 이상의 동력이 소모된다.
② 점차 묽어지므로 경제적이다.
③ 좁은 틈새에 잘 침투하므로 충분한 주유가 된다.
④ 겨울철에 사용하기 좋다.

해설
엔진오일의 점도가 너무 높으면 엔진 시동 시 필요 이상의 동력이 소모된다.

**04 엔진오일의 양을 점검할 때 게이지에 표시된 하한선(Low)과 상한선(Full)에 관련된 설명으로 옳은 것은?**

① Low선보다 아래에 있으면 좋다.
② Full선보다 위에 있으면 좋다.
③ Low선과 Full선 사이에서 Low선에 가까이 있으면 좋다.
④ Low선과 Full선 사이에서 Full선에 가까이 있으면 좋다.

해설
엔진오일의 양은 Low선과 Full선 사이에서 Full선에 가까이 있으면 좋다.

**05 엔진오일 소비량이 많아지는 원인은?**

① 배기밸브 간극이 너무 작다.
② 오일압력이 너무 낮다.
③ 피스톤과 실린더 간의 간극이 너무 크다.
④ 오일펌프 기어 과대 마모

해설
피스톤과 실린더 간의 간극이 너무 크며 엔진오일 소비량이 많아진다.

**06 건설기계 정비 시 엔진 시동을 건 후 정상적인 운전이 가능한지 확인하기 위해 운전자가 가장 먼저 점검해야 할 것은?**

① 냉각수 온도 게이지
② 속도계
③ 엔진오일량
④ 오일 압력 게이지

정답 01 ① 02 ④ 03 ① 04 ④ 05 ③ 06 ④

해설

엔진 시동 후 정상적인 운전이 가능한지 확인하기 위해 오일 압력 게이지를 가장 먼저 점검한다.

**07 엔진의 냉각장치에 대한 설명으로 틀린 것은?**

① 냉각회로에 물때가 많이 끼면 엔진 과열 원인이 된다.
② 엔진이 과열되면 라디에이터 캡을 즉시 열고 냉각수를 보충한다.
③ 주로 강제 순환식이 사용된다.
④ 서모스탯에 의해 냉각수 흐름이 조절된다.

해설

엔진이 과열되면 라디에이터 캡을 충분히 식힌 후에 열고 냉각수를 보충한다.

**08 라디에이터의 구비조건이 아닌 것은?**

① 공기의 흐름 저항이 클 것
② 가볍고 작으며 강도가 클 것
③ 냉각수의 흐름 저항이 작을 것
④ 단위 면적당 방열량이 클 것

해설

공기의 흐름 저항이 작을 것

**09 밀봉 압력식 라디에이터 캡을 사용하는 목적은?**

① 압력밸브가 고장 났을 때
② 엔진 온도를 높일 때
③ 냉각수의 비등점을 높일 때
④ 엔진 온도를 낮출 때

해설

밀봉 압력식 캡은 냉각수의 비등점을 높이기 위해 사용한다.

**10 엔진 냉각팬에 대한 설명으로 틀린 것은?**

① 전동팬은 냉각수의 온도에 따라 작동된다.
② 유체 커플링식은 냉각수 온도에 따라 작동한다.
③ 워터펌프는 전동팬의 작동과 관계없이 항상 회전한다.
④ 전동팬이 작동되지 않을 때 워터펌프도 회전하지 않는다.

해설

전동팬 작동은 워터펌프 회전에 직접적으로 의존하지는 않는다. 다만, 워터펌프 회전에 따른 냉각수 온도변화에 영향을 받는다.

**11 부동액의 구비조건이 아닌 것은?**

① 비등점이 물보다 낮을 것
② 물과 쉽게 혼합될 것
③ 침전물이 발생하지 않을 것
④ 부식성이 없을 것

해설

비등점이 물보다 높을 것

**12 디젤 엔진에서 팬벨트의 장력이 과다할 때 발생하는 현상으로 가정 적절한 것은?**

① 엔진이 과랭된다.
② 엔진이 과열된다.
③ 축전지 충전 부족 현상이 발생한다.
④ 발전기 베어링이 손상될 우려가 있다.

해설

- 엔진 서모스탯이 열린 상태로 고장 나면 엔진이 과랭된다.
- 팬벨트의 장력이 과소하면 엔진이 과열된다.
- 팬벨트의 장력이 과소하면 축전지 충전부족 현상이 발생한다.

07 ② 08 ① 09 ③ 10 ④ 11 ① 12 ④

**13 디젤 엔진에서 팬벨트 장력이 약할 때 발생하는 현상으로 옳은 것은?**

① 워터펌프 베어링이 조기에 마모된다.

② 발전기 출력이 저하될 수 있다.

③ 엔진이 부조한다.

④ 엔진이 과랭된다.

해설

팬벨트 장력이 약하면 발전기 출력이 저하될 수 있다.

정답 13 ②

## 6 흡기 및 배기장치

### (1) 흡기장치

#### 1) 흡입효율

- 충진효율(Charging efficiency)이란 행정 체적에 해당하는 만큼의 표준대기상태의 건조한 공기 질량과 운전 중 1사이클 당 실제 실린더에 흡입된 공기질량 간의 비를 말하며, 서로 다른 엔진의 흡입 능력을 비교할 수 있다.
- 체적효율(Volumetric efficiency)이란 흡기행정 중 실린더에 흡입된 공기 질량과 행정 체적에 상당하는 대기질량과의 비를 말하며, 동일한 용적을 가진 엔진의 흡입 능력을 비교할 수 있다. 엔진 운전 당시 대기상태의 압력과 온도를 기준으로 한다.

#### 2) 공기 여과기의 특징

- 흡기 소음을 떨어뜨린다.
- 흡입공기 내 이물질을 여과시킨다.
- 역화가 발생했을 때 불길이 확산되는 것을 방지한다.
- 건식 공기 여과기는 공기를 안쪽에서 바깥쪽 방향으로 불며 청소한다.

### (2) 배기장치 및 배출가스

과급기는 슈퍼차저(Supercharger), 터보차저(Turbocharger)로 분류된다. 터보차저는 배기가스 압력에 의해 구동되고, 슈퍼차저는 크랭크축 동력에 의해 구동된다.

#### 1) 과급기의 특징

- 터보차저의 터빈은 배기가스에 의해 회전한다.
- 윤활장치에서 공급되는 오일에 의해 윤활 된다.
- 체적효율이 향상되어 엔진 토크 및 평균유효압력이 커진다.

#### 2) 슈퍼차저는 원심식, 루츠식, 스크롤식, 리스홀름식, 콤플렉스식으로 분류된다.

#### 3) 인터쿨러(Intercooler)란 흡입 및 체적효율의 향상을 목적으로 과급기를 거쳐 유입되는 흡입공기의 온도를 떨어뜨려 밀도를 상승시키는 장치를 말한다.

#### 4) 배출가스는 배기가스, 연료 증발 가스, 블로 바이 가스로 분류된다.

- 블로 바이(Blow by)는 압축 · 폭발행정 시 피스톤 간극에서 가스가 누출되는 현상을 말한다.
- 블로 백(Blow back)은 압축 · 폭발행정 시 밸브 시트와 밸브 사이에서 가스가 누출되는 현상을 말한다.
- 블로 다운(Blow down)은 배기행정 시 배압에 의해 배기밸브를 통해 배기가스가 배출되는 현상을 말한다.

# 기출문제

**01 디젤 엔진에서 사용되는 공기 여과기에 대한 설명으로 틀린 것은?**

① 공기 여과기가 막히면 연소가 나빠진다.
② 공기 여과기가 막히면 엔진 출력이 감소한다.
③ 공기 여과기가 막히면 배기가스 색은 흑색이 된다.
④ 공기 여과기는 실린더 마멸과 관계없다.

해설
공기 여과기의 필터링이 불량하여 흡입공기 중의 이물질이 연소실로 유입되면 실린더 마멸이 발생할 수 있다.

**02 건식 공기 여과기의 장점이 아닌 것은?**

① 작은 입자의 먼지나 오물을 여과할 수 있다.
② 구조가 간단하고 여과망을 세척하여 사용할 수 있다.
③ 엔진 회전수가 변동되어도 안정된 공기 청정효율을 얻을 수 있다.
④ 분해 · 조립 및 설치가 간편하다.

해설
구조가 간단하고 여과망을 세척하여 사용할 수 있는 것은 습식 공기 여과기이다.

**03 실제 엔진에 흡입된 공기량을 이론적으로 완전 연소에 필요한 공기량으로 나눈 값을 무엇이라 하는가?**

① 공기 과잉률 ② 공기률
③ 중량도 ④ 중량비

해설
공기 과잉률 : 실제 엔진에 흡입된 공기량을 이론적으로 완전연소에 필요한 공기량으로 나눈 값을 말한다.

**04 디젤 엔진에서 과급을 하는 목적은?**

① 엔진오일 소비를 줄인다.
② 엔진 출력을 증가시킨다.
③ 엔진 회전수를 일정하게 한다.
④ 엔진 회전수를 빠르게 한다.

해설
과급기는 체적효율과 엔진출력을 상승시킨다.

**05 디젤 엔진에서 터보차저의 기능은?**

① 엔진 회전수를 제어하는 장치
② 흡입공기를 압축하여 실린더 안으로 공급하는 장치
③ 냉각수 유량을 제어하는 장치
④ 엔진오일 온도를 제어하는 장치

해설
터보차저는 흡입공기를 압축하여 실린더 안으로 공급한다.

**06 과급기(터보차저)에 대한 설명으로 옳은 것은?**

① 실린더 내의 흡입 공기량을 증가시킨다.
② 연료 소비율을 증가시킨다.
③ 가솔린 엔진에만 설치된다.
④ 피스톤의 흡입력에 의해 임펠러가 회전한다.

해설
- 연료 소비율을 감소시킨다.
- 가솔린 엔진, 디젤 엔진에 설치된다.
- 배기가스 온도 및 압력에 의해 터빈이 회전한다.

정답 01 ④ 02 ② 03 ① 04 ② 05 ② 06 ①

07 **블로 다운(Blow down) 현상에 관한 설명 중 옳은 것은?**

① 흡·배기 밸브가 동시에 열려 배기 잔류 가스를 배출시키는 현상

② 배기행정 시 배압(Back pressure)에 의해 배기밸브를 통해서 배기가스가 배출되는 현상

③ 밸브 시트와 밸브 사이에서 가스가 누출되는 현상

④ 압축행정 시 피스톤 간극에서 혼합기가 누출되는 현상

해설

- 밸브 오버랩(Overlap) 현상 : 흡·배기 밸브가 동시에 열려 배기 잔류가스를 배출시키는 현상을 말한다.
- 블로 백(Blow back) 현상 : 밸브 시트와 밸브 사이에서 가스가 누출되는 현상을 말한다.
- 블로 바이(Blow by) 현상 : 압축행정 시 피스톤 간극에서 혼합기가 누출되는 현상을 말한다.

08 **디젤 엔진에서 블로바이 가스의 주성분은?**

① $O_2$　　② NOx

③ HC　　④ CO

해설

블로바이 가스의 주성분은 미연 탄화수소(HC)이다.

09 **배출가스 중 인체에 유해한 가스에 해당하지 않는 것은?**

① $N_2$　　② CO

③ HC　　④ NOx

해설

$N_2$(질소)는 무해한 가스이다.

10 **혼합비가 희박할 때 엔진에 미치는 영향은?**

① 연소속도가 빨라짐

② 엔진출력 저하

③ 시동성이 좋아짐

④ 저속 및 공회전

해설

일반적으로 혼합기가 희박하면 엔진출력이 저하되고, 농후하면 배출가스가 증가한다.

11 **공기 여과기가 막혔을 때 배기가스 색깔은?**

① 백색　　② 무색

③ 청색　　④ 흑색

해설

- 백색 : 연소실에 엔진오일이 유입되어 같이 연소했을 때
- 무색 : 정상
- 청색 : 정상(옅은 청색)

12 **연소할 때 발생하는 질소산화물(NOx)의 생성 원인으로 가장 적절한 것은?**

① 높은 연소 온도

② 가속 불량

③ 흡입 공기 부족

④ 소염 경계층

해설

질소산화물(NOx)은 연소 온도가 높고 공기·연료 혼합비가 희박할수록 많이 발생한다.

정답 07 ② 08 ③ 09 ① 10 ② 11 ④ 12 ①

## 7 디젤 연소 및 연료장치

### (1) 디젤 연소

1) 디젤 엔진의 연소과정은 디젤 엔진의 연소는 착화지연기간 → 화염전파기간 → 직접연소기간 → 후기연소기간 순으로 진행된다.
   - 착화지연기간이란 연소실에 연료가 분사된 후 연소를 일으킬 때까지 걸리는 기간을 말한다.
   - 화염전파기간이란 착화지연기간 중 분사된 연료가 급격하게 연소하는 기간을 말한다.
   - 직접연소기간이란 실린더 내 연소압력이 최대인 기간을 말한다.
   - 후기연소기간이란 직접연소기간에 미처 연소되지 못한 연료가 연소하며 팽창하는 기간을 말한다.

2) 디젤 노크의 발생원인
   - 착화지연기간이 긴 경우
   - 연료 분사가 불량한 경우
   - 연료 분사시기가 빠른 경우
   - 흡입공기 온도가 낮은 경우
   - 압축공기가 과다하게 누설된 경우

3) 디젤 노크의 방지대책
   - 다단 분사를 한다.
   - 파일럿 분사를 한다.
   - 착화지연이 짧은 연료를 사용한다.
   - 연료 분사를 개시할 때 분사량을 감소시킨다.

4) 착화지연기간을 줄이는 방법
   - 압축비를 증가시킨다.
   - 압축압력을 증가시킨다.
   - 압축온도를 증가시킨다.
   - 착화성이 우수한 연료를 사용한다.

## (2) 디젤 연료장치

### 1) 디젤 연료 입자의 특징

- 배압이 클수록 연료 입자는 작아진다.
- 공기의 유동이 클수록 연료 입자는 작아진다.
- 공기의 온도가 높을수록 연료 입자는 작아진다.
- 노즐의 지름이 작을수록 연료 입자는 작아진다.

### 2) 세탄가(Cetane number)란

디젤 연료의 착화성을 표시하는 수치를 말하며, 착화성이 좋은 세탄($C_{16}H_{34}$)과 착화성이 좋지 않은 −메틸나프탈렌($C_{11}H_{16}$)을 서로 혼합하여 세탄의 체적비율(%)로 표기한다. 디젤 연료의 착화촉매제는 아초산아밀, 초산에틸, 질산에틸, 아질산아밀, 아초산에틸 등이 있다.

### 3) 연료 공급펌프

- 연료의 공급은 연료탱크 → 연료 공급펌프 → 연료필터 → 연료 분사펌프 → 분사노즐 순이다.
- 연료 공급펌프에서 플라이밍 펌프(Priming pump)는 수동으로 조작 가능한 펌프를 말하며, 연료 장치 내 에어빼기 작업을 할 때 사용된다. 에어빼기는 연료 공급펌프 → 연료 여과기 → 연료 분사펌프 순서로 한다.

### 4) 연료 분사펌프

- 조속기(Governor)는 연료 분사량을 제어한다. 오른쪽 리드에서 플런저를 시계방향으로 돌리면 연료량이 증가하고, 반시계방향으로 돌리면 연료량이 감소한다. 연료 분사량의 불균율은 전부하시 ±3% 이내이다.
- 타이머(Timer)는 연료 분사시기를 제어한다. 캠축간의 위상을 변환하여 회전수가 상승하면 분사시기를 빠르게 하고, 회전수가 감소하면 분사시기를 느리게 한다. 분사시기가 빨라지면 디젤 노크가 일어나고, 엔진 출력이 떨어지고, 착화지연기간이 짧아지고, 배기가스가 흑색이 되는 현상이 발생한다.
- 독립식 분사펌프의 에어빼기 작업은 분사펌프 입구 파이프 피팅을 약간 풀고, 플라이밍 펌프를 작동시켜 기포가 나오지 않을 때까지 펌프질 한 후 다시 피팅을 조인다.

### 5) 분사 노즐

- 무화, 분포, 관통력을 구비해야 한다.
- 후적이 발생하지 않아야 하고, 고온 및 고압에서 잘 견뎌야 하고, 연료를 연소실에 골고루 뿌려야하고, 연료를 미세한 안개 모양으로 뿌려야 한다.
- 딜리버리 밸브가 제대로 밀착되지 않으면 후적이 발생하기 쉽고, 노즐 내 스프링 장력이 약해지면 분사압력이 낮아지고, 분사개시압력이 낮아지면 연소실 내 카본이 퇴적된다.

### (3) 전자제어 디젤 엔진(커먼레일)

#### 1) 커먼레일의 특징

- 고압 펌프를 이용해 분사 압력을 형성한다.
- 출력이 향상되고 유해 배출가스가 감소한다.
- 연료 압력과 분사율을 독립적으로 제어해서 저속에서도 원활하게 분사량을 제어할 수 있다.
- 고속에서 공기와 연료를 효과적으로 혼합할 수 있다.
- 고압 분사가 가능하여 연료 분사 기간을 단축할 수 있다.

#### 2) 연료분사의 단계

- 예비 분사(pilot injection)는 예혼합연소에 따른 PM 및 소음을 저감한다.
- 전기 분사(pre injection)는 착화지연기간 단축시켜 NOx 및 소음을 저감한다.
- 주 분사(main injection)는 최적 제어 연료 분사로 엔진 출력을 상승시킨다.
- 후기 분사(after injection)는 확산연소 활성화로 PM을 저감한다.
- 사후 분사(post injection)는 배기가스 온도 상승 및 촉매를 활성화시킨다.

#### 3) 커먼레일 연료장치의 저압부

- 1차 연료펌프
- 연료 필터
- 연료 스트레이너

※ 저압부는 연료탱크 · 고압펌프 입구까지이며, 고압부는 고압펌프 출구 · 인젝터까지이다.

#### 4) 연료량 제어 방식

- 입구 제어 방식(IMV)은 펌프 구동 손실이 적다.
- 출구 제어 방식(PRV)은 급가속 및 시동 시 압력 상승이 빠르다.
- 입 · 출구 제어 방식(듀얼 압력 제어 방식)은 불필요한 에너지 손실을 줄이고 급가속 및 시동 시 압력 상승도 빠르다.

#### 5) 각종 센서의 역할

- 노크 센서는 연소 때 발생하는 엔진 진동을 감지한다.
- MAP 센서는 흡기 압력을 검출하여 흡입 공기량을 간접 계측한다.
- 크랭크각 센서는 엔진 회전수를 감지하여 연료 기본 분사량을 산출한다.
- 수온 센서는 냉각수 온도를 감지하여 연료 분사 시기 및 분사량을 보정한다.
- 스로틀 포지션 센서는 스로틀 밸브의 개도량을 검출하여 엔진 부하를 산출한다.
- 엑셀 포지션 센서는 가속 페달 밟힘 정도를 검출하여 ECU로 입력신호를 보낸다.
- 부스트 센서는 흡기 매니폴드 압력을 측정하여 연료 분사량 및 분사시기를 보정한다.

• 산소 센서는 배기가스 중 산소 농도를 감지하여 이론 공연비 제어를 위한 피드백 신호를 제공한다.
• 공기 유량 센서(AFS)는 흡기 질량을 검출하여 흡입 공기량을 직접 계측하며, 연료 기본 분사량을 산출한다.
• 캠 포지션 센서는 1번 실린더 상사점 위치를 검출하여 크랭크각 센서와 같이 연료 분사 시기 및 점화시기를 결정하는 기준 신호를 보낸다.

※ 흡입 공기량 계측

1) 간접 계측 방식 : MAP 센서

2) 직접 계측 방식

• 질량유량 계측 : 열선(막)식
• 체적유량 계측 : 베인식, 칼만 와류식

# 기출문제

01 **디젤 노크(Diesel knock)와 관련 없는 것은?**

① 연료 분사시기
② 연료 분사량
③ 엔진 오일량
④ 흡기 온도

해설

엔진 오일량은 디젤 노크와 관련 없다.

02 **디젤 노크의 원인과 직접적으로 관계가 없는 것은?**

① 엔진 부하
② 압축비
③ 옥탄가
④ 엔진 회전수

해설

옥탄가는 가솔린 노킹의 원인과 직접적으로 관계있다.

03 **디젤 엔진에서 디젤 노크의 발생 원인으로 옳은 것은?**

① 착화지연기간이 짧을 때
② 흡입공기 온도가 높을 때
③ 연소실에 누적된 다량의 연료가 일시에 연소될 때
④ 연료에 공기가 유입되었을 때

해설

디젤 노크 발생의 추가적 원인
- 착화지연기간이 긴 경우
- 연료 분사가 불량한 경우
- 연료 분사시기가 빠른 경우
- 흡입공기 온도가 낮은 경우
- 압축공기가 과다하게 누설된 경우

04 **디젤 노크의 방지 대책으로 옳은 것은?**

① 압축비를 낮춘다.
② 흡기 온도를 높인다.
③ 실린더 벽 온도를 낮춘다.
④ 착화지연기간을 늘린다.

해설

- 압축비를 높인다.
- 실린더 벽 온도를 높인다.
- 착화지연기간을 줄인다.

05 **디젤 엔진에서 실린더 내 연소압력이 최대인 기간은?**

① 착화지연기간
② 화염전파기간
③ 직접연소기간
④ 후기연소기간

해설

직접연소기간 : 실린더 내 연소압력이 최대인 기간을 말한다.

06 **엔진에서 실화(Miss fire)가 발생했을 때 나타나는 현상으로 맞는 것은?**

① 엔진이 과냉된다.
② 엔진 회전수가 불안정해진다.
③ 엔진 출력이 상승한다.
④ 연료소비량이 적어진다.

해설

실화가 되면 발생 현상
- 연소온도 및 배기가스 온도가 낮아진다.
- 엔진 회전수가 불안정해진다.
- 엔진 출력이 감소한다.
- 엔진소비량이 많아진다.

정답 01 ③ 02 ③ 03 ③ 04 ② 05 ③ 06 ②

**07 디젤 엔진에서 엔진 부조가 발생하는 원인이 아닌 것은?**

① 연료 공급 불량
② 거버너 작동 불량
③ 발전기 고장
④ 분사시기 조정 불량

해설
발전기 고장은 엔진 부조가 발생하는 원인이 아니며, 축전지의 충전이 불량해지는 원인에 해당된다.

**08 디젤 엔진에서 분사시기가 빠를 때 나타나는 현상이 아닌 것은?**

① 저속회전이 불안정하다.
② 디젤 노크가 발생한다.
③ 배기가스가 흑색이다.
④ 배기가스가 백색이다.

해설
연소실에 엔진오일이 유입 및 연소되면 배기가스가 백색이다.

**09 디젤 엔진에서 연료 분사펌프의 조속기(Governor)는 어떤 역할을 하는가?**

① 착화시기 조정
② 분사시기 조정
③ 분사량 조정
④ 분사 압력 조정

해설
조속기는 연료 분사량을 제어한다.

**10 디젤 엔진의 연료 공급펌프에서 프라이밍 펌프(Priming pump)의 기능은?**

① 엔진 정지 시 수동으로 연료를 공급한다.
② 엔진 작동 시 펌프에 연료를 공급한다.
③ 엔진 시동 시 연료 분사 펌프에 있는 연료를 빼낸다.
④ 엔진 고속회전 시 연료량이 부족하면 연료 분사 펌프를 보조한다.

해설
프라이밍 펌프 : 엔진 정지 시 수동으로 연료를 공급한다.

**11 분사노즐의 종류가 아닌 것은?**

① 스로틀형 ② 핀틀형
③ 싱글포인트형 ④ 홀형

해설
분사노즐의 종류는 스로틀형, 핀틀형, 홀형으로 분류된다.

**12 기계식 디젤 엔진에서 분사노즐의 구비조건이 아닌 것은?**

① 분포 ② 관통력
③ 청결 ④ 무화

해설
분사노즐의 구비조건은 무화, 관통력, 분포로 분류된다.

**13 디젤 엔진에서 분사노즐의 요구조건이 아닌 것은?**

① 연료를 미세한 안개 모양으로 분사하여 쉽게 착화하게 할 것
② 고온, 고압에서 장기간 사용할 수 있을 것
③ 분무를 연소실의 구석구석까지 뿌려지게 할 것
④ 연료의 분사 끝에서 후적이 발생할 것

해설
연료의 분사 끝에서 후적이 발생하지 않을 것

정답 07 ③ 08 ④ 09 ③ 10 ① 11 ③ 12 ③ 13 ④

14 다음 중 디젤 엔진의 연료라인 순서가 바르게 나열된 것은?

① 연료탱크 → 연료공급펌프 → 분사펌프 → 연료필터 → 분사노즐
② 연료탱크 → 연료공급펌프 → 연료필터 → 분사펌프 → 분사노즐
③ 연료탱크 → 연료필터→ 분사펌프 → 연료공급펌프 →분사노즐
④ 연료탱크 → 분사펌프→ 연료필터 → 연료공급펌프 → 분사노즐

해설

디젤 엔진의 연료라인 순서 : 연료탱크 → 연료공급펌프 → 연료필터 → 분사펌프 → 분사노즐 순이다.

15 커먼레일 디젤 엔진에서 기계식 저압펌프의 연료공급 경로는?

① 연료탱크 → 저압펌프 → 연료필터 → 커먼레일 → 고압펌프 → 인젝터
② 연료탱크 → 저압펌프 → 연료필터 → 고압펌프 → 커먼레일 → 인젝터
③ 연료탱크 → 연료필터 → 저압펌프 → 고압펌프 → 커먼레일 → 인젝터
④ 연료탱크 → 연료필터 → 저압펌프 → 커먼레일 → 고압펌프 → 인젝터

해설

커먼레일 디젤 엔진에서 기계식 저압펌프의 연료공급 경로 : 연료탱크 → 연료필터 → 저압펌프 → 고압펌프 → 커먼레일 → 인젝터 순이다.

16 커먼레일 엔진이 장착된 건설기계의 계기판에 뜨는 표시등이 아닌 것은?

① 연료 차단 지시등
② 연료 수분 감지 경고등
③ DPF 경고등
④ 예열 플러그 작동 지시등

해설

연료 차단 지시등은 계기판에 뜨는 표시등이 아니다.

17 커먼레일 엔진의 공기유량센서(AFS)로 가장 많이 쓰이는 방식은?

① 열막 방식
② 베인 방식
③ 칼만와류 방식
④ 맵센서 방식

해설

열막식 공기유량센서 : 흡입공기의 질량 유량을 직접 계측하는 방식을 말한다.

18 커먼레일 디젤 엔진의 연료계통에서 출력요소에 해당하는 것은?

① 브레이크 스위치
② 인젝터
③ 공기유량센서
④ 엔진 ECU

해설

인젝터는 출력요소에 해당된다.

19 터보차저가 적용된 엔진에 장착된 센서로, 급속 및 증속에서 ECU로 신호를 보내주는 것은?

① 수온 센서
② 노크 센서
③ 부스트 센서
④ 산소 센서

해설

- 수온 센서 : 냉각수 온도를 감지하여 연료분사 시기 및 분사량을 보정한다.
- 노크 센서 : 연소 때 발생하는 엔진 진동을 감지한다.
- 산소 센서 : 배기가스 중 산소 농도를 감지하여 이론 공연비 제어를 위한 피드백 신호를 제공한다.

14 ② 15 ③ 16 ① 17 ① 18 ② 19 ③

CHAPTER 02

# 전기, 섀시, 작업장치

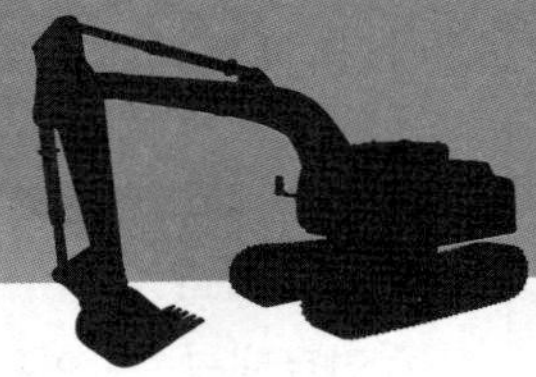

## I. 전기

### 1 전기·전자기초

**(1) 옴의 법칙(Ohm's law)**

저항이 일정할 때 전류는 전압에 비례하고, 전압이 일정할 때 전류는 저항에 반비례한다.

$$I = V/R,\ V = RI,\ R = V/I$$

I : 전류, V : 전압, R : 저항

**(2) 줄의 법칙(Joule's law)**

단위 시간당 열량은 전류 세기의 제곱과 저항의 곱에 비례한다.

$$H = 0.24I^2Rt$$

H : 열량, I : 전류, R : 저항, t : 시간

**(3) 쿨롱의 법칙(Coulomb's law)**

1) 자극 강도(F)는 자극간 거리의 제곱($r^2$)에 반비례하고, 두 자극 세기의 곱($m_1 \times m_2$)에 비례하고, 자극 세기는 자기량 크기에 따라 다르다.

$$F = \frac{m_1 \times m_2}{4\pi \times \mu_0 \times \mu_s \times r^2}$$

F : 자극 강도, $m_1$, $m_2$ : 자극 세기, $\mu_0$ : 진공투자율(자기량), $\mu_s$ : 비투자율(자기량), r : 자극간 거리

2) 축전기(Condenser)는 모터 및 릴레이가 작동할 때 라디오에 유기되는 고주파 잡음을 저감하는 부품이다.

- 축전기 용량의 단위는 패럿[F]이며, 전하량의 단위는 쿨롱[C]이다.
- 축전기의 정전용량은 평행판간 거리(D)에 반비례하고, 인가전압(V), 평행판 면적(A), 평행판간 유전율(ε) 각각에 정비례한다.
- 축전기의 정전용량 관계식

$$C = Q/V = \varepsilon A/D$$

C : 축전기 용량, Q : 전하량, V : 인가전압, ε : 평행판간 유전율, A : 평행판 면적, D : 평행판간 거리

| 예 | • 판의 면적이 일정할 때 판 사이의 거리가 2배로 증가하면 축전기의 정전용량이 1/2배로 작아진다.<br>• 판 사이의 거리가 일정할 때 판의 면적이 2배로 증가하면 축전기의 정전용량이 2배로 커진다. |
|---|---|

## (4) 키르히호프의 법칙(Kirchhoff's law)

1) 전류법칙(1법칙)은 유입된 전류의 총합과 유출된 전류의 총합은 같다는 것을 의미한다.

2) 전압법칙(2법칙)은 임의의 폐회로에서 각 소자에 걸리는 전압강하의 총합과 기전력의 총합은 같다는 것을 의미한다.

## (5) 전력(Electric power)

전력은 전압과 전류의 곱에 비례한다.

$$P = VI,\ P = I^2R,\ P = V^2/R$$

P : 전력, V : 전압, I : 전류, R : 저항

## (6) 전류 작용

전류의 3대 작용은 발열작용, 자기작용, 화학작용이다.

## (7) 직 · 병렬회로의 특징

1) 직렬연결의 특징

- 합성저항은 각 저항의 총합과 같다.
- 전류는 한 개일 때와 같고, 전압은 다르다.
- 각 회로에 같은 전류가 인가되므로 입력되는 전류는 일정하다.
- 각 회로의 전류가 동일하므로 전압은 다르다.

2) 병렬연결의 특징

- 합성저항의 역수는 각 저항의 역수의 총합과 같다.
- 전압은 한 개일 때와 같고, 전류는 다르다.
- 각 회로에 같은 전압이 인가되므로 입력되는 전압은 일정하다.

# 기출문제

**01 전기가 이동하지 않고 물질에 정지하고 있는 전기를 무엇이라고 하는가?**

① 정전기 ② 동전기
③ 교류전기 ④ 직류전기

해설
정전기 : 전기가 이동하지 않고 물질에 정지하고 있는 전기를 말한다.

**02 다음 중 퓨즈에 대한 설명으로 틀린 것은?**

① 퓨즈는 정격용량을 사용한다.
② 퓨즈가 끊어졌을 때 철사를 대용하여도 된다.
③ 퓨즈 용량은 암페어(A)로 표시한다.
④ 퓨즈의 표면이 산화되면 끊어지기 쉽다.

해설
퓨즈가 끊어졌을 때에는 규정용량의 신품 퓨즈로 교환한다.

**03 옴의 법칙(Ohm's law)으로 맞는 것은? (단, I : 전류, V : 전압, R : 저항)**

① I = R/V ② V = 2R/I
③ I = VR ④ V = IR

해설
옴의 법칙 : V = IR

**04 '회로 내 임의의 한 점에 유입된 전류의 총합과 유출된 전류의 총합은 같다'는 무슨 법칙인가?**

① 뉴턴의 법칙
② 키르히호프의 제1법칙
③ 렌쯔의 법칙
④ 앙페르의 법칙

해설
- 키르히호프 제1법칙 : 전류법칙
- 키르히호프 제2법칙 : 전압법칙

**05 줄의 법칙(Joule's law)에 대한 설명으로 옳은 것은?**

① 단위 시간당 열량은 전압 세기의 제곱과 저항의 곱에 비례한다.
② 단위 시간당 열량은 저항 크기의 제곱과 전류의 곱에 비례한다.
③ 단위 시간당 열량은 전류 세기의 제곱과 저항의 곱에 비례한다.
④ 단위 시간당 열량은 전류 세기의 제곱과 전압의 곱에 비례한다.

해설
줄의 법칙 : 단위 시간당 열량은 전류 세기의 제곱과 저항의 곱에 비례한다.

**06 쿨롱의 법칙(Coulomb's Law)에서 자극의 강도에 대한 설명으로 틀린 것은?**

① 거리에 반비례한다.
② 자석의 양끝을 자극이라 한다.
③ 두 자극 세기의 곱에 비례한다.
④ 자극의 세기는 자기량의 크기에 따라 다르다.

해설
거리의 제곱에 반비례한다.

정답 01 ① 02 ② 03 ④ 04 ② 05 ③ 06 ①

**07 콘덴서의 정전용량(Capacitance)에 대한 설명으로 옳지 않은 것은?**

① 금속판 사이 절연물의 절연도에 정비례한다.
② 금속판 사이의 거리에 정비례한다.
③ 가해지는 전압에 정비례한다.
④ 반대편 금속판의 면적에 정비례한다.

해설
금속판 사이의 거리에 반비례한다.

**08 모터 또는 릴레이 작동 시 라디오에 유기되는 고주파 잡음을 저감하는 부품은?**

① 콘덴서
② 트랜지스터
③ 다이오드
④ 볼륨

해설
콘덴서 : 모터 또는 릴레이 작동 시 라디오에 유기되는 고주파 잡음을 저감하는 부품

**09 다음 회로에서 퓨즈에는 몇 A가 흐르는가?**

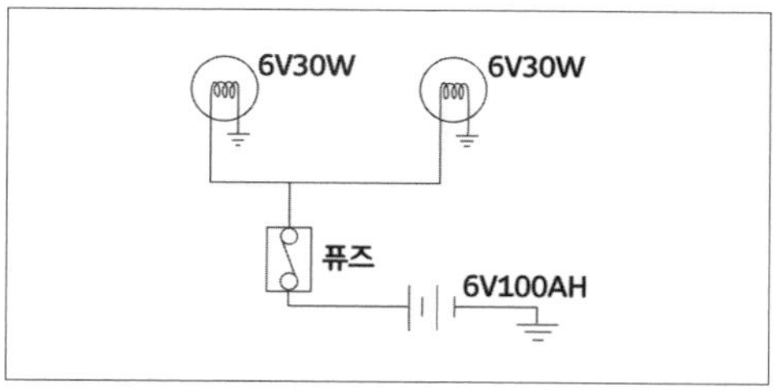


① 5A ② 10A
③ 50A ④ 100A

해설
30W + 30W = 60W
60W = 6V × χA
χ = 10(A)

**10 전류의 3대 작용에 해당하지 않는 것은?**

① 화학작용
② 발열작용
③ 자기작용
④ 전기작용

해설
전류의 3대 작용 : 발열작용, 자기작용, 화학작용

**11 직렬연결 회로에 대한 설명으로 틀린 것은?**

① 전류는 한 개일 때와 같고, 전압은 다르다.
② 각 회로의 저항이 동일하므로 전압은 다르다.
③ 각 회로에 같은 전류가 인가되므로 입력되는 전류는 일정하다.
④ 합성저항은 각 저항의 총합과 같다.

해설
각 회로의 전류가 동일하므로 전압은 다르다

**12 병렬연결 회로의 설명으로 옳은 것은?**

① 각 회로의 저항이 동일하므로 전압은 다르다.
② 합성저항은 각 저항의 합과 같다.
③ 전압은 1개일 때와 같으며, 전류도 같다.
④ 각 회로에 동일한 전압이 가해지므로 입력 전압은 일정하다.

해설
- 각 회로의 전압이 동일하므로 전류는 다르다.
- 합성저항의 역수는 각 저항의 역수의 합과 같다.
- 전압은 1개일 때와 같으며, 전류는 다르다.

07 ② 08 ① 09 ② 10 ④ 11 ② 12 ④

CHAPTER 02

# 전기, 섀시, 작업장치

## 2 축전지

### (1) 축전지의 개요

1) 축전지란 에너지 캐리어(Energy carrier)로서 화학적 에너지를 전기적 에너지로 바꿔주는 장치를 말한다. 시동 시 전기적 부하를 부담하고, 발전기 출력 및 부하의 균형을 조정하고, 발전기 고장 시 일정시간 동안 전원 역할을 한다.

### (2) 축전지의 기능

1) 축전지는 온도 및 압력이 일정할 때 용량, 비중, 단자전압이 서로 비례관계이다.

2) 축전지 용량은 극판 수 · 크기, 전해액 양에 따라 결정된다.

※ 방전종지전압

- 방전종지전압이란 축전지를 방전해서는 안 되는 전압의 기준을 말하며, 각 셀 당 평균 1.75V이다. 방전종지전압 이하로 방전 시 극판이 손상되어 축전지 기능을 상실한다.

### (3) 축전지의 구조

1) 축전지는 총 6개의 셀로 구성되며, 각 셀은 약 2.1V이다. 음극판이 양극판보다 1장 더 많다.

2) 격리판

- 격리판은 양극판과 음극판 사이에 끼워 양쪽 극판의 단락을 방지하는 역할을 한다. 다공성이고 비전도성이며, 전해액 확산이 잘되고, 기계적 강도가 있고, 전해액에 의해 부식되지 않아야 한다.

축전지의 구조

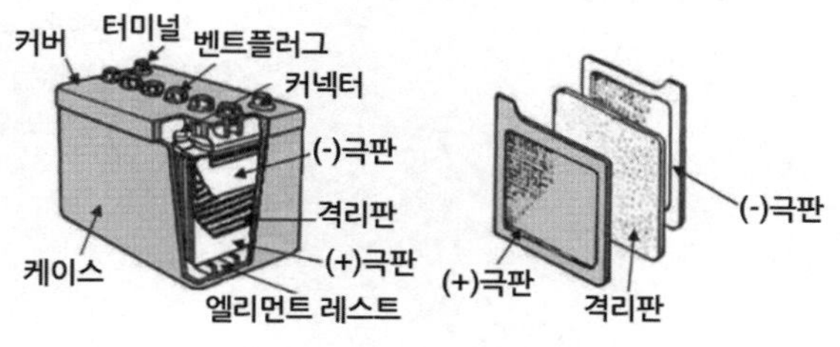

3) 단자 식별방법

- 양극은 빨간색, 음극은 검정색이다.
- 양극은 '+', 음극은 '−' 부호를 사용한다.
- 양극은 'POS', 음극은 'NEG'로 표기한다.
- 양극이 음극보다 부식물이 더 많이 발생한다.
- 양극 기둥이 음극 기둥에 비해 지름이 더 크다.
- 축전지 탈거 시 음극 단자를 먼저 분리하고, 설치 시 양극 단자를 먼저 결합한다.

## (4) 전해액

1) 전해액은 순도가 높은 묽은 황산($H_2SO_4$)을 사용하며, 물에 황산을 부어서 혼합한다. 완전 충전 시 비중은 표준온도 20℃ 기준으로 1.260~1.280이다.

2) 비중 환산식

$S_{20} = S_t + 0.0007 \times (t-20)$

- $S_{20}$ : 표준온도 20℃로 환산한 비중
- $S_t$ : 실측온도에서 측정한 비중
- t : 실측온도(℃)

| ※ 축전지 비중 및 상태 | |
|---|---|
| • 완전 충전 상태 : 1.260~1.280/20℃ | • 3/4 충전 상태 : 1.210~1.230/20℃ |
| • 1/3 충전 상태 : 1.160~1.180/20℃ | • 완전 방전 상태 : 1.060~1.080/20℃ |

## (5) 축전지의 화학작용

1) 양극판은 방전되면 과산화납($PbO_2$)에서 황산납($PbSO_4$)으로 바뀌고, 충전되면 다시 황산납($PbSO_4$)에서 과산화납($PbO_2$)으로 바뀐다.

2) 전해액은 방전되면 묽은황산($2H_2SO_4$)에서 물($2H_2O$)로 바뀌고, 충전되면 다시 물($2H_2O$)에서 묽은황산($2H_2SO_4$)으로 바뀐다.

3) 음극판은 방전되면 해면상납(Pb)에서 황산납($PbSO_4$)으로 바뀌고, 충전되면 다시 황산납($PbSO_4$)에서 해면상납(Pb)으로 바뀐다.

| 축전지 충 · 방전식 | | | | | | |
|---|---|---|---|---|---|---|
| 양극판 | 전해액 | 음극판 | 방전 | 양극판 | 전해액 | 음극판 |
| $PbO_2$ | $2H_2SO_4$ | Pb | ⇄ | $PbSO_4$ | $2H_2O$ | $PbSO_4$ |
| 과산화납 | 묽은황산 | 해면상납 | 충전 | 황산납 | 물 | 황산납 |

4) 설페이션(Sulfation)이란 축전지의 방전 상태가 일정 한도 이상 장시간 지속되어 극판이 결정화되는 현상을 말한다.

### (6) 축전지의 충전방법

1) 급속 충전은 축전지 용량의 약 50% 전류로 충전한다.

2) 정전압 충전은 일정한 전압으로 충전한다.

3) 정전류 충전은 일정한 전류로 충전하며, 표준전류 충전 시 축전지 용량의 약 10%이다.

4) 단별 전류 충전은 정전류 충전의 일종이며, 단계적으로 전류를 감소시킨다.

# 기출문제

**01 축전지 용량을 나타내는 단위는?**

① Ω ② V
③ Ah ④ A

해설
- Ah = A × h
- Ah : 축전지 용량 단위, A : 연속 방전 전류 단위, h : 방전 종지 전압까지 연속 방전 시간 단위

**02 축전지에 대한 설명으로 옳은 것은?**

① 전해액이 감소한 경우 증류수를 보충하면 된다.
② 축전지 보관 시 되도록 방전 시키는 것이 좋다.
③ 축전지 방전에 지속되면 전압은 낮아지고 전해액 비중은 높아진다.
④ 축전지 용량을 크게 하려면 별도의 축전지를 직렬로 연결한다.

해설
- 축전지 방전에 지속되면 전압은 낮아지고 전해액 비중은 낮아진다.
- 축전지 용량을 크게 하려면 별도의 축전지를 병렬로 연결한다.

※ 온도와 압력이 일정할 때 축전지 비중, 용량, 단자전압은 비례관계이다.

**03 납산 축전지의 특징에 대한 설명으로 틀린 것은?**

① 시동 시 시동전동기에 전원을 공급한다.
② 양극판은 해면상납, 음극판은 과산화납을 사용하며 전해액은 묽은 황산을 이용한다.
③ 발전기가 고장 시 일시적인 전원을 공급한다.
④ 발전기의 출력 및 부하의 불균형을 조정한다.

해설
양극판은 과산화납, 음극판은 해면상납을 사용하며 전해액은 묽은 황산을 이용한다.

**04 납산 축전지가 방전되었을 때 양극판과 음극판에 해당하는 것은?**

① $PbSO_4$ ② Pb
③ $2H_2SO_4$ ④ $2H_2O$

해설
- Pb는 충전상태의 음극판이다.
- $2H_2SO_4$은 충전상태의 전해액이다.
- $2H_2O$은 방전상태의 전해액이다.

**05 축전지의 자기방전 원인이 아닌 것은?**

① 음극판의 작용물질이 황산과 화학 반응하여 황산납이 되므로
② 전해액 양이 많아짐에 따라 용량이 커지므로
③ 전해액에 포함된 불순물이 국부전지를 형성하므로
④ 탈락한 극판 작용물질이 축전지 내부에 퇴적되므로

해설
축전지 용량은 극판 수, 넓이, 두께, 전해액 양에 비례하므로 보기 ②의 내용은 맞으나 이것이 축전지 자기방전의 원인은 아니다.

정답 01 ③ 02 ① 03 ② 04 ① 05 ②

**06 12V 80A 축전지 2개를 병렬로 연결하면 전압과 전류는 어떻게 되는가?**

① 12V 80A ② 12V 160A
③ 24V 160A ④ 24V 80A

해설

축전지를 병렬연결하면 전압은 동일하고 용량은 증가한다. 또한, 직렬연결하면 용량은 동일하고 전압은 증가한다. 이때 '증가'라는 것은 축전지 개수에 비례한다. 예를 들어, 동일한 축전지 2개를 직렬연결하면 용량은 동일하고 전압은 2배 증가한다.

**07 납산 축전지의 공칭전압은 셀 당 몇 V인가?**

① 1V ② 2V
③ 9.6V ④ 12V

해설

납산 축전지의 공칭단자 전압은 셀 당 2V이다.

**08 20℃에서 전해액 충전 시 비중과 충전상태를 나열한 것으로 틀린 것은?**

① 1.150~1.170, 25%
② 1.190~1.210, 50%
③ 1.220~1.260, 75%
④ 1.260~1.280, 100%

해설

1.220~1.260, 80%

**09 5시간 동안 10A의 전류를 지속적으로 사용할 수 있는 축전지의 용량은 몇 Ah인가?**

① 40Ah ② 50Ah
③ 60Ah ④ 80Ah

해설

- 10A × 5h = 50Ah
- Ah : 축전지 용량, A : 연속 방전 전류, h : 방전종지전압까지 연속방전시간

**10 납산 축전지의 용량은 어떻게 결정되는가?**

① 극판의 수, 발전기의 충전 능력에 따라 결정된다.
② 극판의 수, 셀의 수, 발전기의 충전 능력에 따라 결정된다.
③ 극판의 수, 극판의 크기, 황산의 양에 따라 결정된다.
④ 극판의 수, 극판의 크기, 셀의 수에 따라 결정된다.

해설

축전지의 용량은 극판의 수, 극판의 크기, 황산의 양에 따라 결정된다.

**11 축전지의 용량만 증가시키는 방법은?**

① 직렬연결
② 직 · 병렬연결
③ 병렬연결
④ 논리회로연결

해설

축전지를 직렬연결하면 용량은 동일하고 전압은 증가한다. 또한, 병렬연결하면 전압은 동일하고 용량은 증가한다. 이때 '증가'라는 것은 축전지 개수에 비례한다. 예를 들어, 동일한 축전지 3개를 병렬연결하면 전압은 동일하고 용량은 3배 증가한다.

**12 축전지에서 동일한 극끼리 서로 연결하는 방법은?**

① 직렬 연결
② 병렬 연결
③ 직 · 병렬 연결
④ 직류 연결

해설

병렬 연결은 축전지에서 동일한 극끼리 서로 연결하는 방법이다.

정답 06 ② 07 ② 08 ③ 09 ② 10 ③ 11 ③ 12 ②

**13 축전지 케이스와 커버 세척에 가장 적절한 것은?**

① 물, 소다 ② 물, 가솔린
③ 물, 소금 ④ 물, 솔벤트

해설

물, 소다 : 축전지 케이스와 커버 세척에 가장 적절한 것

**14 MF축전지가 아닌 일반 납산축전지를 관리할 경우 정기적으로 얼마마다 충전하는 것이 좋은가?**

① 약 15일 ② 약 30일
③ 약 45일 ④ 약 60일

해설

축전지의 자기 방전으로 인해 최소 약 15일에 한 번씩은 축전지를 차량에 장착하여 시동을 걸어 충전하거나 외부 충전기를 이용하여 충전해야 한다.

**15 축전지 급속충전 시 유의사항에 대한 설명 중 틀린 것은?**

① 충전시간은 가능한 짧게 한다.
② 충전전류는 축전지 용량과 같게 한다.
③ 충전 중 가스가 많이 발생하면 충전을 중지한다.
④ 충전 중 전해액의 온도가 45℃가 넘지 않도록 한다.

해설

충전전류는 축전지 용량의 50%로 한다.

**16 축전지 취급 시 유의사항에 대한 설명으로 옳은 것은?**

① 축전지의 방전이 지속될수록 전압과 전해액 비중 모두 낮아진다.
② 축전지를 보관 시 가능한 방전시키는 것이 좋다.
③ 축전지 2개를 직렬 연결할 경우 (+)와 (+)끼리, (−)와 (−)끼리 연결한다.
④ 축전지 용량을 크게 하기 위해서는 다른 축전지와 서로 직렬 연결한다.

해설

- 축전지를 보관 시 방전시키지 않는 것이 좋다.
- 축전지 2개를 병렬 연결할 경우 (+)와 (+)끼리, (−)와 (−)끼리 연결한다.
- 축전지 용량을 크게 하기 위해서는 다른 축전지와 서로 병렬 연결한다.

**17 건설기계장비에서 축전지 케이블을 탈거하고자 한다. 다음 중 올바른 것은?**

① (+) 케이블을 먼저 탈거한다.
② (−) 케이블을 먼저 탈거한다.
③ 절연되어 있는 케이블을 먼저 탈거한다.
④ 아무 케이블이나 먼저 탈거한다.

해설

축전지 케이블 탈거 시 (−) 케이블을 먼저 탈거한다.

13 ① 14 ① 15 ② 16 ① 17 ②

## 3 시동 및 충전장치

### (1) 시동장치

1) 전동기의 개요 및 종류

- 전동기란 전기 에너지를 기계적 에너지로 변환시켜주는 장치를 말한다.
- 직권식 전동기는 전기자 코일과 계자 코일을 서로 직렬로 연결하며, 전류가 일정할 때 분권식, 복권식보다 토크를 크게 할 수 있다. 주로 기동 전동기에 사용된다.
- 분권식 전동기는 전기자 코일과 계자 코일을 서로 병렬로 연결하며, 회전력이 작고 속도가 일정하여 주로 냉각팬에 사용된다.
- 복권식 전동기는 전기자 코일과 계자 코일을 서로 직·병렬로 연결하며, 주로 윈드 실드 와이퍼 모터에 사용된다.

2) 기동 전동기: 플레밍의 왼손법칙을 응용한다. 토크를 발생시키는 부분, 토크를 엔진으로 전달하는 부분, 피니언 기어를 링 기어에 치합하는 부분으로 구성된다.

3) 기동 전동기의 동력전달기구

- 기동 전동기의 피니언 기어와 플라이휠의 링 기어와의 감속비는 약 10~15 : 1이다.
- 피니언 접속방식은 벤딕스식, 피니언 섭동식, 전기자 섭동식으로 분류된다.
- 오버런닝 클러치는 플라이휠의 회전력이 기동 전동기에 전달되지 않도록 하는 역할을 한다. 롤러방식, 스프래그 방식, 다판 클러치 방식으로 분류된다.

4) 기동 전동기의 점검 방법 : 회전력 시험(부하 시험), 무부하 시험, 저항 시험 등으로 분류된다. 기동 전동기의 허용 연속사용시간은 10~15초이다.

기동 전동기의 구조

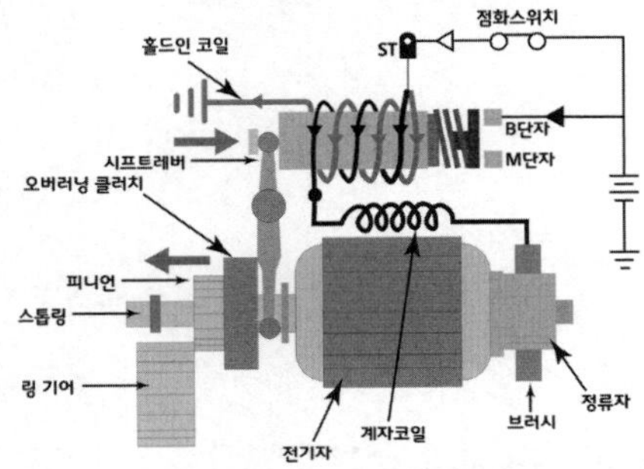

## (2) 충전장치

### 1) 기본 원리 및 법칙

- 렌쯔의 법칙(Lenz's law)은 유도 기전력은 코일 내의 자속 변화를 방해하는 방향으로 발생한다는 것을 의미한다.
- 패러데이의 법칙(Faraday's law)은 도선에 유도되는 기전력은 그 속상을 통과하는 자기력선 수가 변할 때 또는 도선이 자기력선을 끊고 지나갈 때 발생한다는 것을 의미한다.

### 2) 교류 발전기(Alternator)의 개요

- 발전기란 기계적 에너지를 전기 에너지로 변환시켜주는 장치를 말한다.
- 교류 발전기는 플레밍의 오른손법칙을 응용한다. 자속을 만드는 부분(로터), 전류를 만드는 부분(스테이터), 정류 다이오드, 제너 다이오드, 슬립링 등으로 구성된다.

※ 직류발전기(Generator)도 플레밍의 오른손법칙을 응용한다.

### 3) 교류 발전기의 특징

- 브러시의 수명이 길다.
- 소형 및 경량화 할 수 있다.
- 저속에서도 충전 성능이 우수하다.
- 실리콘 다이오드가 정류작용을 한다(직류발전기는 컷아웃 릴레이가 정류작용을 한다).
- 로터의 회전수가 상승함에 따라 스테이터 코일에서 발생하는 교류 주파수가 높아져 전류가 높아지는 것을 제한하므로 전류조정기가 필요 없다.

### 4) 스테이터의 결선에 따른 전압 및 전류

- △결선의 선간전압은 상전압과 같고, △결선의 선간전류는 상전류의 배이다.
- Y결선의 선간전류는 상전류와 같고, Y결선의 선간전압은 상전압의 배이다.

# 기출문제

01 **건설기계에서 가장 큰 전류가 흐르는 부품은?**

① 발전기 로터
② 시동 전동기
③ 다이오드
④ 배전기

해설

시동 전동기 : 건설기계에서 가장 큰 전류가 흐르는 부품이다.

02 **전기 에너지를 기계적 에너지로 변환시켜주는 장치는?**

① 축전지 ② 전동기
③ 발전기 ④ 변압기

해설

전동기란 전기 에너지를 기계적 에너지로 변환시켜주는 장치를 말한다.

03 **시동 전동기의 토크가 발생하는 부분은?**

① 스위치 ② 계자 코일
③ 조속기 ④ 발전기

해설

계자 코일과 전기자 코일에서 형성되는 전자력에 의해 시동 전동기의 토크가 발생한다.

04 **시동 전동기의 토크가 약하거나 회전이 안 되는 원인이 아닌 것은?**

① 축전지 전압이 낮음
② 브러시가 정류자에 잘 밀착되어 있음
③ 터미널과 축전지 단자의 접촉 불량
④ 시동 스위치 접촉 불량

해설

시동 전동기의 토크가 약하거나 회전이 안 되는 원인

- 축전지 전압이 낮음
- 브러시가 정류자에 잘 밀착되어 있지 않음
- 터미널과 축전지 단자의 접촉 불량
- 시동 스위치 접촉 불량

05 **건설기계에서 주로 사용하는 시동 전동기의 형식은?**

① 교류 전동기
② 직류 직권 전동기
③ 직류 분권 전동기
④ 직류 복권 전동기

해설

- 직류 직권 전동기 : 계자코일과 전기자코일이 서로 직렬로 연결
- 직류 분권 전동기 : 계자코일과 전기자코일이 서로 병렬로 연결
- 직류 복권 전동기 : 계자코일과 전기자코일이 서로 직·병렬로 연결

06 **직류 직권식 전동기에 대한 설명이 아닌 것은?**

① 기동 토크가 크다.
② 토크가 클 때 회전수가 낮다.
③ 토크는 전기자 전류와 계자의 세기와의 곱에 비례한다.
④ 비교적 회전수의 변화가 작다.

해설

비교적 회전수의 변화가 작은 것은 직류 분권식 전동기이다.

정답 01 ② 02 ② 03 ② 04 ② 05 ② 06 ④

**07 엔진 시동을 위해 시동키를 작동시켰지만, 시동 전동기가 회전하지 않는다. 이때 점검해야 할 내용으로 가장 적절하지 못한 것은?**

① 축전지 터미널 접촉 상태 점검
② 시동회로의 ST회로 연결 상태 점검
③ 인젝션 펌프의 연료차단 솔레노이드 점검
④ 축전지 방전상태 점검

해설
크랭킹은 되나 엔진 시동이 안 될 경우 인젝션 펌프의 연료차단 솔레노이드를 점검한다.

**08 엔진 시동 회로에서 전력 공급선의 전압강하는 몇 V 이하이면 정상인가?**

① 0.2V ② 1.0V
③ 9.5V ④ 10.5V

해설
엔진 시동 회로에서 전력 공급선의 전압강하는 0.2V 이하이면 정상이다.

**09 점화 스위치를 ST로 했을 때 시동 전동기의 솔레노이드 스위치는 작동되나 시동 전동기는 작동되지 않은 원인과 관계없는 것은?**

① 축전지 방전
② 엔진 크랭크축, 피스톤 고착
③ 점화 스위치 불량
④ 시동 전동기 브러시 손상

해설
점화 스위치가 불량이면 시동 전동기의 솔레노이드 스위치도 작동되지 않는다.

**10 교류 발전기의 발전 원리와 가장 관련 있는 법칙은?**

① 패러데이의 법칙
② 키르히호프 제2법칙
③ 플레밍의 왼손 법칙
④ 플레밍의 오른손 법칙

해설
교류 발전기는 플레밍의 오른손 법칙을 응용한다.

**11 직류 발전기와 비교하여 교류 발전기의 특징으로 틀린 것은?**

① 크기가 크고 무겁다.
② 전압 조정기만 필요하다.
③ 저속 발전 성능이 좋다.
④ 브러시 수명이 길다.

해설
직류 발전기는 크기가 크고 무겁다.

**12 교류 발전기의 특징이 아닌 것은?**

① 소형, 경량이며 속도변화에 따른 적용범위가 넓음
② 저속에서도 충전이 가능
③ 정류자를 사용
④ 다이오드를 사용하기 때문에 정류 특성이 좋음

해설
정류자를 사용하는 것은 시동 전동기이다.

**13 교류 발전기의 구성 부품이 아닌 것은?**

① 스테이터 코일
② 전류 조정기
③ 슬립링
④ 다이오드

해설
교류 발전기는 스테이터 코일, 전압 조정기, 슬립링, 다이오드 등으로 구성된다.

07 ③ 08 ① 09 ③ 10 ④ 11 ① 12 ③ 13 ②

14 **교류 발전기의 구성부품 중에서 교류를 직류로 변환하는 것은?**

① 로터 ② 스테이터

③ 콘덴서 ④ 다이오드

해설

다이오드 : 교류 발전기의 구성부품 중에서 교류를 직류로 변환하는 것

정답 14 ④

## 4 냉방장치

### (1) 냉방장치

에어컨 장치 구조

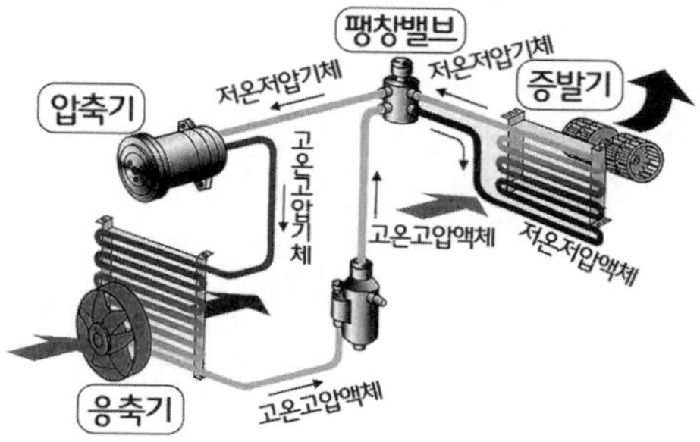


1) 에어컨 냉매가스 순환 과정 : 압축기(콤프레서) → 응축기(콘덴서) → 건조기(리시버 드라이어) → 팽창 밸브(익스팬션 밸브) → 증발기(이베퍼레이터) 순으로 이루어진다.

2) 에어컨 장치 주요 구성품의 특징

- 압축기(Compressor)는 증발기에서 받은 기체 냉매를 고온 및 고압의 기체로 변환시킨다.
- 응축기(Condenser)는 냉각팬 및 차량 외부 공기를 이용하여 고온 및 고압의 기체 냉매를 냉각 · 응축하여 고온 및 고압의 액체 냉매로 변환시킨다.
- 건조기(Receiver dryer)는 액체 냉매를 팽창 밸브로 보낸다.
- 팽창 밸브(Expansion valve)는 고온 및 고압의 액체 냉매를 급격히 팽창시켜 저온 및 저압의 기체 냉매로 변환시킨다.
- 증발기(Evaporator)는 주위로부터 열을 흡수하여 기체 냉매로 변환시킨다.

3) 에어컨 냉매의 분류 : 구냉매(R-22a), 신냉매(R-134a)로 분류된다. 신냉매는 염소(Cl)가 없어 구냉매에 비해 친환경적이다.

### (2) 에어컨 냉매

1) R-22a는 구냉매를 말한다.

2) R-134a는 신냉매를 말한다.

3) 신냉매(R-134a)의 특징

- 무미 · 무취이다.
- 화학적으로 안정되고 내열성이 좋다.
- 염소(Cl)가 없어서 오존층이 보호된다.
- 온난화지수가 냉매 R-12(구냉매)보다 낮다.

# 기출문제

**01 건설기계 에어컨 장치의 순환과정으로 옳은 것은?**

① 압축기 → 응축기 → 건조기 → 팽창 밸브 → 증발기
② 압축기 → 응축기 → 팽창 밸브 → 건조기 → 증발기
③ 압축기 → 팽창 밸브 → 건조기 → 응축기 → 증발기
④ 압축기 → 건조기 → 팽창 밸브 → 응축기 → 증발기

해설

에어컨 장치의 순환과정 : 압축기 → 응축기 → 건조기 → 팽창 밸브 → 증발기 순이다.

**02 에어컨 장치의 압축기(Compressor)에 대한 설명으로 옳은 것은?**

① 고온 · 고압 액체 냉매를 저온 · 저압 기체 냉매로 변환한다.
② 주위로부터 열을 흡수하여 기체 냉매로 변환한다.
③ 고온 · 고압의 기체 냉매를 냉각 · 응축하여 고온 · 고압의 액체 냉매로 변환시킨다.
④ 기체 냉매를 고온 및 고압의 기체로 변환한다.

해설

압축기 : 증발기에서 받은 기체 냉매를 고온 및 고압의 기체로 변환한다.

**03 건설기계 에어컨 장치에서 액체 냉매를 팽창 밸브로 보내는 것은?**

① 압축기
② 팽창밸브
③ 건조기
④ 증발기

해설

건조기 : 액체 냉매를 팽창 밸브로 보낸다.

**04 에어컨 장치에서 고온 · 고압의 기체 냉매를 냉각시켜 액화시키는 것은?**

① 압축기(Compressor)
② 응축기(Condenser)
③ 팽창밸브(Expansion valve)
④ 증발기(Evaporator)

해설

응축기 : 고온 · 고압의 기체 냉매를 냉각 · 응축하여 고온 · 고압의 액체 냉매로 변환

**05 오존층 파괴를 줄이고자 R-12(구냉매)에서 염소(Cl)를 제거한 냉매는?**

① R-12a
② R-22a
③ R-16a
④ R-134a

해설

R-134a(신냉매)는 염소(Cl)를 사용하지 않아 프레온 가스로부터 오존층을 보호할 수 있다.

정답 01 ① 02 ④ 03 ③ 04 ② 05 ④

**06 에어컨 냉매 중 R-134a(신냉매)의 특징이 아닌 것은?**

① 액화 및 증발되지 않아서 오존층이 보호된다.
② 무미 · 무취이다.
③ 화학적으로 안정되고 내열성이 좋다.
④ 온난화지수가 냉매 R-12(구냉매)보다 낮다.

해설

R-134a는 액화 및 증발이 잘 되며, 염소가 없어서 오존층이 보호된다.

정답 06 ①

## 5 등화장치

### (1) 등화장치

#### 1) 조명 용어

- 광도란 광원의 밝기를 말한다. 단위는 칸델라(cd)이다. 1cd는 광원에서 1m 떨어진 $1m^2$의 면에 1lm의 광속이 통과하였을 때의 빛의 세기를 의미한다.
- 광속이란 어떤 면을 통과하는 빛의 양을 말한다. 단위는 루멘(lm)이다.
- 조도란 어떤 면이 받는 빛의 세기를 말한다. 단위는 룩스(lux)이다. 빛을 받는 면의 조도는 광원의 광도에 비례하고, 광원의 거리의 제곱에 반비례한다.

$$조도(lux) = 광도(cd)/거리^2 \approx 광속(lm)/거리^2$$

#### 2) 전조등

- 전조등의 3요소는 렌즈, 반사경, 필라멘트이다.
- 좌 · 우 전조등은 서로 병렬로 연결되어있어 한쪽 필라멘트가 단선되어도 나머지 한쪽은 계속 작동된다. 전조등은 실드빔 방식과 세미 실드빔 방식으로 분류된다. 실드빔식은 필라멘트가 끊어졌을 때 전조등 전체를 교환하는 방식, 세미 실드빔식은 필라멘트가 끊어졌을 때 전구만 교환할 수 있는 방식이다.
- 전조등 시험기는 집광식(1m 이격 후 측정), 스크린식(3m 이격 후 측정)으로 분류된다. 전조등 광도 규정값은 2등식 15,000cd 이상, 4등식 12,000cd 이상이다. 2등식은 전구 하나에 상 · 향 필라멘트가 모두 있는 방식이며, 4등식은 상 · 하향의 필라멘트가 각각 별도의 렌즈로 되어있는 방식이다.

#### 3) 제동등

- 제동등 광도 규정값은 40cd 이상 420cd 이하이다. 다른 등화와 겸용할 경우 광도는 3배 이상 증가해야 한다.

#### 4) 전기배선

- 전기저항(R)은 전기배선의 길이(L)에 비례하고 단면적(A)에 반비례한다.
- 전기배선의 규격은 단면적($mm^3$), 바탕색, 줄색으로 표기한다. 예를 들어, "1.25LY"의 경우 배선의 단면적은 $1.25mm^3$, 배선의 바탕색은 파란색(L), 배선의 줄색은 노란색(Y)을 의미한다.

• 전기배선의 색상별 기호

| 기호 | 색상 | 기호 | 색상 | 기호 | 색상 | 기호 | 색상 |
|---|---|---|---|---|---|---|---|
| G | 초록색 | W | 흰색 | B | 검정색 | L | 파란색 |
| Gr | 회색 | R | 빨간색 | Br | 갈색 | Y | 노란색 |

# 기출문제

01 **좌 · 우측 전조등 회로의 연결 방법으로 옳은 것은?**

① 직 · 병렬 연결 ② 병렬 연결
③ 단식 배선 ④ 직렬 연결

해설

좌 · 우측 전조등 회로는 병렬로 연결되어 있다.

02 **제동등과 후미등에 대한 설명으로 틀린 것은?**

① 제동등은 다른 등화와 겸용하는 경우 광도가 3배 이상 증가해야 한다.
② 후미등과 제동등은 각각 직렬로 연결되어 있다.
③ 라이트 스위치 조작에 의해 후미등이 점멸된다.
④ 브레이크 스위치 작동에 의해 제동등이 점멸된다.

해설

후미등과 제동등은 각각 병렬로 연결되어 있다.

03 **세미 실드빔 형식의 전조등이 장착된 건설기계에서 전조등이 점등되지 않는다. 이때 가장 적절한 조치 방법은?**

① 전조등을 교환한다.
② 전구를 교환한다.
③ 렌즈를 교환한다.
④ 반사경을 교환한다.

해설

- 실드빔 형식 : 전조등 조립체 전체 교환
- 세미 실드빔 형식 : 전구만 따로 교환

04 **전조등 회로의 구성부품이 아닌 것은?**

① 스테이터
② 디머 스위치
③ 라이트 스위치
④ 전조등 릴레이

해설

스테이터 : 교류 발전기의 구성부품

05 **전조등의 3요소가 아닌 것은?**

① 필라멘트 ② 반사경
③ 렌즈 ④ 미등

해설

전조등의 3요소는 렌즈, 반사경, 필라멘트이다.

06 **전조등에서 광도의 측정단위는 무엇인가?**

① 루멘(lm)
② 룩스(lux)
③ 칸델라(cd)
④ 암페어(A)

해설

칸델라(cd) : 광도의 측정단위이며, 광원의 밝기를 의미한다.

07 **배선에 표기된 기호와 색의 연결이 틀린 것은?**

① Y – 노랑 ② Gr – 보라
③ B – 검정 ④ G – 녹색

해설

Gr – 회색

정답 01 ② 02 ② 03 ② 04 ① 05 ④ 06 ③ 07 ②

## II. 섀시

### 1 클러치 및 변속기, 유체 클러치 및 토크 컨버터

#### (1) 클러치(Clutch)

1) 클러치의 기능

- 관성 운전을 할 수 있다.
- 시동 시 엔진의 무부하 상태를 유지한다.
- 변속 시 일시적으로 엔진 동력을 차단한다.

2) 클러치의 구비조건

- 조작이 쉬워야 한다.
- 구조가 간단해야 한다.
- 과열되지 않아야 한다.
- 회전 관성이 작아야 한다.
- 단속 작용이 확실해야 한다.
- 동력이 서서히 전달되어야 한다.
- 회전 부분의 평형이 좋아야 한다.
- 동력 전달 후 미끄러지지 않아야 한다.

3) 클러치의 용량

- 클러치 용량이란 클러치가 전달할 수 있는 토크의 크기(일반적으로 엔진 토크의 1.5~2.5배)를 말한다.
- 클러치 용량이 너무 작으면 클러치가 미끄러진다.
- 클러치 용량이 너무 크면 클러치가 플라이휠에 접속할 때 엔진이 정지된다.

4) 클러치 차단이 불량한 원인

- 릴리스 베어링이 파손된 경우
- 클러치 디스크 흔들림이 큰 경우
- 유압 계통에 공기가 유입된 경우
- 클러치 각 부의 마모가 심한 경우

- 클러치 페달의 자유간극이 큰 경우

5) 클러치가 미끄러지는 원인

- 클러치 디스크의 마멸이 심한 경우
- 클러치 디스크에 오일이 묻은 경우
- 클러치 페달의 자유간극이 작은 경우
- 플라이 휠이나 압력판이 변형된 경우
- 클러치 스프링 자유고가 줄어든 경우

6) 클러치 디스크의 스프링 종류

- 토션 스프링(댐퍼 스프링 또는 비틀림 코일 스프링)은 클러치 접속 시 회전 충격을 흡수한다.
- 쿠션 스프링은 클러치 디스크의 비틀림 편마모나 변형을 방지한다.

## (2) 수동 변속기(Manual transmission)

1) 수동 변속기의 기능

- 후진을 가능하게 한다.
- 1차적으로 엔진 토크를 증가시킨다.
- 시동 시 엔진 무부하 상태를 유지한다(변속 레버 중립).

2) 수동 변속기의 구비조건

- 조작이 쉬워야 한다.
- 작고 가벼워야 한다.
- 전달 효율이 우수해야 한다.
- 연속적으로 변속되어야 한다.
- 신속하고 정확하게 작동해야 한다.

3) 수동 변속기의 분류 및 특징

- 점진 기어식은 기어가 차례대로 변속된다.
- 활동 물림식은 구조는 간단하지만 주축과 부축의 회전수 차이가 크면 마모 및 소음이 발생한다.
- 동기 물림식은 싱크로나이저 기구를 사용하며, 변속 시 소음이 없고 변속을 위한 가속이 불필요하다.
- 상시 물림식은 기어 마모가 적고 정숙한 운전이 가능하지만 도그 클러치가 작동할 때 소음이 발생한다.

※ 상시물림식의 도그 클러치에서 발생하는 소음을 보완하기 위해 동기물림장치(싱크로나이저)를 사용한 것이다. 따라서 동기물림장치가 고장 나면 기어변속 기어 충돌음이 발생한다.

#### 4) 변속 시 기어가 잘 물리지 않는 원인

- 변속 레버가 불량한 경우
- 클러치 차단이 불량한 경우
- 싱크로나이저 링이 마모된 경우
- 싱크로나이저 링 스프링이 약화된 경우

### (3) 자동 변속기(Automatic transmission)

#### 1) 자동 변속기 오일의 구비조건

- 비중이 커야 한다.
- 유성이 좋아야 한다.
- 내산성이 커야 한다.
- 윤활성과 유성이 좋아야 한다.
- 응고점과 점도가 낮아야 한다.
- 착화점과 비등점이 높아야 한다.

#### 2) 유체 클러치(Fluid clutch)

- 유체 클러치는 터빈 러너, 가이드 링, 펌프 임펠러로 구성된다.
- 가이드 링이란 유체 클러치 내에서 와류를 감소시켜 유체의 충돌을 방지하는 장치를 말한다.

#### 3) 토크 컨버터(Torque converter)

- 토크 컨버터는 댐퍼 클러치, 터빈 러너, 스테이터, 펌프 임펠러로 구성된다.
- 클러치 포인트란 터빈 회전수가 펌프 회전수에 가까워져서 스테이터가 공전하기 시작하는 점(컨버터 영역에서 커플링 영역으로 교체되는 점)을 말한다.
- 스톨 포인트란 펌프 회전하고 터빈 정지한 상태로서 속도비 0인 점(토크변환비 최대, 효율 최소)을 말한다.

#### 4) 댐퍼 클러치의 미 작동 조건

- 1단(발진) 및 후진인 경우
- 변속 레버가 중립(N단)인 경우
- 엔진 브레이크가 작동하는 경우
- 냉각수 온도가 약 50℃ 이하인 경우
- 3단에서 2단으로 시프트 다운될 경우
- 엔진 회전수가 약 800rpm 이하인 경우
- 자동 변속기 오일 온도가 약 60℃ 이하인 경우

※ 위 사항 중 한 가지라도 해당되면 댐퍼 클러치가 작동하지 않는다.

5) 토크 컨버터의 출력이 부족한 원인

- 오일 량이 부족한 경우
- 오일 스트레이너가 막힌 경우
- 오일펌프의 흡입 측 연결호스가 실 파손된 경우

6) 유성기어장치(Planetary gear system)

- 링기어를 증속시킬 때 선기어는 고정하고 유성기어 캐리어를 구동한다.
- 동력을 직결시킬 때 선기어와 링기어, 유성기어 캐리어의 3요소 중 2요소를 고정한다.
- 후진할 때 유성기어 캐리어가 고정, 선기어가 회전하면 링기어는 역전 증속되며, 유성기어 캐리어가 고정, 링기어가 회전하면 선기어는 역전 감속된다.

7) 유성기어의 연결방법

- 심프슨 형식은 선기어를 공통으로 사용한다.
- 라비뇨 형식은 링기어를 공통으로 사용한다.
- 윌슨 형식은 유성기어장치를 3세트 연이어 접속한다.
- 레펠레티어 형식은 라비뇨 형식 전방에 유성기어 1세트를 추가로 접속한다.

# 기출문제

01 **구동바퀴가 건설기계를 미는 힘을 구동력이라 한다. 구동력의 단위는 무엇인가?**

① kgf · m　② kgf
③ PS　④ kgf · m/sec

해설
- kgf · m : 모멘트의 단위
- kgf : 힘의 단위
- PS : 일률의 단위
- kgf · m/sec : 일률의 단위

02 **플라이휠과 압력판 사이에 설치되어 있으며, 변속기 입력축을 통해 변속기로 동력을 전달하는 것은?**

① 릴리스 포크
② 릴리스 레버
③ 클러치 디스크
④ 프로펠러 샤프트

해설
클러치 디스크 : 플라이휠과 압력판 사이에 설치되어 있으며, 변속기 압력축을 통해 변속기로 동력을 전달한다.

03 **클러치 라이닝의 구비조건이 아닌 것은?**

① 내식성이 클 것
② 온도에 의한 변화가 적을 것
③ 적당한 마찰계수를 갖출 것
④ 내마멸성 및 내열성이 적을 것

해설
내마멸성 및 내열성이 클 것

04 **클러치의 미끄러짐이 가장 현저하게 발생하는 시기는?**

① 공전 시　② 저속 시
③ 고속 시　④ 가속 시

해설
가속 시 클러치의 미끄러짐이 가장 현저하게 발생한다.

05 **수동 변속기에서 클러치의 필요조건으로 틀린 것은?**

① 회전 부분의 평형이 좋을 것
② 회전관성이 클 것
③ 내열성이 좋을 것
④ 방열성이 좋을 것

해설
회전관성이 작을 것

06 **수동 변속기의 클러치 장치에서 플라이휠에 조립되어 플라이휠과 함께 회전하는 것은?**

① 변속기 입력축
② 클러치 디스크
③ 릴리스 포크
④ 클러치 커버

해설
클러치 커버는 플라이휠에 조립되어 플라이휠과 함께 회전한다.

07 **수동 변속기가 장착된 건설기계에서 클러치 페달에 유격을 두는 이유는?**

① 클러치의 미끄럼을 방지하기 위해
② 제동 성능을 향상시키기 위해

정답　01 ②　02 ③　03 ④　04 ④　05 ②　06 ④　07 ①

③ 클러치 용량을 증가시키기 위해
④ 엔진 출력을 증가시키기 위해

해설

클러치 페달유격은 클러치의 미끄럼을 방지하기 위해 둔다.

**08 수동 변속기에서 기어를 변속할 때 기어의 이중 물림을 방지하는 것은?**

① 오버드라이브
② 록킹 볼
③ 파킹 브레이크
④ 인터록

해설

인터록 : 이중 물림을 방지한다.

**09 수동 변속기에서 싱크로메시 기구의 기능은?**

① 감속 기능 ② 동기치합 기능
③ 배력 기능 ④ 가속 기능

해설

싱크로메시는 동기치합 기능을 한다.

**10 유체 클러치에서 오일의 와류를 감소시키는 장치는?**

① 원웨이 클러치 ② 베인
③ 가이드 링 ④ 펌프

해설

가이드 링 : 오일의 와류를 감소시키는 장치

**11 토크 컨버터의 구성부품이 아닌 것은?**

① 터빈 ② 펌프
③ 플라이휠 ④ 스테이터

해설

플라이휠 : 엔진의 구성부품

**12 자동 변속기의 토크컨버터 내에 있는 스테이터의 기능은?**

① 펌프의 토크를 증가시킨다.
② 터빈의 토크를 감소시킨다.
③ 바퀴의 토크를 감소시킨다.
④ 터빈의 토크를 증가시킨다.

해설

스테이터 : 터빈의 토크를 증가시킨다.

**13 토크 컨버터에서 토크가 최대값이 되는점을 무엇이라 하는가?**

① 스톨 포인트 ② 회전력
③ 변속비 ④ 종감속비

해설

스톨 포인트 : 토크 컨버터에서 토크가 최대값이 되는 점

**14 자동변속기 오일의 구비조건이 아닌 것은?**

① 클러치 접속 시 충격이 크고 미끄럼 없는 적절한 마찰계수를 가질 것
② 기포가 발생하지 않고 방청성이 좋을 것
③ 내산화성과 내열성이 좋을 것
④ 점도지수의 유동성이 좋을 것

해설

클러치 접속 시 충격이 작고 미끄럼 없는 적절한 마찰계수를 가질 것

**15 자동 변속기가 과열하는 원인으로 틀린 것은?**

① 자동 변속기 오일이 규정량보다 많다.
② 자동 변속기 오일 쿨러가 막혔다.
③ 메인 압력이 높다.
④ 과부하 운전을 계속하였다.

해설

자동 변속기 오일이 규정량보다 적다.

08 ④ 09 ② 10 ③ 11 ③ 12 ④ 13 ① 14 ① 15 ①

CHAPTER 02

# 전기, 섀시, 작업장치

## 2 동력전달장치

### (1) 추진축(Propeller shaft)

추진축이란 동력을 전달하는 축을 말하며, 플렉시블 이음, 슬립 이음, 자재 이음으로 구성된다.

1) 플렉시블 이음은 비틀림 진동을 감쇠시킨다.
2) 슬립 이음은 추진축의 길이를 변화시킨다.
3) 자재 이음은 추진축의 각도를 변화시킨다.
4) 자재 이음의 종류 및 특징
   - 벤딕스형은 볼의 수가 작아 전달용량이 작으므로 2개의 중심 지지용 베어링이 필요하다.
   - 제파형은 내측 레이스와 외측 레이스로 6개의 스틸 볼을 유지하고, 스틸 볼의 점접촉으로 토크를 전달한다.
   - 플렉시블형은 급유를 하지 않아도 되고 회전이 정숙하나 축의 각도를 10° 이상으로 설치하면 작동이 원활하다.
   - 트러니언형은 베어링을 축의 양단에 끼우고 축에 직각으로 회전할 수 있게 한 것을 하우징 내에 홈을 만들어 넣은 구조이다. 자재이음의 한 종류로 회전 토크를 전달함과 동시에 축 방향으로 늘어나고 줄어들 수 있다.
5) 추진축의 스플라인부가 마모되면 주행 중 소음이 발생하고 차체에 진동이 전해진다.

### (2) 등속 조인트(Constant velocity joint)

등속 조인트란 구동축과 일직선상이 아닌 피동축 사이에 회전각 속도의 변화 없이 동력전달을 일정하게 할 수 있는 자재 이음의 형식을 말한다.

1) 등속 조인트의 종류 및 특징
   - 벤딕스 조인트는 볼의 수가 작아 전달용량이 작으므로 2개의 중심 지지용 베어링이 필요하다.
   - 제파 조인트는 내측 레이스와 외측 레이스로 6개의 스틸 볼을 유지하고, 스틸 볼의 점접촉으로 토크를 전달한다.
   - 버필드 조인트는 베어링이 없어 구조가 간단하고 전달용량이 큰 장점이 있어 4WD 형식의 차량에 많이 사용한다.

• 트랙터 조인트는 십자형 자재이음을 두 개 합친 것과 같은 구조이며, 완전한 등속도를 발휘하지 못하고, 비교적 작동 각도가 작으므로 중심 유지용 2조의 베어링이 필요하다.

### (3) 종감속장치

종감속장치는 최종적으로 엔진 토크를 증가시킨다.

#### 1) 종감속기어의 종류 및 특징

• 웜 기어는 감속비는 크게 할 수 있지만 전달 효율이 낮고 열이 많이 발생한다.
• 스파이럴 베벨 기어는 기어 물림률이 좋아 회전이 원활하고 마모가 적다.
• 직선 베벨 기어는 서로 교차하는 두 축사이의 운동을 전달하는 원추 모양의 기어로 값이 저렴하고 제작이 용이하다.
• 하이포이드 기어는 추진축의 높이를 낮출 수 있다.

#### 2) 구동피니언과 링기어의 접촉 상태

• 힐 접촉이란 구동피니언이 링기어의 대단부(링기어의 기어 이빨 폭이 넓은 바깥쪽)와 접촉한 상태를 말한다.
• 토우 접촉이란 구동피니언이 링기어의 소단부(링기어의 기어 이빨 사이의 폭이 좁은 안쪽)와 접촉한 상태를 말한다.
• 페이스 접촉이란 백래쉬 과다로 링기어 이빨 끝에 구동피니언이 접촉한 상태를 말한다.
• 플랭크 접촉이란 백래쉬 과소로 링기어 이뿌리(골짜기) 측에 구동피니언이 접촉한 상태를 말한다.

#### 3) 구동피니언과 링기어의 수정 상태

• 힐 및 페이스 접촉이 심한 경우 구동피니언을 안쪽으로 이동시키고 링기어를 바깥쪽으로 이동시킨다.
• 토우 및 플랭크 접촉이 심한 경우 구동피니언을 바깥쪽으로 이동시키고 링기어를 안쪽으로 이동시킨다.

### (4) 차동장치

래크와 피니언 원리는 차동장치의 기본 원리이다.

#### 1) 자동 제한 차동장치(Limited Slip Differential)의 특징

• 미끄러운 노면에서도 출발하기 쉽다.
• 고속 주행 시 직진 안정성이 우수하다.
• 미끄러짐 방지로 타이어 수명을 연장한다.
• 울퉁불퉁한 노면 주행할 때 뒷부분의 흔들림을 방지한다.

## (5) 차축(Axle)

1) 차축의 고정방식

- 반부동식은 차축이 동력을 전달함과 동시에 차량 무게의 1/2을 지지한다.
- 3/4부동식이란 차축이 동력을 전달함과 동시에 차량 무게의 1/4을 지지한다.
- 전부동식은 하우징이 차량 무게를 모두 지지하고 차축은 동력만 전달하며, 바퀴를 빼지 않고 차축을 탈거할 수 있다.

차축의 고정방식 종류

반부동식

3/4 부동식

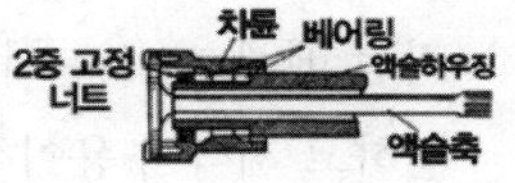

전부 부동식

## (6) 타이어(Tire)

1) 타이어의 구조

- 카커스(Carcass)란 타이어의 뼈대가 되는 부분을 말한다.
- 트레드(Tread)란 노면과 직접적으로 접촉하는 부분을 말한다.
- 브레이커(Breaker)란 트레드와 카커스의 중간에 위치한 코드 벨트를 말한다.
- 비드(Bead)란 카커스 코드 벨트의 양단에 감기는 철선을 말한다.
- 사이드월(Sidewall)란 타이어 옆 부분을 말하며, 카커스를 보호하고 승차감을 높인다.
- 숄더(Shoulder)란 타이어 트레드와 사이드 월(Side Wall)의 경계 부분을 말한다.

타이어의 구조

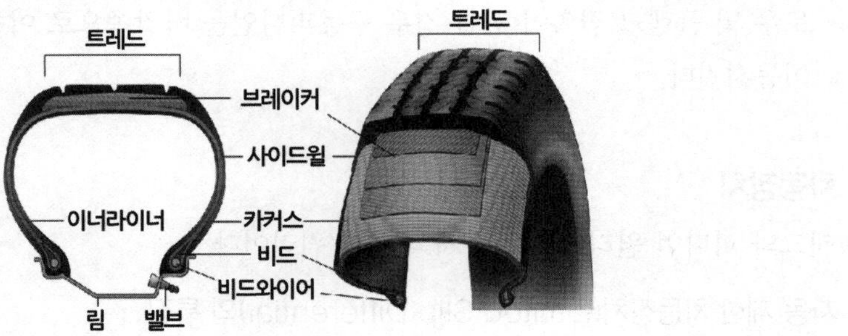

2) 튜브리스 타이어(Tubeless tire)의 장점

- 펑크가 났을 때 비교적 수리가 간단하다.
- 고속 주행을 하여도 비교적 발열이 적다.
- 못, 피스 등이 박혀도 공기가 잘 누설되지 않는다.

3) 스노우 타이어(Snow tire) 사용 간 주의사항

- 출발 시 서서히 동력을 전달한다.
- 등판주행 시 저속기어를 사용한다.
- 구동바퀴에 걸리는 하중을 크게 한다.
- 50% 이상 마모 시 체인을 바꿔가며 사용한다.

# 기출문제

**01 추진축의 자재이음은 무엇에 변화를 일으키는가?**

① 회전축의 각도 ② 축의 길이
③ 회전 토크 ④ 회전속도

해설
자재이음 : 각도 변화

**02 추진축의 슬립이음은 어떤 것의 변화를 일으키는가?**

① 회전수 ② 회전 토크
③ 드라이브 각 ④ 축의 길이

해설
슬립이음 : 길이 변화

**03 다음 중 자재이음의 종류에 해당하지 않는 것은?**

① 제파형 ② 플렉시블형
③ 조인트형 ④ 벤딕스형

해설
자재이음의 종류는 제파형, 플렉시블형, 벤딕스형, 트러니언형으로 분류된다.

**04 베어링이 없어 구조가 간단하고 전달용량이 큰 장점이 있어 4WD 형식의 차량에 많이 사용하는 조인트의 종류는?**

① 벤딕스
② 제파 조인트
③ 트랙터 조인트
④ 버필드 조인트

해설
버필드 조인트 : 베어링이 없어 구조가 간단하고 전달용량이 큰 장점이 있어 4WD형식의 차량에 많이 사용하는 조인트

**05 타이어식 굴착기에서 추진축의 스플라인부가 마모된 경우 발생하는 현상으로 옳은 것은?**

① 굴착기가 앞으로 움직이지 않는다.
② 차동기어장치의 기어 물림이 불량해진다.
③ 주행 중 소음이 발생하고 차체에 진동이 전해진다.
④ 미끄럼 현상이 발생한다.

해설
추진축의 스플라인부가 마모되면 주행 중 소음이 발생하고 차체에 진동이 전해진다.

**06 종감속장치에 사용하는 하이포이드 기어의 장점으로 틀린 것은?**

① 기어의 접촉 면적이 커져서 강도를 향상시킨다.
② 기어 이빨의 접촉율이 크기 때문에 회전이 정숙해진다.
③ 기어의 편심으로 차체의 전고가 높아진다.
④ 추진축의 높이를 낮출 수 있어 차체의 중심이 낮아져 안정성이 향상된다.

해설
기어의 편심으로 차체의 전고가 낮아진다.

정답 01 ① 02 ④ 03 ③ 04 ④ 05 ③ 06 ③

07 바퀴 또는 허브를 탈거하지 않고 액슬축을 탈거할 수 있는 차축 방식은?

① 3/4부동식
② 반부동식
③ 전부동식
④ 배부동식

해설

전부동식 : 바퀴 또는 허브를 탈거하지 않고 액슬축을 탈거할 수 있는 차축 방식을 말한다.

08 타이어 공기압에 대한 설명으로 옳은 것은?

① 좌우 바퀴의 공기압이 차이가 나면 제동력 편차가 발생할 수 있다.
② 공기압이 높으면 트레드 양단이 마모된다.
③ 빗길 주행 시 공기압을 15% 정도 낮춘다.
④ 모랫길 등 바퀴가 빠질 우려가 있을 때는 공기압을 15% 정도 높인다.

해설

- 공기압이 낮으면 트레드 양단이 마모된다.
- 빗길 주행 시 공기압을 10~15% 정도 높인다.
- 모랫길 등 바퀴가 빠질 우려가 있을 때는 공기압을 10~15% 정도 낮춘다.

09 타이어의 뼈대가 되는 부분이며, 튜브의 공기압에 견디면서 일정한 체적을 유지하고 하중이나 충격에 변형되면서 완충작용을 하고 내열성 고무로 밀착시킨 구조로 되어 있는 것은 무엇인가?

① 카커스 ② 트레드
③ 브레이커 ④ 비드

해설

- 트레드 : 노면과 직접적으로 접촉하는 부분
- 브레이커 : 트레드와 카커스의 중간에 위치한 코드 벨트
- 비드 : 카커스 코드 벨트의 양단이 감기는 철선

10 타이어에서 트레드 패턴과 관련 없는 것은?

① 편평률
② 타이어의 배수 효과
③ 제동력
④ 구동력, 견인력

해설

편평률은 타이어 높이 및 단면폭과 관련 있다.

11 튜브 리스 방식 타이어(Tube less type tire)의 장점이 아닌 것은?

① 고속 주행해도 발열이 적다.
② 타이어의 수명이 길다.
③ 못이 박혀도 공기가 잘 새지 않는다.
④ 타이어 펑크 수리가 간단하다.

해설

튜브 방식 타이어에 비해 타이어의 수명이 짧다.

12 스노우 타이어(Snow tire) 사용 간 주의사항에 대한 설명으로 옳은 것은?

① 50% 이상 마모 시 체인을 바꿔가며 사용한다.
② 구동바퀴에 걸리는 하중을 작게 한다.
③ 출발 시 빠르게 동력을 전달한다.
④ 등판주행 시 고속기어를 사용한다.

해설

- 구동바퀴에 걸리는 하중을 크게 한다.
- 출발 시 서서히 동력을 전달한다.
- 등판주행 시 저속기어를 사용한다.

07 ③ 08 ① 09 ① 10 ① 11 ② 12 ①

## 3 조향 장치

### (1) 조향장치의 구비조건

1) 고속주행에서 조향 휠이 안정되어야 한다.
2) 적절한 회전 감각이 있어야 한다.
3) 선회 시 저항이 적고 조향 휠의 복원성이 좋아야 한다.
4) 조향 핸들의 회전과 차륜의 선회 차이가 작아야 한다.

### (2) 조향 장치의 구조

1) 스톱 볼트란 조향 각을 조정하는 장치(볼 너트 방식)를 말한다.
2) 조향 펌프란 엔진 동력에 의해 유압을 발생시키는 장치를 말한다.
3) 드래그 링크란 조향 너클과 피트먼 암과 연결하는 로드를 말한다.
4) 조향 실린더란 조향펌프에 의한 유압을 조향력으로 변환하는 유압 실린더를 말한다.

### (3) 조향 축의 방식

1) 메쉬 방식이란 조향 축에 충격이 가해지는 순간 조향 축과 칼럼 튜브 사이에 있는 플라스틱 핀이 파손되면서 충격을 흡수하는 조향 축 방식을 말한다.
2) 스틸볼 방식이란 스틸볼이 상부 및 하부 칼럼 튜브의 접촉면에 홈을 형성하면서 전동하여 조향 칼럼 튜브의 길이가 짧아질 때의 저항에 의해 충격을 흡수하는 방식을 말한다.
3) 벨로즈 방식이란 조향 축에 충격이 가해지는 순간 벨로즈 형상의 튜브가 조향 축에 설치되어 있어 조향축의 길이가 짧아질 때 벨로즈가 압축되면서 충격을 흡수하는 방식을 말한다.

### (4) 앞바퀴 정렬(Alignment)

1) 캠버
- (+)캠버란 앞바퀴를 앞쪽에서 바라봤을 때 바퀴 중심선의 위쪽이 아래쪽보다 넓은 상태를 말한다.
- (−)캠버란 앞바퀴를 앞쪽에서 바라봤을 때 바퀴 중심선의 아래쪽이 위쪽보다 넓은 상태를 말한다.

(+)캠버, (-)캠버

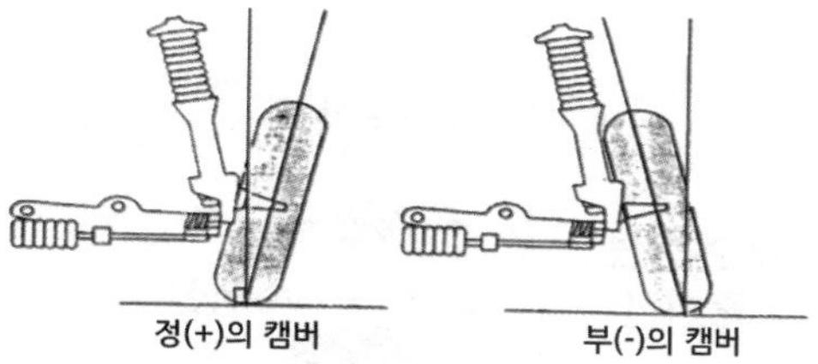


2) 캐스터

- (+)캐스터란 앞바퀴를 옆쪽에서 바라봤을 때 킹핀의 위쪽이 휠 허브를 지나 노면에 수직인 직선의 뒤쪽으로 기울어진 상태를 말한다.
- (−)캐스터란 앞바퀴를 옆쪽에서 바라봤을 때 킹핀의 위쪽이 휠 허브를 지나 노면에 수직인 직선의 앞쪽으로 기울어진 상태를 말한다.

(+)캐스터, (-)캐스터

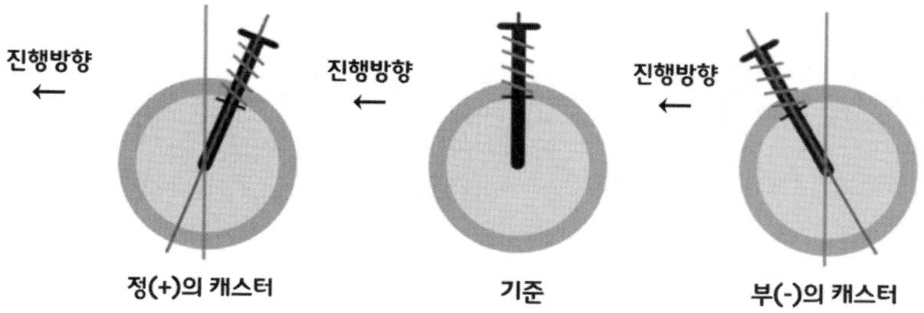


3) 토우

- 토인이란 앞바퀴를 위쪽에서 바라봤을 때 바퀴의 앞쪽이 뒤쪽보다 좁은 상태를 말한다.
- 토아웃이란 앞바퀴를 위쪽에서 바라봤을 때 바퀴의 뒤쪽이 앞쪽보다 넓은 상태를 말한다.

토인, 토아웃

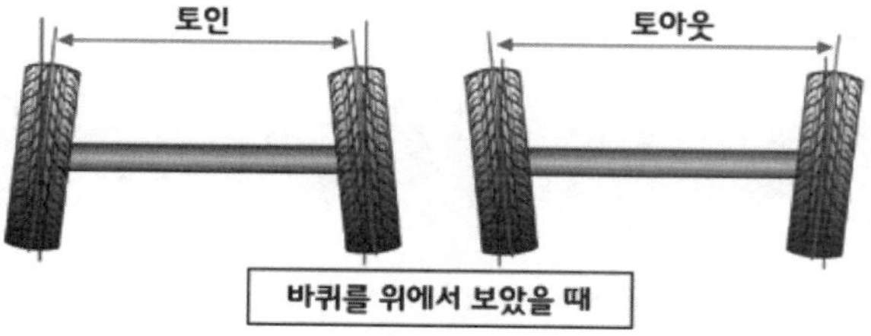

4) 킹핀 경사각이란 앞바퀴를 앞쪽에서 바라봤을 때 킹핀의 중심선이 수직선에 대하여 약간 안쪽으로 설치된 상태를 말한다.

킹핀 경사각

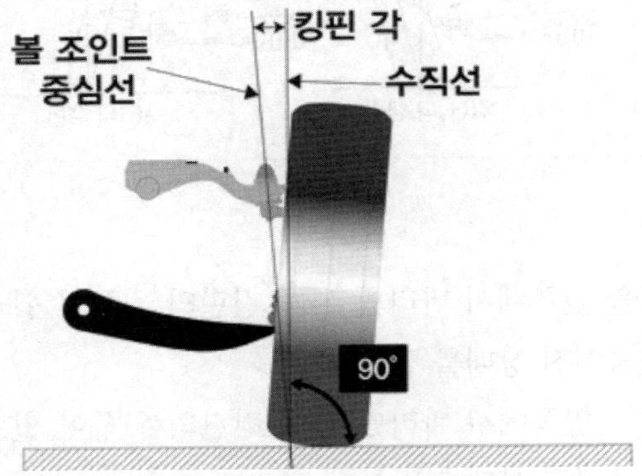

# 기출문제

01 **조향장치의 구비조건이 아닌 것은?**

① 고속주행에서 조향 휠이 안정될 것
② 적절한 회전 감각이 있을 것
③ 선회 시 저항이 적고 조향 휠의 복원성이 좋을 것
④ 조향 핸들의 회전과 차륜의 선회 차이가 클 것

해설

조향 핸들의 회전과 차륜의 선회 차이가 작을 것

02 **다음 중 플라스틱 핀이 파손되면서 충격을 흡수하는 조향 축 방식은?**

① 플라스틱 방식
② 벨로즈 방식
③ 스틸볼 방식
④ 메쉬 방식

해설

메쉬 방식이란 조향 축에 충격이 가해지는 순간 조향 축과 칼럼 튜브 사이에 있는 플라스틱 핀이 파손되면서 충격을 흡수하는 조향 축 방식을 말한다.

03 **파워스티어링 장치에서 조향핸들이 매우 무거워 조작하기 힘든 상태인 경우 그 원인으로 가장 적절한 것은?**

① 조향핸들 유격이 큼
② 조향펌프에 오일이 부족함
③ 바퀴가 습지에 있음
④ 볼 조인트의 교환시기가 초래함

해설

조향펌프에 오일이 부족하면 조향핸들이 매우 무거워 조작하기 힘들다.

04 **동력조향장치의 장점이 아닌 것은?**

① 앞바퀴의 시미현상을 방지할 수 있다.
② 조향 핸들의 조작력을 작게 할 수 있다.
③ 고속에서 조향 핸들 조작력이 가볍다.
④ 조향 핸들의 조작이 경쾌하고 신속하다.

해설

고속에서 조향 핸들 조작력이 무겁다.

05 **유압식 동력조향장치에서 주행 중 조향 핸들이 한쪽으로 쏠리는 원인이 아닌 것은?**

① 타이어 편마모
② 좌우 타이어의 치수 상이
③ 파워스티어링 오일펌프 불량
④ 토인 불량

해설

파워스티어링 오일펌프가 불량하면 조행 핸들이 무거워진다.

06 **앞바퀴를 위에서 아래로 보았을 때 앞쪽이 뒤쪽보다 좁은 상태를 무엇이라 하는가?**

① 캠버
② 킹핀 경사각
③ 캐스터
④ 토인

해설

토인 : 앞바퀴를 위에서 아래로 보았을 때 앞쪽이 뒤쪽보다 좁은 상태를 말한다.

정답 01 ④ 02 ④ 03 ② 04 ③ 05 ③ 06 ④

**07 타이어식 건설기계에서 조향 바퀴의 토인 (Toe-in)을 조정하는 곳은?**

① 타이로드
② 조향핸들
③ 드래그링크
④ 웜 기어

해설

토인 및 토아웃은 타이로드 길이로 조정한다.

**08 정(+)의 캠버란 어떤 것을 말하는가?**

① 앞바퀴의 앞쪽이 뒤쪽보다 좁은 것
② 앞바퀴의 아래쪽이 위쪽보다 좁은 것
③ 앞바퀴의 위쪽이 아래쪽보다 좁은 것
④ 앞바퀴의 킹핀이 뒤쪽으로 기울어진 각

해설

- 정(+)의 캠버 : 앞바퀴의 아래쪽이 위쪽보다 좁은 것
- 부(−)의 캠버 : 앞바퀴의 위쪽이 아래쪽보다 좁은 것

**09 킹핀 경사각과 함께 앞바퀴에 복원력을 주어 직진 상태로 쉽게 돌아올 수 있게 하는 앞바퀴 정렬과 가장 관련이 큰 것은?**

① 캐스터 ② 셋백
③ 토우 ④ 캠버

해설

캐스터는 킹핀 경사각과 함께 앞바퀴에 복원력을 주어 직진 상태로 쉽게 돌아올 수 있게 한다.

**10 타이어식 굴착기에서 조향바퀴의 얼라인먼트 (Alignment) 종류가 아닌 것은?**

① 캐스터 ② 섹터 암
③ 토인 ④ 캠버

해설

조향바퀴의 얼라인먼트 종류는 캐스터, 토우, 캠버, 킹핀 경사각으로 분류된다.

**11 앞차륜 정렬에 관계되는 요소가 아닌 것은?**

① 정지 상태에서 조향력을 가볍게 한다.
② 타이어 편 마모를 방지한다.
③ 조향방향에 안정성을 부여한다.
④ 조향핸들에 복원성을 부여한다.

해설

파워스티어링 장치는 정지 상태에서 조향력을 가볍게 한다.

**12 조향장치에서 앞바퀴 정렬의 목적으로 틀린 것은?**

① 조향 휠에 주행 안정성을 부여한다.
② 조향 휠에 조작 안정성을 부여한다.
③ 조향 휠의 복원성을 감소시킨다.
④ 타이어의 수명을 연장시킨다.

해설

조향 휠의 복원성을 향상시킨다.

**13 주행 중 제동 시 조향 핸들이 한쪽으로 쏠리는 원인이 아닌 것은?**

① 좌우 타이어의 공기압이 다르다.
② 휠 얼라이먼트가 불량하다.
③ 마스터 실린더의 체크 밸브 작동이 불량하다.
④ 좌우 브레이크 라이닝의 간극이 불량하다.

해설

마스터 실린더의 체크 밸브 작동이 불량하면 베이퍼록 현상이 발생하거나 브레이크 재작동 시간이 늦어진다.

정답 07 ① 08 ② 09 ① 10 ② 11 ① 12 ③ 13 ③

## 4 제동장치

### (1) 브레이크액

1) 브레이크액의 주요 성분은 피마자기름, 알코올이다.

2) 브레이크액의 구비조건

- 큰 점도지수
- 약한 흡습성
- 낮은 응고점
- 높은 비등점

### (2) 브레이크 장치의 특징

1) 드럼 브레이크 방식의 특징

- 구조가 복잡하다.
- 편 제동 현상이 크다.
- 자기작동 효과가 크다.
- 페이드 현상이 잘 일어난다.

※ 드럼의 구비조건

- 방열성이 우수해야 한다.
- 브레이크 드럼은 가벼워야 한다.
- 강성과 내마모성이 있어야 한다.
- 동적 · 정적 평형이 유지돼야 한다.

2) 디스크 브레이크 방식의 특징

- 오염이 잘된다.
- 구조가 간단하다.
- 편 제동 현상이 적다.
- 자기 작동 효과가 작다.
- 브레이크 패드 교환이 쉽다.
- 브레이크 패드 마모가 빠르다.
- 페이드 현상이 잘 일어나지 않는다.

### (3) 마스터 실린더(Master cylinder)의 역할

마스터 실린더란 제동장치의 페달 조작에 의해 최초로 유압을 발생시키는 장치를 말한다.

1) 체크 밸브는 잔압을 형성하며, 베이퍼 록 현상을 방지한다.

2) 피스톤 1차 컵은 유압을 발생시킨다.

3) 피스톤 2차 컵은 오일 누유 방지한다.

### (4) 유압식 브레이크 장치

파스칼 원리는 유압식 브레이크 장치의 기본 원리이다.

1) 베이퍼 록(Vapor lock) 현상의 원인

- 비등점이 낮은 브레이크액을 사용한 경우
- 드럼과 라이닝의 끌림에 의해 가열된 경우
- 긴 내리막길에서 과도하게 브레이크를 사용한 경우
- 브레이크슈 리턴 스프링 파손에 의해 잔압이 저하된 경우

베이퍼 록 현상

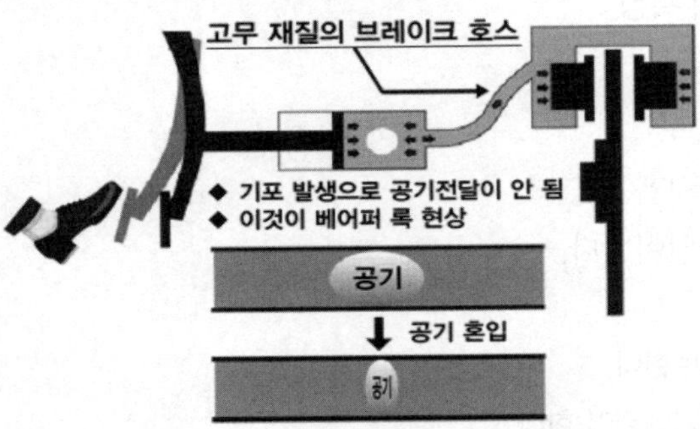


2) 브레이크 라인 내 에어유입 시 발생현상

- 스펀지 현상이 나타난다.
- 브레이크 페달유격이 증가한다.

3) 타이어식 굴착기 및 기중기는 평탄하고 건조한 지면에서 약 25% 구배의 제동능력을 갖추어야 한다.

4) 브레이크 장치의 분해 및 점검

- 드럼 내 편마멸과 손상이 있는지 점검한다.
- 드럼 내 과도한 턱과 균열이 있는지 점검한다.
- 드럼 내 과도한 긁힘과 균열이 있는지 점검한다.

## (5) 공기식 브레이크 장치

### 1) 각종 밸브의 기능

- 체크 밸브란 공압 장치에서 회로 내 잔압을 유지하고 역류를 방지하는 밸브를 말한다.
- 릴레이 밸브란 공기탱크로부터 브레이크 챔버의 공기 공급을 차단하는 밸브를 말한다.
- 안전 밸브란 릴리프 밸브를 말하며 공압이 규정값보다 높아질 때 작동하여 회로를 보호하는 밸브를 말한다.
- 언로더 밸브란 공기식 브레이크 장치에서 공기 압축기의 압력 제어가 불량하다. 이때 점검해야하는 밸브를 말한다.

### 2) 릴레이 밸브의 특징

- 앞 · 뒤 측 차륜의 제동 시기를 동일하게 한다.
- 공기탱크와 브레이크 챔버 사이에 설치되어 있다.
- 오일 압력으로 하이드로백 릴레이 밸브의 진공 밸브를 연다.
- 브레이크 페달을 놓았을 경우 브레이크가 신속히 해제되도록 한다.
- 브레이크 밸브로부터 공급되는 공기압력을 뒤 측 브레이크 챔버로 보내는 역할을 한다.

### 3) 압축 공기의 공급순서

- 공기 탱크 → 브레이크 밸브 → 퀵 릴리스 밸브 → 브레이크 챔버 순이다.

# 기출문제

**01 브레이크액의 주요 성분은?**

① 피마자기름, 등유
② 알코올, 경유
③ 피마자기름, 알코올
④ 경유, 윤활유

해설
브레이크액의 주요 성분은 피마자기름, 알코올이다.

**02 브레이크액이 갖추어야 할 조건이 아닌 것은?**

① 큰 점도지수 ② 강한 흡습성
③ 낮은 응고점 ④ 높은 비등점

해설
브레이크액의 구비조건은 큰 점도지수, 약한 흡습성, 낮은 응고점, 높은 비등점이다.

**03 브레이크 드럼의 구비조건과 관계가 없는 것은?**

① 강성과 내마모성이 있어야 한다.
② 무거워야 한다.
③ 동적 · 정적 평형이 유지돼야 한다.
④ 방열성이 우수해야 한다.

해설
브레이크 드럼은 가벼워야 한다.

**04 디스크 브레이크와 대비하여 드럼 브레이크의 특징으로 옳은 것은?**

① 편 제동 현상이 적다.
② 자기작동 효과가 크다.
③ 구조가 간단하다.
④ 페이드 현상이 잘 일어나지 않는다.

해설
디스크 브레이크의 장점
- 편 제동 현상이 적다.
- 구조가 간단하다.
- 페이드 현상이 잘 일어나지 않는다.

**05 디스크 브레이크 방식의 특징은?**

① 브레이크 패드 교환이 쉽다.
② 브레이크 패드 마모가 덜하다.
③ 자기 작동 효과가 크다.
④ 오염이 잘되지 않는다.

해설
- 브레이크 패드 마모가 빠르다.
- 자기 작동 효과가 작다.
- 오염이 잘된다.

**06 유압식 브레이크 장치와 가장 관계있는 이론은?**

① 애커먼장토의 원리
② 베르누이의 방정식
③ 뉴턴의 방정식
④ 파스칼 원리

해설
파스칼 원리는 유압식 브레이크 장치와 가장 관계있는 이론이다.

**07 베이퍼 록(Vapor lock)의 원인이 아닌 것은?**

① 비등점이 높은 브레이크액을 사용했을 때
② 브레이크 슈 리턴 스프링 파손에 의한 잔압 저하
③ 긴 내리막길에서 과도한 브레이크 사용
④ 드럼과 라이닝의 끌림에 의한 가열

정답 01 ③ 02 ② 03 ② 04 ② 05 ① 06 ④ 07 ①

해설

비등점이 낮은 브레이크액을 사용했을 때

**08 긴 내리막을 내려갈 때 베이퍼 록 현상을 방지하기 위한 운전방법은?**

① 클러치를 차단하고 브레이크 페달을 밟고 내려간다.

② 시동을 끄고 브레이크 페달을 밟고 내려간다.

③ 엔진 브레이크를 사용한다.

④ 변속레버를 중립으로 놓고 브레이크 페달을 밟고 내려간다.

해설

긴 내리막길을 내려갈 때 베이퍼 록 현상을 방지하기 위해서는 엔진 브레이크를 사용한다.

**09 마스터 실린더에서 피스톤 1차 컵의 역할은?**

① 유압 발생

② 오일 누유 방지

③ 베이퍼 록 방지

④ 잔압 형성

해설

- 오일 누유 방지 : 피스톤 2차 컵의 역할
- 베이퍼 록 방지 : 체크 밸브의 역할
- 잔압 형성 : 체크 밸브의 역할

**10 타이어식 굴착기는 평탄하고 건조한 지면에서 몇 % 구배의 제동능력을 갖추어야 하는가?**

① 약 15% ② 약 20%

③ 약 25% ④ 약 30%

해설

타이어식 굴착기는 평탄하고 건조한 지면에서 약 25% 구배의 제동능력을 갖추어야 한다.

**11 공기식 브레이크 장치에서 공기압을 기계적 운동으로 바꾸어 주는 장치는?**

① 릴레이 밸브

② 가속 페달

③ 브레이크 챔버

④ 브레이크 밸브

해설

브레이크 챔버 : 공기압을 기계적 운동으로 바꾸어 주는 장치를 말한다.

**12 공기 브레이크 장치에서 앞차륜으로 압축 공기가 공급되는 순서는?**

① 공기 탱크 → 브레이크 밸브 → 퀵 릴리스 밸브 → 브레이크 챔버

② 브레이크 밸브 → 공기 탱크 → 퀵 릴리스 밸브 → 브레이크 챔버

③ 공기 탱크 → 퀵 릴리스 밸브 → 브레이크 밸브 → 브레이크 챔버

④ 공기 탱크 → 브레이크 챔버 → 브레이크 밸브 → 브레이크 슈

해설

압축 공기의 공급 : 공기탱크 → 브레이크 밸브 → 퀵 릴리스 밸브 → 브레이크 챔버 순이다.

**13 공기식 제동장치의 구성요소로 틀린 것은?**

① 릴레이 밸브

② EGR 밸브

③ 브레이크 챔버

④ 언로더 밸브

해설

공기식 제동장치는 릴레이 밸브, 퀵 릴리스 밸브, 브레이크 챔버, 언로더 밸브로 구성된다.

08 ③ 09 ① 10 ③ 11 ③ 12 ① 13 ②

CHAPTER 02

# 전기, 섀시, 작업장치

## III. 굴착기 작업장치

## 1 굴착기 구조

### (1) 굴착기의 규격 및 주요장치

굴착기의 구조

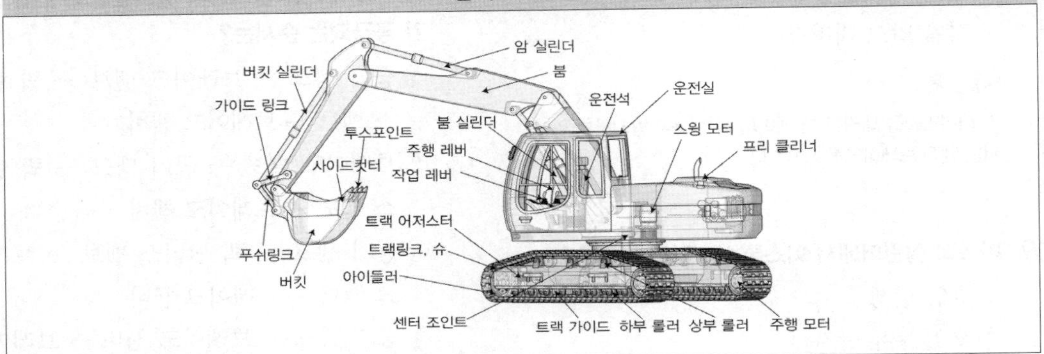


센터 조인트 설치 위치

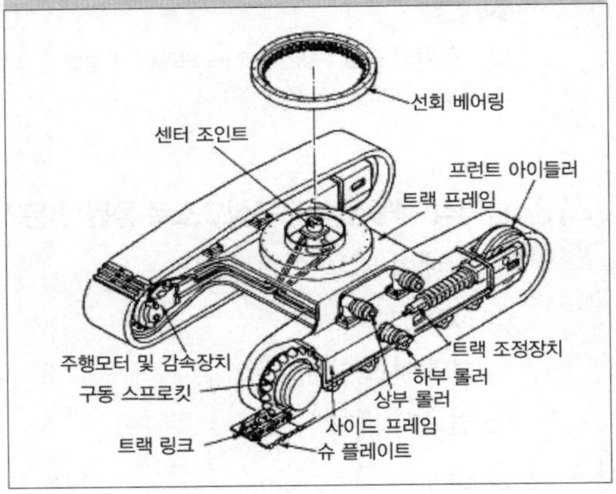


버킷과 암 붐의 구조

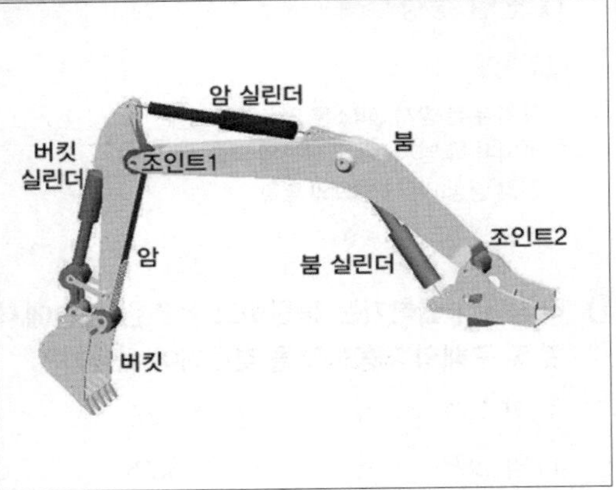


1) 굴착기의 규격은 버킷의 산적용량으로 표시한다.

2) 굴착기의 주요장치는 상부 회전체, 하부 주행체, 작업장치(전부장치)로 분류된다.

3) 붐 제어 레버를 계속 상승위치로 당기고 있으면 릴리프 밸브 및 시트에 큰 손상이 발생한다.

### (2) 하부 주행체 및 센터 조인트

1) 무한궤도식 굴착기의 하부 주행체 동력전달 경로는 엔진 → 유압 펌프 → 컨트롤 밸브 → 센터 조인트 → 주행 모터 → 트랙 순이다.

2) 센터 조인트(Center joint)의 기능

- 센터 조인트(선회 이음, 스위블 조인트, 터닝 조인트)란 굴착기에서 상부 회전체의 중심부에 설치되어 있으며, 회전하여도 호스 및 파이프 등이 꼬이지 않고 상부 회전체의 오일을 하부 주행체 및 주행 모터에 공급하는 장치를 말한다.
- 상부 회전체의 오일을 주행모터에 전달한다.
- 압력 상태에서도 선회가 가능한 관이음이다.

### (3) 트랙(Track)

1) 트랙은 슈, 핀, 링크, 부싱으로 구성된다.

2) 트랙 슈의 종류

- 단일 돌기 슈란 큰 견인력을 얻을 수 있고 1열의 돌기를 가지는 슈를 말한다.
- 암반용 슈란 가로방향으로 작용하는 미끄럼을 방지하기 위하여 양측에 리브를 설치한 슈를 말한다.
- 이중 돌기 슈란 중하중에 의한 슈의 휨을 방지할 수 있고 선회 성능이 우수하며 2열의 돌기를 가지는 슈를 말한다.

3) 트랙 슈의 처짐은 약 30~40mm가 정상이다.

4) 트랙을 탈거할 때 마스터 핀이 캐리어 롤러와 기동륜 사이에 있도록 한다.

※ 마스터 핀이란 마스터 핀이란 트랙을 쉽게 분리할 수 있도록 설치한 장치를 말한다.

5) 트랙의 장력 측정

- 트랙의 장력은 아이들러와 1번 상부롤러 사이에서 측정한다.

6) 트랙의 장력 조정

- 트랙 어저스터(Track adjuster)란 트랙 장력을 조정하기 위한 장치를 말하며, 기계식과 그리스 주입식으로 분류된다. 기계식(너트식) 어저스터는 조정나사를 돌려 트랙 장력을 조정하는 방식이다. 그리스 주입식은 트랙 조정용 실린더에 그리스를 주입하여 트랙 장력을 조정하는 방식이다.

※ 무한궤도식 굴착기의 트랙 조정은 아이들러의 이동으로 한다.

7) 트랙의 고장증상

- 트랙 장력이 너무 헐거우면 트랙이 자주 벗겨진다.

- 트랙 장력이 너무 팽팽하면 트랙 부품이 조기에 마모된다.
- 트랙 장력이 너무 크거나 너무 작으면 언더 캐리지의 마모가 가장 빠르다.

## (4) 트랙 아이들러(Track idler)

### 1) 트랙 아이들러의 특징

- 트랙 아이들러란 양측 트랙의 앞쪽에서 트랙이 제자리를 유지할 수 있게 하부 중심선에 일치하도록 안내해주며, 트랙의 장력을 조정하기 위해 프레임 위를 앞 · 뒤로 움직일 수 있는 구조로 된 장치를 말한다.
- 일반적으로 트랙 아이들러의 베어링으로 부싱을 사용한다.
- 트랙 아이들러가 마모되면 트랙이 탈선할 우려가 가장 크다.

### 2) 트랙과 아이들러가 정확한 정렬 상태일 때 마모현상

- 양쪽 링크의 양면이 같이 마모된다.
- 아이들러 플랜지의 양면이 마모된다.
- 트랙 롤러의 플랜지 4개가 같이 마모된다.

### 3) 아이들러 롤러가 중심부에서 외측으로 약간 밀린 상태로 조립된 경우 발생현상

- 바깥쪽 링크의 내측 마모가 과다해진다.
- 롤러의 안쪽 플랜지 마모가 과다해진다.
- 아이들러 롤러의 외측 마모가 과다해진다.

### 4) 프론트 아이들러(Front idler)

- 프론트 아이들러는 트랙의 진로를 조정하면서 주행방향으로 트랙을 유도한다.
- 트랙의 진행방향을 유도한다.
- 트랙 프레임의 앞 측에 설치된다.
- 프레임 윗부분의 요크에 설치된다.

## (5) 상부 롤러 및 하부 롤러

### 1) 상부 롤러의 특징

- 트랙이 처지지 않도록 지지한다.
- 트랙의 회전위치를 바르게 유지한다.
- 프론트 아이들러와 스프로킷 사이에 설치되어 있다.
- 상부 롤러는 트랙 링크와 스프로킷 사이에 단단한 환봉 또는 나무를 끼운 후 탈거한다.

### 2) 하부 롤러의 특징

- 트랙 프레임에 4~7개 정도가 설치된다.

• 트랙의 회전 위치를 바르게 유지하는 역할을 한다.
• 전체 중량을 트랙에 균일하게 분배하는 역할을 한다.
• 일반적으로 하부 롤러의 베어링으로 부싱을 사용한다.
• 굴착기의 하부 롤러를 탈거할 때 안전상 트랙을 가장 먼저 탈거한다.

### (6) 트랙 프레임, 리코일 스프링, 스프로킷

1) 트랙 프레임(Track frame)

• 트랙 프레임은 박스형, 오픈 채널형, 솔리드 스틸형으로 분류된다.

2) 리코일 스프링(Recoil spring)

• 리코일 스프링이란 주행 중 전면에서 트랙과 아이들러에 가해지는 충격을 완화하는 장치를 말한다.
• 리코일 스프링의 완충방식은 접지 스프링 방식, 코일 스프링 방식, 질소가스 스프링 방식, 다이어 프램 스프링 방식으로 분류된다.

3) 스프로킷(Sprocket)

• 스프로킷의 중심위치는 베어링 앞 · 뒤 심(Shim)으로 조정한다.
• 기동륜 스프로킷 팁 끝부분이 과다하게 마모된 경우 링크의 핀 부싱 상태를 점검한다.

# 기출문제

01 다음 중 굴착기의 규격을 표시하는 방법으로 옳은 것은?

① 버킷의 산적용량($m^3$)
② 최대 굴착 깊이(m)
③ 작업 가능상태의 중량(ton)
④ 엔진의 최대출력(PS/rpm)

해설
버킷의 산적용량은 버킷의 크기를 말한다.

02 굴착기의 3대 주요 장치를 바르게 나열한 것은?

① 상부 조정장치, 중간 동력장치, 하부 추진체
② 동력 주행체, 중간 회전체, 하부 추진체
③ 트랙 주행체, 중간 회전체, 하부 추진체
④ 상부 회전체, 작업(전부)장치, 하부 추진체

해설
굴착기의 3대 주요 장치
상부 회전체, 작업(전부)장치, 하부 추진체

03 무한궤도식 굴착기의 하부 추진체 동력전달 순서를 바르게 나열한 것은?

① 엔진 → 유압펌프 → 센터조인트 → 컨트롤밸브 → 주행모터 → 트랙
② 엔진 → 유압펌프 → 컨트롤밸브 → 센터조인트 → 주행모터 → 트랙
③ 엔진 → 컨트롤밸브 → 유압펌프 → 센터조인트 → 주행모터 → 트랙
④ 엔진 → 컨트롤밸브 → 센터조인트 → 유압펌프 → 주행모터 → 트랙

해설
굴착기의 하부 추진체 동력전달 순서
엔진 → 유압펌프 → 컨트롤밸브 → 센터조인트 → 주행모터 → 트랙

04 무한궤도식 굴착기의 구성부품이 아닌 것은?

① 유압펌프 ② 주행모터
③ 트랙 ④ 자재이음

해설
자재이음 : 타이어식 굴착기의 구성부품이며 추진축의 각도 변화를 주는 역할을 한다.

05 굴착기의 동력전달 계통에서 최종적으로 토크를 증가시켜 주는 장치는?

① 스프로킷 ② 종감속기어
③ 유압모터 ④ 변속기

해설
종감속기어 : 최종적으로 토크를 증가시켜 주는 장치를 말한다.

06 무한궤도식 굴착기에서 하부 주행체의 구성요소가 아닌 것은?

① 스프로킷 ② 주행모터
③ 트랙 ④ 버킷

해설
버킷은 작업장치(전부장치)의 구성요소이다.

07 무한궤도식 굴착기에서 상부롤러의 기능은?

① 기동륜을 지지한다.
② 트랙을 지지한다.

정답 01 ① 02 ④ 03 ② 04 ④ 05 ② 06 ④ 07 ②

③ 리코일 스프링을 지지한다.

④ 전부유동륜을 지지한다.

해설

상부롤러 : 트랙을 지지한다.

**08 굴착기에서 프론트 아이들러의 기능에 대한 설명으로 옳은 것은?**

① 동력을 트랙으로 전달한다.

② 트랙의 주행을 원활히 해준다.

③ 파손을 방지하고 주행을 원활히 해준다.

④ 트랙의 진로를 조정하면서 주행방향으로 트랙을 유도한다.

해설

프론트 아이들러 : 트랙의 진로를 조정하면서 주행방향으로 트랙을 유도한다.

**09 크롤러형 유압식 굴착기의 주행 동력으로 이용되는 것은?**

① 유압모터　② 변속기 동력

③ 차동장치　④ 종감속기어

해설

유압모터는 크롤러형 유압식 굴착기의 주행 동력으로 이용된다.

**10 무한궤도식 건설기계에서 트랙 장력을 측정하는 부위로 가장 적합한 것은?**

① 아이들러와 스프로킷 사이

② 아이들러와 1번 상부롤러 사이

③ 스프로킷과 1번 상부롤러 사이

④ 1번 상부롤러와 2번 상부롤러 사이

해설

트랙 장력 측정 : 아이들러와 1번 상부롤러 사이에서 측정한다.

**11 굴착기의 트랙 장력을 조정하는 방법으로 옳은 것은?**

① 캐리어 롤러를 조정한다.

② 하부 롤러를 조정한다.

③ 트랙 조정용 심을 삽입한다.

④ 트랙 조정용 실린더에 그리스를 주입한다.

해설

그리스 주입식 : 트랙 조정용 실린더에 그리스를 주입하여 트랙 장력을 조정하는 방식이다.

**12 굴착기에서 트랙 장력을 조정하기 위한 장치는?**

① 아이들러　② 스프로킷

③ 트랙 어저스터　④ 주행모터

해설

트랙 어저스터 : 트랙 장력을 조정하기 위한 장치를 말한다.

**13 링크, 하부롤러 등 트랙 부품이 조기에 마모되는 원인은?**

① 겨울철에 작업 시

② 트랙 장력이 너무 팽팽할 시

③ 일반 객토에서 작업 시

④ 트랙 장력이 너무 헐거울 시

해설

트랙 장력이 너무 팽팽하면 트랙 부품이 조기에 마모된다.

**14 트랙이 자주 벗겨지는 원인으로 가장 적절한 것은?**

① 트랙 슈의 마모가 과다할 때

② 일반 객토에서 작업을 하였을 때

③ 트랙 장력이 너무 팽팽할 때

④ 트랙 장력이 너무 헐거울 때

해설

트랙 장력이 너무 헐거우면 트랙이 자주 벗겨진다.

08 ④　09 ①　10 ②　11 ④　12 ③　13 ②　14 ④

**15** **무한궤도식 굴착기에서 트랙을 조정하기 위한 방법은?**

① 아이들러를 이동시킨다.
② 상부롤러를 이동시킨다.
③ 하부롤러를 이동시킨다.
④ 스프로킷을 이동시킨다.

해설

아이들러를 이동시켜 트랙을 조정한다.

**16** **굴착기에서 상부 회전체의 중심부에 설치되어 있으며, 회전하여도 호스 및 파이프 등이 꼬이지 않고 오일을 하부 주행 체로 원활하게 공급해주는 것은?**

① 트위스트 조인트
② 플랙시블 조인트
③ 등속 조인트
④ 센터 조인트

해설

센터 조인트 : 상부 회전체의 중심부에 설치되어 있으며, 회전하여도 호스 및 파이프 등이 꼬이지 않고 오일을 하부 주행체로 원활하게 공급해주는 장치이다.

**17** **굴착기에서 스윙 기능이 불량한 원인이 아닌 것은?**

① 릴리프 밸브 설정압력 저하
② 스윙모터 내부 손상
③ 컨트롤 밸브 스풀 불량
④ 터닝 조인트 불량

해설

터닝 조인트(센터 조인트) : 상부 회전체의 회전에 영향을 미치지 않고 주행모터에 작동유를 공급해주는 장치이다.

**18** **무한궤도식 건설기계에서 리코일 스프링의 역할로 가장 적절한 것은?**

① 트랙의 벗겨짐 방지
② 블레이드에 걸리는 하중 방지
③ 주행 중 전면에서 트랙과 아이들러에 가해지는 충격 완화
④ 클러치의 미끄러짐 방지

해설

리코일 스프링 : 주행 중 전면에서 트랙과 아이들러에 가해지는 충격을 완화하는 장치를 말한다.

**19** **무한궤도식 건설기계에서 리코일 스프링을 이중 스프링으로 사용하는 이유는?**

① 스프링이 빠지지 않도록 하기 위해
② 큰 힘을 측정하기 위해
③ 강한 탄성을 얻기 위해
④ 서징 현상을 감소시키기 위해

해설

서징 현상을 감소시키기 위해 이중 스프링을 사용한다.

**20** **굴착기의 기본 작업 사이클을 나열한 것으로 옳은 것은?**

① 선회 → 굴착 → 적재 → 선회 → 굴착 → 붐상승
② 선회 → 적재 → 굴착 → 적재 → 붐상승 → 선회
③ 굴착 → 붐상승 → 스윙 → 적재 → 스윙 → 굴착
④ 굴착 → 적재 → 붐상승 → 선회 → 굴착 → 선회

해설

굴착기의 기본 작업 사이클 : 굴착 → 붐상승 → 스윙 → 적재 → 스윙 → 굴착

정답 15 ① 16 ④ 17 ④ 18 ③ 19 ④ 20 ③

## 2 작업장치 기능

### (1) 굴착기의 작업장치

1) 굴착기의 작업 종류는 적재 작업, 정지 작업, 파쇄 작업, 굴착 작업 등으로 분류된다.

2) 기본 작업 사이클은 굴착 → 붐상승 → 스윙 → 적재 → 스윙 → 굴착 과정이다.

3) 굴착기의 작업장치는 버킷, 암, 붐, 브레이커, 유압 셔블, 이젝터 버킷 등으로 분류된다.

### (2) 버킷(Bucket)

버킷이란 모래 등을 퍼 올리는 장치를 말한다.

1) 굴착 버킷(Hoe bucket)이란 굴착기에 기본적으로 장착되며, 굴착 및 상차할 수 있는 버킷을 말한다.

2) 셔블 버킷(Shovel bucket)이란 굴착기의 진행방향으로 굴착할 수 있는 버킷을 말한다.

3) 크램셸 버킷(Clamshell bucket)이란 수직방향으로 굴착할 수 있으며, 유압 실린더와 암의 링크에 장착된 조개모양의 버킷을 말한다.

4) 최대작업반경 상태에서 버킷 끝단 기울기의 변화량이 10분당 5도 이내이어야 한다.

5) 버킷의 산적용량 및 접지압

- 버킷의 산적용량이 $0.2m^3$ 이상 $0.5m^3$ 이하인 경우 접지압은 $0.5kg/cm^2$ 이하이어야 한다.
- 버킷의 산적용량이 $0.5m^3$ 초과 $1.0m^3$ 이하인 경우 접지압은 $0.75kg/cm^2$ 이하이어야 한다.
- 버킷의 산적용량이 $1.0m^3$ 초과 $1.5m^3$ 이하인 경우 접지압은 $1.0kg/cm^2$ 이하이어야 한다.
- 버킷의 산적용량이 $1.5m^3$ 초과 $2.5m^3$ 이하인 경우 접지압은 $1.3kg/cm^2$ 이하이어야 한다.

### (3) 붐(Boom)

붐이란 상부 회전체의 앞 측에 연결핀으로 설치되어 암 및 버킷 등을 지지하는 장치를 말한다.

1) 붐의 특징

- 암 및 버킷을 지지한다.
- 버킷과 붐을 연결하는 구조이다.
- 붐은 상부 회전체의 앞쪽에 연결핀으로 설치되어 있다.

• 굴착기 충격에 견딜 수 있도록 균열 및 절단된 곳이 없어야 한다.

2) 붐 스윙장치의 특징

• 붐을 일정한 각도로 회전시킬 수 있다.
• 좁은 장소나 도로변 작업에 많이 사용된다.
• 상부를 회전하지 않아도 파낸 흙을 옆쪽으로 이동시킬 수 있다.

3) 붐의 자연하강 원인

• 유압이 과도하게 낮아졌다.
• 유압실린더의 내부 누출이 있다.
• 유압실린더의 배관이 손상되었다.
• 컨트롤 밸브의 스풀에서 누유가 많다.

### (4) 브레이커(Breaker)

브레이커란 콘크리트, 암석 등을 파쇄하는 데 사용되는 장치를 말한다.

### (5) 퀵 커플러(Quick coupler)

1) 퀵 커플러란 유압 실린더와 암의 링크에 장착되어 있으며 브레이커, 버킷 등과 같은 작업 장치를 신속하게 장착 및 분리시키는 장치를 말한다.

2) 퀵 커플러의 기준

• 버킷잠금장치는 이중 잠금으로 한다.
• 과다 전류 발생 시 전원을 차단할 수 있어야 한다.
• 유압잠금장치가 해제된 경우 충분한 크기의 경고음이 발생되는 장치를 설치한다.
• 과다 전류 발생 시 전원 차단 스위치는 조종사의 조작에 의해 작동되는 구조이어야 한다.

### (6) 블레이드(Blade)

블레이드란 배수구를 메우거나 평탄화 작업을 할 수 있으며, 하부 주행체에 장착된 장치를 말한다.

### (7) 카운터 웨이트(Counter weight)

카운터 웨이트란 작업 시 안정화와 균형을 유지하기 위해 설치하는 장치를 말하며, 굴착 작업을 할 때 앞으로 넘어지는 것을 방지한다.

### (8) 레버(Lever)

1) 조종 레버의 종류

- 붐 제어 레버
- 버킷 제어 레버
- 스틱(암) 제어 레버

※ 스윙 제어 레버란 선회할 때 조종하는 레버이다.

2) 주행 레버의 조작

- 피벗 턴이란 주행레버 2개 중 1개만 조작하여 회전하는 방식을 말한다.
- 스핀 턴이란 주행레버 2개를 동시에 한쪽은 밀고 한쪽은 당겨 회전하는 방식을 말한다.

# 기출문제

**01 굴착기의 작업종류에 해당하지 않는 것은?**

① 적재작업 ② 견인작업
③ 파쇄작업 ④ 굴착작업

해설

굴착기의 작업종류는 적재작업, 정지작업, 파쇄작업, 굴착작업으로 분류된다.

**02 굴착기에서 작업장치에 포함되지 않는 것은?**

① 버킷 ② 암
③ 붐 ④ 마스트

해설

마스트는 지게차의 작업장치이다.

**03 굴착기에서 작업장치에 포함되지 않는 것은?**

① 힌지 버킷 ② 브레이커
③ 유압 셔블 ④ 이젝터 버킷

해설

힌지 버킷은 지게차의 작업장치이다.

**04 굴착기에서 붐의 자연 하강량이 많아졌다. 그 원인이 아닌 것은?**

① 컨트롤 밸브의 스풀에서 누유가 많다.
② 유압실린더의 내부 누출이 있다.
③ 유압이 과도하게 높아졌다.
④ 유압실린더의 배관이 손상되었다.

해설

유압이 과도하게 낮아졌다.

**05 굴착기의 붐에 대한 설명으로 틀린 것은?**

① 붐은 하부 회전체의 앞쪽에 연결핀으로 설치되어 있다.
② 암 및 버킷을 지지한다.
③ 버킷과 붐을 연결하는 구조이다.
④ 굴착기 충격에 견딜 수 있도록 균열 및 절단된 곳이 없어야 한다.

해설

붐은 상부 회전체의 앞쪽에 연결핀으로 설치되어 있다.

**06 굴착기의 크램셸 버킷에 대한 설명이 아닌 것은?**

① 조개모양의 버킷이다.
② 유압 실린더와 암의 링크에 장착되어 있다.
③ 수직방향으로 굴착한다.
④ 콘크리트, 암석 등을 파쇄하는 데 사용된다.

해설

브레이커 : 콘크리트, 암석 등을 파쇄하는 데 사용된다.

**07 굴착기의 버킷 기울기의 변화량에 대한 설명으로 옳은 것은?**

① 최소작업반경 상태에서 버킷 끝단 기울기의 변화량이 5분당 5도 이내이어야 한다.
② 최대작업반경 상태에서 버킷 끝단 기울기의 변화량이 5분당 5도 이내이어야 한다.
③ 최소작업반경 상태에서 버킷 끝단 기울기의 변화량이 10분당 5도 이내이어야 한다.

정답 01 ② 02 ④ 03 ① 04 ③ 05 ① 06 ④ 07 ④

④ 최대작업반경 상태에서 버킷 끝단 기울기의 변화량이 10분당 5도 이내이어야 한다.

해설

굴착기의 버킷 기울기의 변화량 : 최대작업반경 상태에서 버킷 끝단 기울기의 변화량이 10분당 5도 이내이어야 한다.

**08 무한궤도식 굴착기의 접지압에 대한 설명으로 틀린 것은?**

① 버킷 산적용량이 $0.2m^3$ 이상 $0.5m^3$ 이하 : $0.3kg/cm^2$ 이하일 것

② 버킷 산적용량이 $0.5m^3$ 초과 $1.0m^3$ 이하 : $0.75kg/cm^2$ 이하일 것

③ 버킷 산적용량이 $1.0m^3$ 초과 $1.5m^3$ 이하 : $10.kg/cm^2$ 이하일 것

④ 버킷 산적용량이 $1.5m^3$ 초과 $2.5m^3$ 이하 : $1.3kg/cm^2$ 이하일 것

해설

버킷 산적용량이 $0.2m^3$ 이상 $0.5m^3$ 이하 : $0.5kg/cm^2$ 이하일 것

**09 굴착기에서 굴착작업과 직접적인 관계가 없는 조종레버는?**

① 버킷 제어레버

② 스윙 제어레버

③ 붐 제어레버

④ 스틱(암) 제어레버

해설

스윙 제어레버 : 선회할 때 조종하는 레버이다.

**10 굴착기의 주행레버를 한쪽으로 당겨 회전하는 방식은?**

① 스핀턴 ② 원웨이 회전

③ 피벗턴 ④ 급회전

해설

피벗턴 : 주행레버 2개 중 1개만 조작하여 회전하는 방식을 말한다.

**11 다음 중 굴착기의 주행레버를 동시에 한 쪽은 밀고 한쪽은 당겨 회전하는 방식은?**

① 최소 회전 ② 원웨이 회전

③ 피벗턴 ④ 스핀턴

해설

스핀턴 : 주행레버 2개를 동시에 한쪽은 밀고 한쪽은 당겨 회전하는 방식을 말한다.

**12 다음 중 유압 실린더와 암의 링크에 장착되어 있으며 브레이커, 버킷 등과 같은 작업 장치를 신속하게 장착 및 분리시키는 장치는?**

① 브레이커 ② 퀵 커플러

③ 버킷 ④ 암

해설

퀵 커플러 : 유압 실린더와 암의 링크에 장착되어 있으며 브레이커, 버킷 등과 같은 작업 장치를 신속하게 장착 및 분리시키는 장치를 말한다.

**13 굴착기의 퀵 커플러를 설치하는 경우 만족해야 하는 기준이 아닌 것은?**

① 과다 전류 발생 시 전원을 차단할 수 있어야 한다.

② 과다 전류 발생 시 전원 차단 스위치는 조종사의 조작에 의해 작동되는 구조이어야 한다.

③ 유압잠금장치가 작동된 경우 충분한 크기의 경고음이 발생되는 장치를 설치한다.

④ 버킷잠금장치는 이중 잠금으로 한다.

해설

유압잠금장치가 해제된 경우 충분한 크기의 경고음이 발생되는 장치를 설치한다.

08 ① 09 ② 10 ③ 11 ④ 12 ② 13 ③

14 굴착기의 작업장치 중 배수구를 메우거나 평탄화 작업을 할 수 있으며, 하부 주행체에 장착된 장치는?

① 블레이드 ② 리퍼
③ 버킷 ④ 훅

해설

블레이드 : 배수구를 메우거나 평탄화 작업을 할 수 있으며, 하부 주행체에 장착된 장치를 말한다.

15 굴착기에서 작업 시 안정화와 균형을 유지하기 위해 설치하는 장치는?

① 붐
② 카운터 웨이트
③ 센터 조인트
④ 셔블

해설

카운터 웨이트 : 작업 시 안정화와 균형을 유지하기 위해 설치하는 장치를 말한다.

16 굴착기의 밸런스 웨이트에 대한 설명으로 옳은 것은?

① 접지압을 상승시켜 주는 장치이다.
② 굴착작업을 할 때 앞으로 넘어지는 것을 방지해 주는 장치이다.
③ 접지면적을 크게 해주는 장치이다.
④ 굴착작업을 할 때 무거운 중량을 들기 위해 임의로 조정할 수 있는 장치이다.

해설

밸런스 웨이트 : 굴착작업을 할 때 앞으로 넘어지는 것을 방지해주는 장치이다.

정답 14 ① 15 ② 16 ②

## 3 작업방법

### (1) 굴착기 운전의 특징

1) 무한궤도식은 습지 및 모래에서 작업이 유리하다.

2) 무한궤도식은 기복이 심한 곳에서 작업이 유리하다.

3) 타이어식은 변속 및 주행속도가 빠르다.

4) 타이어식은 장거리 이동이 쉬우며 기동성이 양호하다.

5) 타이어식은 견고한 땅 위에서 차체중량 상태로 좌 · 우 25도까지 기울여도 넘어지지 않아야 한다.

### (2) 주행 간 주의사항

1) 상부 회전체를 선회 로크장치로 고정시킨다.

2) 암반, 연약한 지반, 부정지 등에서는 저속으로 주행한다.

3) 버킷, 붐 실린더, 암은 오므리고 하부 주행체 프레임에 올려놓는다.

4) 엔진 회전수를 중속 범위로 하고 가능한 평탄 지면을 선택하여 주행한다.

5) 굴착기 주행 시 지면으로부터 버킷의 높이는 약 30~50cm가 가장 적절하다.

### (3) 작업 간 안전사항

1) 굴착하면서 주행하지 않아야 한다.

2) 굴착기 작업 간에는 후진 방향으로 진행한다.

3) 안전한 작업 반경 이내에서 하중을 이동시켜야 한다.

4) 작업 중단 시 파낸 모서리로부터 장비를 이동시켜야 한다.

5) 스윙하면서 버킷으로 암석을 부딪쳐 파쇄 하는 작업을 하지 않아야 한다.

### (4) 작업 간 운전자의 관심사항

1) 온도 게이지 2) 장비의 소음 3) 엔진 회전수 게이지

### (5) 트레일러에 굴착기 적재방법

1) 가급적 경사대를 이용한다.

2) 10~15° 정도의 경사대를 이용하는 것이 좋다.

3) 트레일러로 굴착기를 수송 시 반드시 뒤쪽으로 한다.

4) 붐을 이용하여 버킷으로 차체를 들어 올려 적재하는 방법이 있으나 전복의 위험이 크므로 주의해야 한다.

### (6) 굴착기의 점검 및 정비항목

1) 매 1,000시간마다 점검 및 정비항목

- 냉각계통 내부 세척
- 어큐뮬레이터 압력 점검
- 기동 전동기, 발전기 점검
- 작동유 흡입 여과기 교환
- 주행감속기 기어오일 교환
- 선회 기어 케이스 오일 교환

2) 매 2,000시간마다 점검 및 정비항목

- 유압유 교환
- 냉각수 교환
- 차동장치 오일 교환
- 작동유 탱크 오일 교환
- 액슬 케이스 오일 교환
- 트랜스퍼 케이스 오일 교환
- 탠덤 구동 케이스 오일 교환

# 기출문제

**01 타이어식 굴착기의 좌 · 우 안정도에 대한 설명으로 옳은 것은?**

① 견고한 땅 위에서 차체중량 상태로 좌 · 우 15도까지 기울여도 넘어지지 않아야 한다.
② 견고한 땅 위에서 차체중량 상태로 좌 · 우 25도까지 기울여도 넘어지지 않아야 한다.
③ 견고한 땅 위에서 차체중량 상태로 좌 · 우 35도까지 기울여도 넘어지지 않아야 한다.
④ 견고한 땅 위에서 차체중량 상태로 좌 · 우 45도까지 기울여도 넘어지지 않아야 한다.

해설

견고한 땅 위에서 차체중량 상태로 좌 · 우 25도까지 기울여도 넘어지지 않아야 한다.

**02 타이어식 굴착기와 무한궤도식 굴착기의 운전 특성에 대한 설명 중 틀린 것은?**

① 무한궤도식은 습지 및 모래에서 작업이 유리하다.
② 타이어식은 장거리 이동이 쉬우며 기동성이 양호하다.
③ 무한궤도식은 기복이 심한 곳에서 작업이 불리하다.
④ 타이어식은 변속 및 주행속도가 빠르다.

해설

무한궤도식은 기복이 심한 곳에서 작업이 유리하다.

**03 굴착기가 주행할 때 지면으로부터 버킷의 높이는 어느 정도가 가장 적절한가?**

① 지면에 밀착
② 약 20~30cm
③ 약 30~50cm
④ 약 80~100cm

해설

굴착기가 주행할 때 지면으로부터 버킷의 높이는 약 30~50cm가 가장 적절하다.

**04 굴착기 작업 간 진행방향에 대한 설명으로 옳은 것은?**

① 굴착기 작업 간에는 전진 방향으로 진행한다.
② 굴착기 작업 간에는 후진 방향으로 진행한다.
③ 굴착기 작업 간에는 좌측 방향으로 진행한다.
④ 굴착기 작업 간에는 우측 방향으로 진행한다.

해설

굴착기 작업 간에는 후진 방향으로 진행한다.

정답 01 ② 02 ③ 03 ③ 04 ②

**05 굴착기를 운전하여 작업할 때 안전사항으로 틀린 것은?**

① 스윙하면서 버킷으로 암석을 부딪쳐 파쇄하는 작업을 하지 않을 것
② 작업 중단 시 파낸 모서리로부터 장비를 이동시킬 것
③ 안전한 작업 반경을 초과해서 하중을 이동시킬 것
④ 굴착하면서 주행하지 않을 것

해설

안전한 작업 반경 이내에서 하중을 이동시킬 것

**06 굴착기를 운전하여 작업할 때 운전자가 관심 가져야 할 사항이 아닌 것은?**

① 온도 게이지
② 장비의 소음
③ 엔진 회전수 게이지
④ 작업속도 게이지

해설

굴착기 운전 및 작업 시 운전자는 온도 게이지, 엔진 회전수 게이지, 장비 소음에 관심 가져야 한다.

**07 굴착기를 주행할 때 주의사항으로 틀린 것은?**

① 버킷, 붐 실린더, 암은 오므리고 하부 주행체 프레임에 올려놓을 것
② 상부 회전체를 선회 로크장치로 고정시킬 것
③ 엔진 회전수를 중속 범위로 하고 가능
④ 암반, 연약한 지반, 부정지 등에서는 고속으로 주행할 것

해설

암반, 연약한 지반, 부정지 등에서는 저속으로 주행할 것

**08 트레일러에 굴착기를 적재하여 수송하는 경우 붐이 어느 방향으로 향해야 적절한가?**

① 방향 관계없음　② 앞쪽
③ 뒤쪽　④ 옆쪽

해설

굴착기를 적재하여 수송하는 경우 붐을 트레일러의 뒤쪽 방향을 향하게 한다.

**09 트레일러에 굴착기를 적재하는 방법에 대한 설명으로 틀린 것은?**

① 10~15° 정도의 경사대를 이용하는 것이 좋다.
② 트레일러로 굴착기를 수송 시 반드시 앞쪽으로 한다.
③ 붐을 이용하여 버킷으로 차체를 들어 올려 적재하는 방법이 있으나 전복의 위험이 크므로 주의해야 한다.
④ 가급적 경사대를 이용한다.

해설

트레일러로 굴착기를 수송 시 반드시 뒤쪽으로 한다.

**10 굴착기에서 매 1,000시간마다 점검 및 정비해야 하는 항목이 아닌 것은?**

① 주행감속기 기어오일 교환
② 기동 전동기, 발전기 점검
③ 어큐뮬레이터 압력 점검
④ 작동유 배수 및 여과기 교환

해설

매 1,000시간마다 점검 및 정비 항목
- 냉각계통 내부 세척
- 어큐뮬레이터 압력 점검
- 기동 전동기, 발전기 점검
- 작동유 흡입 여과기 교환
- 주행감속기 기어오일 교환
- 선회 기어 케이스 오일 교환

정답 05 ③ 06 ④ 07 ④ 08 ③ 09 ② 10 ④

11 **굴착기에서 매 2,000시간마다 점검 및 정비해야 하는 항목이 아닌 것은?**

① 선회 구동 케이스 오일 교환

② 작동유 탱크 오일 교환

③ 액슬 케이스 오일 교환

④ 트랜스퍼 케이스 오일 교환

해설

매 2,000시간마다 점검 및 정비 항목

- 유압유 교환
- 냉각수 교환
- 차동장치 오일 교환
- 작동유 탱크 오일 교환
- 액슬 케이스 오일 교환
- 트랜스퍼 케이스 오일 교환
- 탠덤 구동 케이스 오일 교환

11 ①

CHAPTER 02

# 전기, 섀시, 작업장치

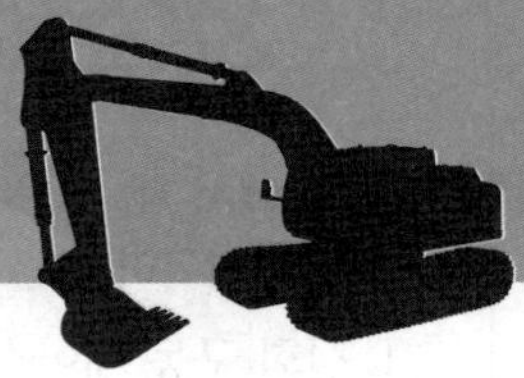

## IV. 기중기 작업장치

### 1 기중기 구조

#### (1) 기중기의 주요장치

기중기의 주요장치는 상부 회전체, 하부 주행체, 작업장치(전부장치)로 분류된다.

기중기의 구조

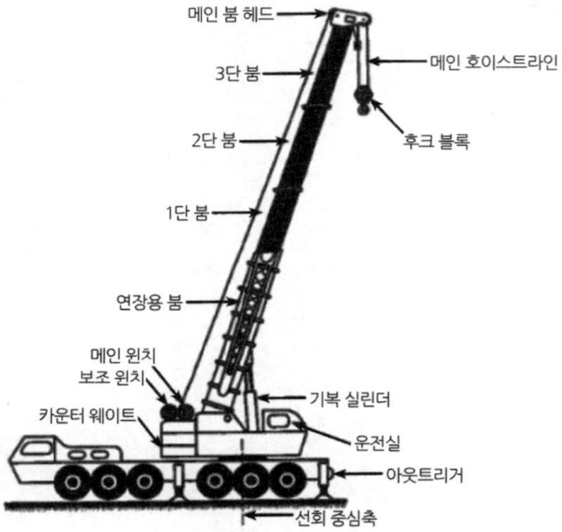


#### (2) 상부 회전체

기중기 상부 회전체의 동력전달 경로는 수직 역전축 → 조우 클러치 → 수직 회전축 → 피니언 → 선회 링기어 → 상부 회전체 순이다.

1) 메인 클러치(Main clutch)란 엔진 동력을 트랜스퍼 체인을 통해 주행 및 작업장치로 전달하는 장치를 말한다.
2) 트랜스퍼 체인(Transfer chain)이란 메인 클러치를 거친 엔진 동력을 모든 축에 직각방향으로 전달하는 장치를 말하며, 작업장치에서 발생하는 충격이 엔진으로 전달되는 것을 방지한다.
3) 잭 축(Jack shaft)이란 드럼 축, 수평 역전축의 구동축을 말한다.
4) 수평 역전축(Horizontal reversing shaft)이란 동력을 수직방향으로 전달하는 축을 말한다.

5) 수직 역전축(Vertical reversing shaft)이란 수직 회전축, 수직 주행축의 구동축을 말한다.

6) 수직 회전축(Vertical swing shaft)은 상부 회전체의 좌 · 우 회전을 위한 구동축을 말한다.

7) 수직 주행축(Vertical travel shaft)이란 하부 주행체의 전진 및 후진을 위한 구동축을 말한다.

8) 수평 주행축(Horizontal travel shaft)이란 하부 주행체의 주행 및 조향을 위한 구동축을 말한다.

9) 작업 브레이크(Operating brake)는 주로 외부 수축식을 사용한다.

10) 작업 클러치(Operating clutch)는 주로 전자 조작식, 기계 조작식, 유압 조작식과 같은 내부 확장식을 사용한다.

※ 작업 브레이크 및 클러치의 형식

- 가장 일반적인 붐 호이스트의 브레이크 형식은 외부 수축식이다.
- 일반적으로 사용되고 있는 드럼 클러치의 형식은 내부 확장식이다.

11) 호이스트 드럼(Hoist drum)이란 와이어로프를 감아올릴 수 있는 드럼이 있으며, 드럼축을 회전시켜 화물을 인양하는 장치를 말한다. 유압 모터가 드럼 축을 구동시키면 클러치 및 감속기어를 거쳐 드럼이 회전하면서 케이블을 감는다.

※ 호이스트(Hoist)란 전동기, 감속장치, 드럼, 브레이크 등을 작게 일체로 통합한 권상장치를 말한다.

12) 프레임(Frame)

- 갠트리 프레임(Gantry frame)이란 선회 프레임의 가장 위쪽의 끝에 설치되는 'A'자형 프레임을 말한다.
- 선회 프레임(Turning frame)이란 각 와이어로프의 드럼, 엔진, 카운터 웨이트, 작업장치가 결합되어 360° 회전이 가능한 프레임을 말한다.

13) 선회장치

- 선회장치란 하부 주행체의 상단에서 상부 회전체를 360° 회전시키는 장치를 말한다.
- 선회장치는 볼 방식, 롤러 방식, 포스트 방식으로 분류된다.

※ 턴테이블(Turn table)이란 상부 회전체를회전시키는 장치를 말한다.

### (3) 하부 주행체

기중기 하부 주행체의 동력전달 경로는 수직 회전축 → 수직 주행축 기어 → 수평 주행축 기어 → 주행축 클러치 → 스프로킷 → 트랙 순이다.

### (4) 주요 검사항목

기중기의 주요 검사항목은 드럼, 선회장치, 안전장치, 제어장치, 와이어로프, 연장 구조물, 안정기(아우트리거), 연장 구조물 구동장치이다.

### (5) 후방 안정도 향상조건

1) 최소작업반경이어야 한다.
2) 지면이 평탄하고 단단해야 한다.
3) 아우트리거가 없는 상태이어야 한다.
4) 달아올림 기구에 하중이 가해지지 않은 상태이어야 한다.

# 기출문제

01 **기중기의 사용 용도로 부적절한 작업은?**

① 화물 적하작업
② 경지정리 작업
③ 크레인 작업
④ 파일 항타 작업

해설

기중기의 작업종류는 화물 적하작업, 크레인 작업, 파일 항타 작업으로 분류된다.

02 **타이어식 기중기의 전도지선에 대한 설명으로 틀린 것은?**

① 기중기의 좌측 또는 우측 방향 각각의 가장 전륜과 가장 후륜의 중심을 연결하는 직선을 말한다.
② 전후 바퀴 연결선이라고도 한다.
③ 붐 수직면이 직각일 때 전도지선은 전방에 있는 전후 바퀴 연결선을 말한다.
④ 붐 수직면이 직각일 때 전도지선은 후방에 있는 전후 바퀴 연결선을 말한다.

해설

전도지선 : 붐 수직면이 직각일 때 전도지선은 전방에 있는 전후 바퀴 연결선을 말한다.

03 **기계식 기중기에서 붐 호이스트의 브레이크 형식 중 가장 일반적인 것은?**

① 내부 수축식 ② 내부 확장식
③ 외부 수축식 ④ 외부 확장식

해설

외부 수축식 : 가장 일반적인 붐 호이스트의 브레이크 형식을 말한다.

04 **기중기의 선회장치 점검에 대한 설명으로 틀린 것은?**

① 상부 회전체의 볼트, 너트가 풀리지 않아야 한다.
② 선회장치 작동 시 이상소음이 없어야 한다.
③ 선회장치 작동 시 열이 많이 발생해야 한다.
④ 선회 프레임에 균열이 없어야 한다.

해설

선회장치 작동 시 열이 적게 발생해야 한다.

05 **기중기의 주요 검사항목이 아닌 것은?**

① 안정기(아우트리거)
② 와이어로프
③ 연장구조물
④ 예비타이어

해설

기중기의 주요 검사항목은 안정기(아우트리거), 와이어로프, 연장구조물, 드럼, 선회장치, 안전장치, 제어장치, 연장구조물구동장치로 분류된다.

06 **다음 중 기중기의 후방 안정도를 높이기 위한 조건이 아닌 것은?**

① 아우트리거가 없는 상태이어야 한다.
② 최소 작업 반경이어야 한다.
③ 지면이 평탄하고 단단해야 한다.
④ 달아올림 기구에 하중이 가해진 상태이어야 한다.

해설

달아올림 기구에 하중이 가해지지 않은 상태이어야 한다.

정답 01 ② 02 ④ 03 ③ 04 ③ 05 ④ 06 ④

CHAPTER 02

# 전기, 섀시, 작업장치

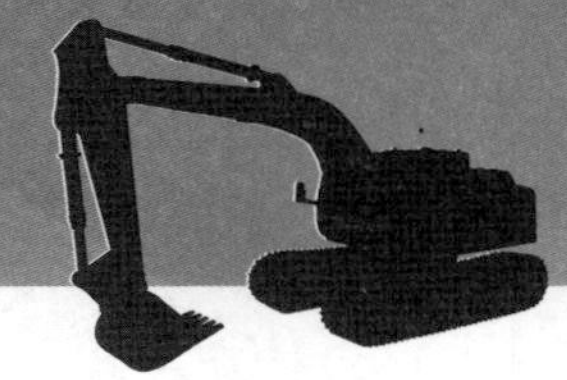

## 2 작업장치 기능

### (1) 기중기의 작업장치

기중기의 작업 종류는 화물 적하 작업, 크레인 작업, 파일 항타 작업 등으로 분류된다.

### (2) 붐(Boom)

붐이란 기중기의 본체에 장착되어 중량물을 달아 올리거나 이동시키는 암을 말한다.

1) 마스터 붐이란 가장 기본적인 붐을 말한다.
2) 보조 붐이란 마스터 붐의 길이를 연장하기 위한 붐을 말한다.
3) 지브 붐이란 붐 끝에 길이를 연장하기 위한 붐을 말한다.

※ 데릭 실린더(Derrick cylinder)

- 데릭 실린더란 붐을 상승 및 하강시키는 실린더를 말한다.

### (3) 훅(Hook)

훅이란 갈고리 모양으로 로프 등을 걸어서 중량물을 달아 올리는데 사용된다.

1) 훅의 종류는 아이 훅, 생크 훅, 스위벨 훅, 파운드리 훅으로 분류된다.

|  |  |  |  |
|---|---|---|---|
| 아이 훅 | 생크 훅 | 스위벨 훅 | 파운드리 훅 |

2) 훅은 용접, 열처리, 전기도금, 기계가공, 훅 해지장치 제거와 같은 개조를 금지한다.
3) 훅의 점검방법

- 균열이 발생하면 사용해서는 안 된다.
- 경화 및 연화의 우려가 있으면 사용해서는 안 된다.
- 개구부가 신품상태일 때 간격의 5%를 초과하면 사용해서는 안 된다.
- 훅의 마모가 신품상태일 때 지름의 5%를 초과하면 사용해서는 안 된다.

※ 체인의 점검방법

- 균열이 있는 것은 사용하면 안 된다.
- 변형이 뚜렷한 것은 사용하면 안 된다.
- 전장이 신품상태일 때 길이의 5%를 초과하면 사용해서는 안 된다.
- 링의 마모가 신품상태일 때 지름의 10%를 초과하면 사용해서는 안 된다.

### (4) 클램셸(Clamshell)

클램셸은 수직 굴토, 배수구 굴착 및 청소 작업에 사용된다.

### (5) 셔블(Shovel)

셔블은 장비가 있는 장소보다 높은 곳을 굴착 작업에 사용된다.

### (6) 백호(Back hoe)

백호는 파워 셔블의 버킷을 앞으로 끌어당겨 토사를 퍼 올리는데 사용된다.

### (7) 디젤 해머(Diesel hammer)

디젤 해머는 파일 항타 작업에 사용된다.

### (8) 파일 드라이버(Pile driver)

파일 드라이버는 주로 항타 및 항발 작업에 사용된다.

1) 스팀 해머

- 단동식 스팀 해머란 타격속도가 늦고 단단한 지반에 적합한 해머를 말한다.
- 복동식 스팀 해머란 타격속도가 빠르고 연약한 지반에 적합한 해머를 말한다.

2) 디젤 해머

- 디젤 해머는 소음이 크고 본체의 중량이 가벼워 이동이 용이하다.

3) 진동 해머

- 진동 해머는 비교적 소음이 적고 연약한 지반에 적합한 해머이다.

4) 유압 해머

- 유압 해머란 유압을 이용여 비교적 단단한 지반을 파괴하는 해머를 말한다.

5) 드롭 해머

- 드롭 해머란 비교적 타격력이 떨어지고 모래 또는 점성 지반에 적합한 해머를 말한다.

### (9) 드래그 라인(Drag line)

드래그 라인은 수중 굴착작업 등과 같이 기계의 설치 지반보다 낮은 곳을 파는 작업에 사용된다.

1) 기본 작업 사이클은 굴착 → 선회 → 흙 쏟기 → 선회 → 굴착 과정이다.

2) 드래그 라인의 작업방법

- 기중기 앞쪽에 작업한 토사를 쌓아두지 않는다.
- 드레그 베일 소켓을 페어리드 측으로 당기지 않는다.
- 도랑을 굴착할 때 경사면이 기중기 앞쪽에 위치하도록 한다.
- 굴착력을 높이기 위해 버킷의 투스(Tooth)를 날카롭게 연마한다.

※ 페어리드 및 태그라인

- 페어리드(Fair lead)란 드래그 라인에서 드래그 로프를 드럼에 잘 감기도록 하는 장치를 말한다.
- 태그라인(Tag line)이란 와이어로프를 가볍게 당겨 꼬임을 방지하는 장치를 말한다.

### (10) 기중기의 안전장치

기중기의 안전장치는 훅 과권장치, 붐 과권장치, 붐 기복정지장치, 붐 전도방지장치, 과부하 방지장치, 아우트리거로 분류된다.

### (11) 와이어로프

1) 와이어로프는 소선, 심강, 심선, 가닥으로 구성된다.

2) 소켓 장치란 와이어로프 끝을 고정시키는 방식을 말한다.

3) 해지 장치란 와이어로프의 이탈을 방지하기 위해 훅에 설치한 안전장치를 말한다.

4) 와이어로프의 종류

- 지지 로프(안전율 4.0)
- 보조 로프(안전율 4.0)
- 붐 신축용 로프(안전율 4.0)
- 고정용 와이어로프(안전율 4.0)
- 지브의 지지용 와이어로프(안전율 4.0)
- 호스트 로프(안전율 5.0)
- 권상용 와이어로프(안전율 5.0)
- 지브의 기복용 와이어로프(안전율 5.0)

5) 와이어로프의 클립 체결

- 와이어로프의 지름이 16mm 이하인 경우 클립 4개로 고정한다.

- 와이어로프의 지름이 16mm 초과 28mm 이하인 경우 클립 5개로 고정한다.
- 와이어로프의 지름이 28mm 초과인 경우 클립 6개 이상으로 고정한다.

6) 와이어로프의 꼬임형식

- 와이어로프의 꼬임형식은 보통 Z꼬임, 보통 S꼬임, 랭 Z꼬임, 랭 S꼬임으로 분류된다.

와이프의 꼬임 분류

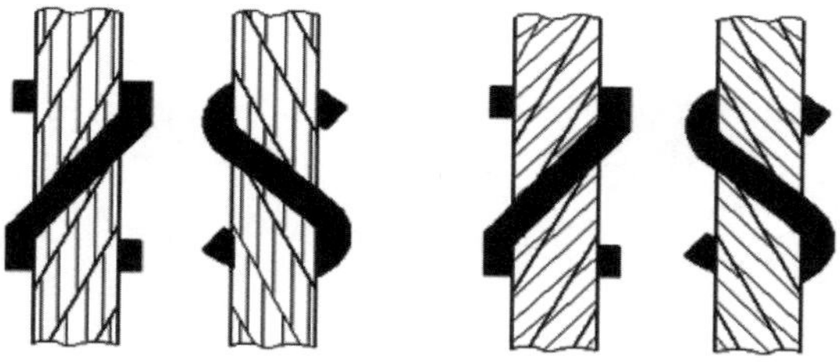


7) 와이어로프의 점검방법

- 와이어로프의 마모가 공칭지름의 7%를 초과하면 사용해서는 안 된다.
- 와이어로프의 한 가닥에서 소선 수가 10% 이상 절단되면 사용해서는 안 된다.

8) 와이어로프에 장력이 걸릴 시 점검항목

- 장력 배분이 맞는지 확인한다.
- 화물이 파손될 우려가 없는지 확인한다.
- 장력이 걸리지 않은 로프가 없는지 확인한다.

9) 플리트(Fleet) 각도는 와이어로프가 엇갈려 겹쳐서 감기는 것을 방지한다.

- 권상용 드럼 홈이 없는 경우 플리트 각도는 2°이내이다.
- 권상용 드럼 홈이 있는 경우 플리트 각도는 4°이내이다.

## (12) 기중기의 기중능력

1) 붐의 각

- 최소 제한각도는 20°이다.
- 최대 제한각도는 70°이다.
- 최대 안전각도는 66°30′이다.

2) 붐의 각에 따른 성능

- 붐의 각과 기중능력은 서로 비례한다.
- 붐의 각과 작업반경은 서로 반비례한다.
- 붐의 길이와 작업반경은 서로 비례한다.

※ 붐의 길이 및 작업반경

- 붐의 길이란 붐의 고정 핀에서 붐의 선단 시브 핀까지의 거리를 말한다.
- 작업반경이란 훅의 중심을 지나는 수직선과 선회장치의 회전중심을 지나는 수직선 사이의 최단거리를 말한다.

3) 붐의 기울기는 무부하 상태에서 붐을 45° 기울이고 엔진 정지 후 붐의 기울기 변화량은 10분간 2° 이내이어야 한다.

# 기출문제

**01 붐을 상승 · 하강시키는 역할을 하는 실린더는?**

① 마스터 실린더
② 하이드롤릭 실린더
③ 데릭 실린더
④ 메인 실린더

해설
데릭 실린더 : 붐을 상승 · 하강시키는 실린더를 말한다.

**02 파권 방지 장치의 설치 위치는?**

① 붐 하부 푸트핀과 상부 회전체 사이에 설치되어 있다.
② 겐트리 시브와 붐 끝단 시브 사이에 설치되어 있다.
③ 메인 윈치와 붐 끝단 시브 사이에 설치되어 있다.
④ 붐 끝단 시브와 훅 블록 사이에 설치되어 있다.

해설
파권 방지 장치는 붐 끝단 시브와 훅 블록 사이에 설치되어 있다.

**03 훅의 종류가 아닌 것은?**

① 파운드리 훅
② 지그 훅
③ 아이 훅
④ 생크 훅

해설
훅의 종류는 파운드리 훅, 스위벨 훅, 아이 훅, 생크 훅으로 분류된다.

**04 훅의 점검방법에 대한 설명으로 틀린 것은?**

① 개구부가 신품상태일 때 간격의 10%를 초과하면 사용해서는 안 된다.
② 훅의 마모가 신품상태일 때 지름의 5%를 초과하면 사용해서는 안 된다.
③ 균열이 발생하면 사용해서는 안 된다.
④ 경화 및 연화의 우려가 있으면 사용해서는 안 된다.

해설
개구부가 신품상태일 때 간격의 5%를 초과하면 사용해서는 안 된다.

**05 훅의 개조 금지사항이 아닌 것은?**

① 용접 ② 열처리
③ 전기 도금 ④ 세척

해설
훅은 용접, 열처리, 전기 도금, 기계가공, 훅 해지장치 제거 등의 개조를 금지한다.

**06 다음 중 체인의 점검에 대한 설명으로 옳은 것은?**

① 변형이 뚜렷해도 사용해도 된다.
② 균열이 있는 것은 사용해도 된다.
③ 링의 마모가 신품상태일 때 지름의 4%를 초과하면 사용해서는 안 된다.
④ 전장이 신품상태일 때 길이의 5%를 초과하면 사용해서는 안 된다.

해설
- 변형이 뚜렷한 것은 사용하면 안 된다.
- 균열이 있는 것은 사용하면 안 된다.
- 링의 마모가 신품상태일 때 지름의 10%를 초과하면 사용해서는 안 된다.

정답 01 ③ 02 ④ 03 ② 04 ① 05 ④ 06 ④

**07 기중기의 작업장치 중에서 디젤 해머로 할 수 있는 작업은?**

① 수중 굴착
② 파일 항타
③ 와이어로프 감기
④ 수직 굴토

해설

파일 항타는 디젤 해머로 할 수 있는 작업이다.

**08 다음 그림과 같이 기중기에 부착된 작업 장치는?**

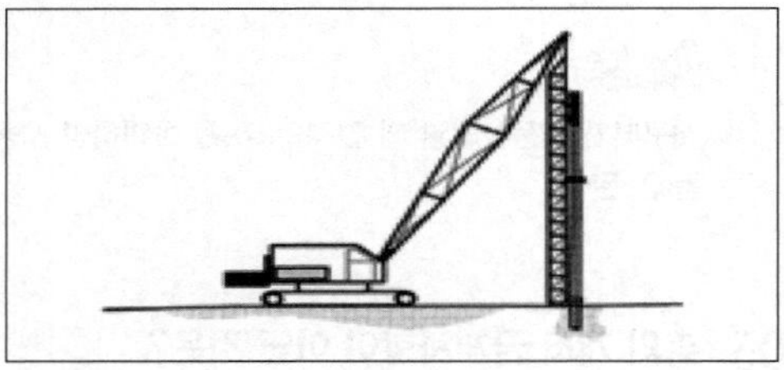

① 훅
② 백호
③ 클램셸
④ 파일 드라이버

해설

- 훅 : 갈고리 모양으로 로프 등을 걸어서 중량물을 달아 올리는데 사용된다.
- 백호 : 파워셔블의 버킷을 앞으로 끌어당겨 토사를 퍼 올리는데 사용된다.
- 클램셸 : 수직굴토, 배수구 굴착 및 청소 작업에 사용된다.
- 파일 드라이버 : 주로 항타 및 항발 작업에 사용된다.

**09 기중기의 드래그 라인(Drag line) 작업방법에 대한 설명으로 틀린 것은?**

① 굴착력을 높이기 위해 버킷의 투스(Tooth)를 날카롭게 연마한다.
② 도랑을 굴착할 때 경사면이 기중기 앞측에 위치하도록 한다.
③ 드래그 베일 소켓을 페어리드 측으로 당긴다.
④ 기중기 앞측에 작업한 토사를 쌓아두지 않는다.

해설

드래그 베일 소켓을 페어리드 측으로 당기지 않는다.

**10 기중기의 작업장치 중에서 장비가 있는 장소보다 높은 곳을 굴착할 때 적합한 것은?**

① 셔블
② 파일 드라이버
③ 훅
④ 드래그 라인

해설

- 파일 드라이버 : 주로 항타 및 항발 작업에 사용된다.
- 훅 : 갈고리 모양으로 로프 등을 걸어서 중량물을 달아 올리는데 사용된다.
- 드래그 라인 : 수중 굴착작업 등과 같이 기계의 설치 지반보다 낮은 곳을 파는 작업에 사용된다.

**11 기중기의 드래그라인에서 드래그 로프를 드럼에 잘 감기도록 하는 장치는?**

① 라인 와인더
② 페어리드
③ 시브
④ 태그라인

해설

페어리드 : 드래그 로프를 드럼에 잘 감기도록 하는 장치를 말한다.

정답 07 ② 08 ④ 09 ③ 10 ① 11 ②

12 기중기 작업 전에 점검해야 하는 안전장치가 아닌 것은?

① 훅 과권장치
② 과부하 방지장치
③ 어큐뮬레이터
④ 붐 과권장치

해설

기중기의 안전장치는 훅 과권장치, 과부하 방지장치, 붐 과권장치, 아우트리거로 분류된다.

13 와이어로프의 구성요소가 아닌 것은?

① 소선 ② 심강
③ 심선 ④ 중공

해설

와이어로프는 소선, 심강, 심선, 가닥으로 구성된다.

14 기중기의 와이어로프 끝을 고정시키는 방식은?

① 소켓장치
② 체인장치
③ 스프로켓
④ 조임장치

해설

소켓장치 : 와이어로프 끝을 고정시키는 방식을 말한다.

15 와이어로프의 이탈을 방지하기 위해 훅에 설치한 안전장치는?

① 이송 장치
② 스위블 장치
③ 해지 장치
④ 걸림 장치

해설

해지 장치 : 와이어로프의 이탈을 방지하기 위해 훅에 설치한 안전장치를 말한다.

16 와이어로프와 드럼을 클립 고정으로 연결하고자 한다. 이때 와이어로프 지름이 28mm 초과이면 클립은 몇 개 이상 사용해야 하는가?

① 2개 ② 4개
③ 5개 ④ 6개

해설

와이어로프 지름이 28mm 초과 : 클립 6개 이상 사용한다.

17 화물을 인양할 때 줄걸이용 와이어로프에 장력이 걸린다면 즉시 정지해서 점검해야 하는 항목이 아닌 것은?

① 장력이 걸리지 않은 로프가 없는지 확인
② 화물이 파손될 우려가 없는지 확인
③ 장력 배분이 맞는지 확인
④ 와이어로프의 종류, 규격을 확인

18 기중기의 붐에 설치된 와이어로프 중 작업 시 하중이 직접적으로 작용하지 않는 것은?

① 익스펜더 케이블
② 호이스트 케이블
③ 붐 호이스트 케이블
④ 붐 백스톱 케이블

해설

붐 백스톱 케이블 : 작업 시 하중이 직접적으로 작용하지 않는 와이어로프를 말한다.

19 와이어로프의 한 가닥에서 소선 수가 몇 % 이상 절단되면 사용해서는 안 되는가?

① 5% ② 10%
③ 15% ④ 20%

해설

와이어로프의 한 가닥에서 소선 수가 10% 이상 절단되면 사용해서는 안 된다.

12 ③ 13 ④ 14 ① 15 ③ 16 ④ 17 ④ 18 ④ 19 ②

**20 다음 중 와이어로프 점검에 대한 설명으로 옳은 것은?**

① 와이어로프의 마모가 공칭지름의 3%를 초과하면 사용해서는 안 된다.
② 와이어로프의 마모가 공칭지름의 5%를 초과하면 사용해서는 안 된다.
③ 와이어로프의 마모가 공칭지름의 7%를 초과하면 사용해서는 안 된다.
④ 와이어로프의 마모가 공칭지름의 10%를 초과하면 사용해서는 안 된다.

해설

와이어로프의 마모가 공칭지름의 7%를 초과하면 사용해서는 안 된다.

**21 와이어로프의 종류 중 안전율이 5.0인 것은?**

① 권상용 와이어로프
② 지지 로프
③ 보조 로프
④ 붐 신축용 로프

해설

안전율 5.0 와이어로프 : 권상용 와이어로프, 지브의 기복용 와이어로프, 호스트로프

**22 권상용 드럼에 플리트(Fleet) 각도를 두는 목적은 무엇인가?**

① 와이어로프 부식 방지
② 와이어로프가 엇갈려 겹쳐서 감기는 것을 방지
③ 드럼의 균열 방지
④ 드럼의 역회전 방지

해설

권상용 드럼에 플리트(Fleet) 각도는 와이어로프가 엇갈려 겹쳐서 감기는 것을 방지한다.

**23 와이어로프의 플리트 각도에 대한 설명으로 옳은 것은?**

① 권상용 드럼에 홈이 없는 경우 플리트 각도는 2° 이내 일 것
② 권상용 드럼에 홈이 있는 경우 플리트 각도는 8° 이내 일 것
③ 권상용 드럼에 홈이 없는 경우 플리트 각도는 8° 이내 일 것
④ 권상용 드럼에 홈이 있는 경우 플리트 각도는 2° 이내 일 것

해설

권상용 드럼에 홈이 없는 경우 플리트 각도는 2° 이내 일 것

**24 크레인 작업 시 일반적인 최대 안전각도(가장 좋은 각도)는?**

① 30°60′ ② 60°30′
③ 30°66′ ④ 66°30′

해설

일반적인 최대 안전각도 : 66°30′

**25 크레인 작업 시 일반적인 붐의 최소 및 최대 제한각도는?**

① 최소 20°, 최대 78°
② 최소 20°, 최대 180°
③ 최소 30°, 최대 20°
④ 최소 55°, 최대 78°

해설

- 일반적인 붐의 최소 제한각도 : 20°
- 일반적인 붐의 최대 제한각도 : 78°

정답 20 ③ 21 ① 22 ② 23 ① 24 ④ 25 ①

**26 기중기에서 붐 각을 40°에서 60°로 조작하였다. 다음 중 옳은 것은?**

① 입체하중이 작아진다.
② 붐 길이가 짧아진다.
③ 기중능력이 작아진다.
④ 작업 반경이 작아진다.

해설
- 기중기에서 붐 각과 기중능력은 서로 비례한다.
- 붐 길이와 작업 반경은 서로 비례한다.
- 붐 각과 작업 반경은 서로 반비례한다.
- 작업 반경과 기중능력은 서로 반비례한다.

**27 다음 [보기]에서 기중기에 대한 설명으로 틀린 것을 모두 고른 것은?**

[보기]
ㄱ. 붐 각과 기중능력은 서로 반비례한다.
ㄴ. 붐 길이와 작업 반경은 서로 반비례한다.
ㄷ. 상부 회전체의 최대 회전각은 270°이다.

① ㄱ, ㄴ ② ㄱ, ㄷ
③ ㄴ, ㄷ ④ ㄱ, ㄴ, ㄷ

해설
- 기중기에서 붐 각과 기중능력은 서로 비례한다.
- 붐 길이와 작업 반경은 서로 비례한다.
- 상부 회전체의 최대 회전각은 360°이다.

**28 기중기에서 훅의 중심을 지나는 수직선과 선회장치의 회전중심을 지나는 수직선 사이의 최단거리는?**

① 선회 중심축
② 작업 반경
③ 붐의 중심축
④ 붐 각

해설
작업 반경 : 훅의 중심을 지나는 수직선과 선회장치의 회전중심을 지나는 수직선 사이의 최단거리를 말한다.

**29 작업 반경에 대한 설명으로 옳은 것은?**

① 훅의 중심을 지나는 수직선과 선회장치의 회전중심을 지나는 수직선 사이의 이동거리를 말한다.
② 선회장치의 회전중심을 지나는 수직선과 훅의 중심을 지나는 수직선 사이의 최단거리를 말한다.
③ 훅의 중심을 지나는 수직선과 선회장치의 회전중심을 지나는 수직선 사이의 평균거리를 말한다.
④ 훅의 중심을 지나는 수직선과 선회장치의 회전중심을 지나는 수직선 사이의 최장거리를 말한다.

해설
작업 반경 : 선회장치의 회전중심을 지나는 수직선과 훅의 중심을 지나는 수직선 사이의 최단거리를 말한다.

**30 인양높이에 대한 설명으로 옳은 것은?**

① 지면에서 훅까지의 수직거리
② 지면에서 붐까지의 수평거리
③ 차륜 중심에서 훅까지의 평균거리
④ 차륜 중심에서 붐까지의 수직거리

해설
인양높이 : 지면에서 훅까지의 수직거리를 말한다.

26 ④ 27 ④ 28 ② 29 ② 30 ①

**31** **유압식 기중기의 붐 기울기 변화량에 대한 설명으로 옳은 것은?**

① 무부하 상태에서 붐을 45° 기울이고 엔진 정지 후 붐의 기울기 변화량은 5분간 2° 이내일 것
② 전부하 상태에서 붐을 45° 기울이고 엔진 정지 후 붐의 기울기 변화량은 5분간 4° 이내일 것
③ 무부하 상태에서 붐을 45° 기울이고 엔진 정지 후 붐의 기울기 변화량은 10분간 2° 이내일 것
④ 전부하 상태에서 붐을 45° 기울이고 엔진 정지 후 붐의 기울기 변화량은 10분간 4° 이내일 것

해설

붐 기울기 변화량 : 무부하 상태에서 붐을 45° 기울이고 엔진 정지 후 붐의 기울기 변화량은 10분간 2° 이내일 것

**32** **붐의 길이에 대한 설명으로 옳은 것은?**

① 훅의 끝단에서 붐의 선단 시브핀까지의 거리
② 훅의 중심에서 붐의 선단 시브핀까지의 거리
③ 붐의 끝단에서 붐의 선단 시브핀까지의 거리
④ 붐의 고정핀에서 붐의 선단 시브핀까지의 거리

해설

붐의 길이 : 붐의 고정핀에서 붐의 선단 시브핀까지의 거리를 말한다.

정답 31 ③ 32 ⑤

## 3 작업방법

### (1) 기중기 주행 간 유의사항

1) 언덕길을 올라갈 때 붐을 낮춘다.
2) 기중기 주행 시 선회 록(Lock)을 고정시킨다.
3) 고압선 아래 시 간격을 여유롭게 두고 신호자의 지시에 따른다.
4) 타이어식 기중기를 주차할 때는 반드시 주차 브레이크를 사용한다.
5) 아우트리거를 설치 시 가장 마지막에 기중기가 수평이 되도록 정렬시킨다.

### (2) 크레인의 작업방법

1) 신호수의 신호를 보면서 작업한다.
2) 제한하중 이상의 물체는 달아 올리지 않는다.
3) 상황에 따라서 수직 또는 수평으로 달아 올린다.

### (3) 크레인 작업 간 안전사항

1) 측면으로 하며 비스듬히 끌어 올리지 않고 수직으로 끌어올린다.
2) 화물을 들어 올릴 때 붐 각은 20° 이상 또는 78° 이하로 작업한다.
3) 지면과 약 30cm 떨어진 지점에서 정지한 후 안전을 확인하고 상승한다.
4) 저속으로 천천히 감아올리고 와이어로프가 인장력을 받기 시작할 때는 우선 정지한다.

### (4) 크레인 작업 간 안전수칙

1) 붐 각을 20° 이하로 하지 않는다.
2) 붐 각을 78° 이상으로 하지 않는다.
3) 가벼운 물건도 아우트리거를 고인다.
4) 운전반경 내에는 사람의 접근을 막는다.

### (5) 크레인 작업종료 간 안전수칙

1) 붐은 인입시킨다.

2) 줄걸이 용구를 분리하여 보관한다.
3) 지반이 약한 곳에 주차하지 않는다.
4) 훅은 최대한 감아올리고 차량에 고정한다.

### (6) 크레인 작업 간 후방전도의 위험상황

1) 급경사로를 내려올 경우
2) 붐의 기복각도가 큰 상태에서 급가속으로 양중할 경우
3) 붐의 기복각도가 큰 상태에서 기중기를 앞으로 이동할 경우
4) 양중물을 급작스럽게 해제하여 반력이 붐의 후방으로 발생할 경우

### (7) 동력인출장치(PTO) 작동 간 안전수칙

1) 충분한 시운전을 한다.
2) 클러치 페달에서 천천히 발을 뗀다.
3) 시동 후 엔진작동 상태를 확인 후 동력인출장치를 넣는다.
4) 클러치 페달을 완전히 밟고 동력인출장치 스위치를 누른다.
※ 동력인출장치(PTO)란 기중기에서 엔진 동력을 유압으로 변환시켜 주는 장치를 말한다.

### (8) 기중기 인양 작업 간 줄걸이 안전사항

1) 원칙적으로 신호자는 1명이다.
2) 신호자는 조종사가 잘 볼 수 있는 안전한 위치에서 신호를 보낸다.
3) 2인 이상의 고리걸이 작업을 할 때에는 상호 간에 소리를 내면서 작업한다.

### (9) 줄걸이 용구 분리 간 주의사항

1) 줄걸이 용구는 분리하여 보관한다.
2) 훅을 2m 이상 권상한 상태로 둔다.
3) 와이어로프를 잡아당겨 빼지 않는다.
4) 직경이 큰 와이어로프는 잘 흔들린다.

### (10) 감아올리기 작업 시 주의사항

1) 비스듬히 끌어올리면 안 된다.
2) 감아올릴 경우 급격히 상승하면 안 된다.

3) 지면으로부터 약 5cm 떨어진 지점에서 정지한다.
4) 와이어로프에 장력이 가해질 경우 일단 작업을 중지한다.

### (11) 풀어 내리기 작업 시 주의사항

1) 신호자의 신호에 의해 천천히 하강한다.
2) 풀어 내릴 경우 급격히 하강하면 안 된다.
3) 지면으로부터 약 30cm 떨어진 지점에서 일단 정지한다.

### (12) 트레일러에 기중기 상차방법

1) 아우트리거는 완전히 집어넣고 상차한다.
2) 붐을 분리시키기 힘든 경우에는 낮고 짧게 유지한다.
3) 흔들리거나 미끄러져서 전도되지 않도록 단단히 고정한다.

# 기출문제

**01 크레인 작업 시 안전사항으로 맞는 것은?**

① 지면과 약 30cm 떨어진 지점에서 정지한 후 안전을 확인하고 상승한다.
② 가벼운 화물을 들어 올릴 때에는 붐 각을 안전각도 이하로 작업한다.
③ 측면으로 하며 비스듬히 끌어 올린다.
④ 저속으로 천천히 감아올리고 와이어로프가 인장력을 받기 시작할 때는 빠르게 당긴다.

해설

- 화물을 들어 올릴 때 붐 각은 20° 이상 또는 78° 이하로 작업한다.
- 측면으로 하며 비스듬히 끌어 올리지 않고 수직으로 끌어올린다.
- 저속으로 천천히 감아올리고 와이어로프가 인장력을 받기 시작할 때는 우선 정지한다.

**02 기중기 주행 시 유의사항에 대한 설명으로 틀린 것은?**

① 타이어식 기중기를 주차할 때는 반드시 주차 브레이크를 사용할 것
② 기중기 주행 시 선회 록(lock)을 고정시킬 것
③ 언덕길을 올라갈 때 가능한 붐을 세울 것
④ 고압선 아래 시 간격을 여유롭게 두고 신호자의 지시에 따를 것

해설

언덕길을 올라갈 때 붐을 낮출 것

**03 크레인 작업 시 올바른 작업 방법에 대한 설명으로 틀린 것은?**

① 신호수의 신호를 보면서 작업한다.
② 상황에 따라서 수직 방향으로 달아 올린다.
③ 항상 수평으로 달아 올린다.
④ 제한하중 이상의 물체는 달아 올리지 않는다.

해설

상황에 따라서 수직 또는 수평으로 달아 올린다.

**04 기중기의 작업종료 시 안전수칙에 대한 설명으로 옳은 것은?**

① 훅은 그대로 둔다.
② 붐은 그대로 둔다.
③ 줄걸이 용구를 분리하여 보관한다.
④ 지반이 약한 곳에 주차한다.

해설

- 훅은 최대한 감아올리고 차량에 고정한다.
- 붐은 인입시킨다.
- 지반이 약한 곳에 주차하지 않는다.

**05 크레인 작업 시 안전기준에 대한 설명으로 틀린 것은?**

① 기중기로 물체를 운반할 경우 붐 각은 20° 이하 또는 78° 이상으로 작업한다.
② 작업 중인 기중기의 작업 반경 내에는 접근하지 않는다.
③ 작업 시 시야(視野)가 양호한 방향으로 선회한다.
④ 급회전하지 않는다.

정답 01 ① 02 ③ 03 ③ 04 ③ 05 ①

해설

기중기로 물체를 운반할 경우 붐 각은 20° 이상 또는 78° 이하로 작업한다.

**06 기중기의 작업 시 안전수칙으로 틀린 것은?**

① 가벼운 물건은 아우트리거를 고이지 말 것
② 운전 반경 내에는 사람의 접근을 막을 것
③ 붐 각을 78° 이상으로 하지 말 것
④ 붐 각을 20° 이하로 하지 말 것

해설

가벼운 물건도 아우트리거를 고일 것

**07 기중기 작업 시 후방전도의 위험 상황이 아닌 것은?**

① 붐의 기복각도가 큰 상태에서 기중기를 앞으로 이동할 경우
② 급경사로를 내려올 경우
③ 붐의 기복각도가 큰 상태에서 급가속으로 양중할 경우
④ 양중물을 급작스럽게 해제하여 반력이 붐의 후방으로 발생할 경우

해설

급경사로를 내려올 경우 전방전도 우려가 크다.

**08 기중기 인양 작업 시 줄걸이 안전사항으로 틀린 것은?**

① 원칙적으로 신호자는 1명이다.
② 권상 작업 시 지면에 있는 보조자는 와이어로프를 손으로 꼭 잡아 화물이 흔들리지 않도록 한다.
③ 신호자는 조종사가 잘 볼 수 있는 안전한 위치에서 신호를 보낸다.
④ 2인 이상의 고리걸이 작업을 할 때에는 상호 간에 소리를 내면서 작업한다.

해설

권상 작업 시 와이어로프를 손으로 잡지 않는다.

**09 기중기에 아우트리거를 설치할 때 가장 마지막에 해야 하는 작업은?**

① 기중기가 수평이 되도록 정렬시킨다.
② 모든 아우트리거의 실린더를 확장시킨다.
③ 모든 아우트리거의 빔을 원하는 폭이 되도록 연장시킨다.
④ 아우트리거의 고정 핀을 빼낸다.

해설

기중기에 아우트리거를 설치할 때 가장 마지막에 기중기가 수평이 되도록 정렬시킨다.

**10 아우트리거 설치 시 주의사항에 대한 설명으로 옳은 것은?**

① 차량의 수평과 관계없다.
② 아우트리거를 최소로 확장한다.
③ 접지판이 모두 지면과 밀착하도록 설치한다.
④ 지반이 약한 경우 그대로 작업한다.

해설

- 차량의 수평을 맞춘다.
- 아우트리거를 최대로 확장한다.
- 지반이 약한 경우 아우트리거 아래쪽에 철판을 설치한다.

06 ①　07 ②　08 ②　09 ①　10 ③

**11 기중기에서 엔진 동력을 유압으로 변환시켜 주는 장치는?**

① 훅 해지장치
② 카운터 웨이트
③ 동력인출장치(PTO)
④ 턴 테이블

해설

- 훅 해지장치 : 줄걸이용 와이어로프의 이탈을 방지하는 안전장치를 말한다.
- 카운터 웨이트 : 기중기의 전도를 방지하는 장치를 말한다.
- 턴테이블 : 상부 회전체를 회전시키는 장치를 말한다.

**12 동력인출장치(PTO) 작동 중 안전수칙에 대한 설명으로 옳은 것은?**

① 클러치 페달에서 신속히 발을 뗀다.
② 충분한 시운전을 한다.
③ 클러치 페달을 50% 밟고 동력인출장치(PTO) 스위치를 누른다.
④ 시동 직후 바로 동력인출장치(PTO)를 넣는다.

해설

- 클러치 페달에서 천천히 발을 뗀다.
- 클러치 페달을 완전히 밟고 동력인출장치(PTO) 스위치를 누른다.
- 시동 후 엔진작동 상태를 확인 후 동력인 출장치(PTO)를 넣는다.

**13 인양 하중표에 대한 설명으로 옳은 것은?**

① 인양높이, 인양톤수, 붐 길이가 명시되어 있다.
② 정하중을 적용한다.
③ 아우트리거 최소폭 기준이다.
④ 각별 하중능력을 나타낸다.

해설

- 작업반경, 인양톤수, 붐 길이가 명시되어 있다.
- 아우트리거 최대폭 기준이다.
- 거리별 하중능력을 나타낸다.

**14 기중기 설치 시 주의사항에 대한 설명으로 틀린 것은?**

① 기중기 진입로를 마련한다.
② 바닥의 지지력을 점검한다.
③ 기중기의 수평 균형을 확인한다.
④ 화물의 무게 및 작업반경과 관계없이 수직으로 인양한다.

해설

화물의 무게 및 작업반경을 고려하고 기중기의 정격하중을 확인 후 수직으로 인양한다.

**15 기중기 선정 시 고려해야 하는 작업조건 중 가장 적절하지 못한 것은?**

① 바람의 영향
② 햇빛의 영향
③ 작업장 지반상태
④ 충격 하중의 영향

해설

기중기 선정 시 고려해야 하는 작업조건

- 바람의 영향
- 작업장 경사도
- 작업장 지반상태
- 충격하중의 영향
- 동하중의 영향

**16 줄걸이 용구 분리 시 주의사항에 대한 설명으로 틀린 것은?**

① 와이어로프를 잡아당겨 빼지 않는다.
② 훅을 3m 이상 권상한 상태로 둔다.
③ 줄걸이 용구는 분리하여 보관한다.
④ 직경이 큰 와이어로프는 잘 흔들린다.

해설

훅을 2m 이상 권상한 상태로 둔다.

정답 11 ③ 12 ② 13 ② 14 ④ 15 ② 16 ②

**17 감아올리기 작업 시 주의사항에 대한 설명으로 틀린 것은?**

① 지면으로부터 약 5cm 떨어진 지점에서 정지한다.

② 비스듬히 끌어올리면 안 된다.

③ 와이어로프에 장력이 가해질 경우 계속 작업해도 된다.

④ 감아올릴 경우 급격히 상승하면 안 된다.

해설

와이어로프에 장력이 가해질 경우 일단 작업을 중지한다.

**18 풀어내리기 작업 간 주의사항에 대한 설명으로 틀린 것은?**

① 지면으로부터 약 10cm 떨어진 지점에서 일단 정지한다.

② 지면으로부터 약 20cm 떨어진 지점에서 일단 정지한다.

③ 신호자의 신호에 의해 천천히 하강한다.

④ 풀어 내릴 경우 급격히 하강하면 안 된다.

해설

지면으로부터 약 20cm 떨어진 지점에서 일단 정지한다.

17 ③ 18 ①

# 전기, 섀시, 작업장치

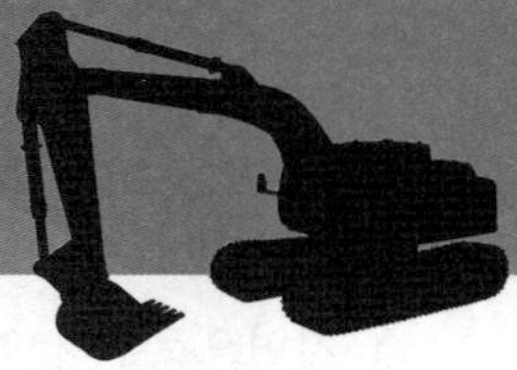

## V. 로더 작업장치

### 1 로더 구조

#### (1) 로더의 규격

로더의 규격은 버킷의 평적용량으로 표시한다.

로더의 구조

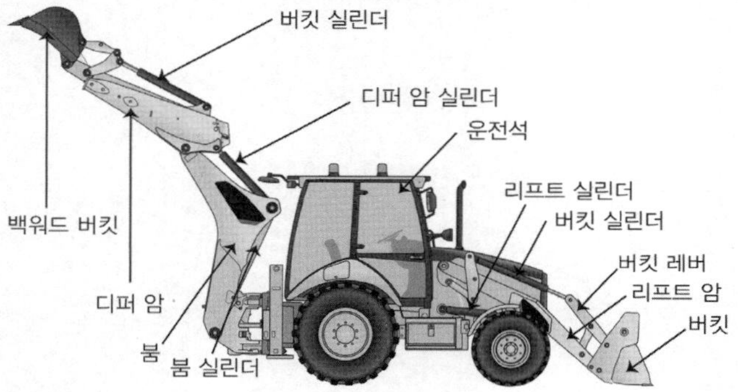


#### (2) 로더의 동력전달 경로

로더의 동력전달 경로는 엔진 → 토크컨버터 → 유압변속기 → 종감속장치 → 구동륜 순이다.

#### (3) 로더의 특징

1) 무한궤도식 로더의 특징

- 물이 있어도 작업이 편리하다.
- 비포장도로에서 작업 시 적합하다.
- 타이어식 로더에 비해 기동성이 떨어진다.
- 하부 주행체는 트랙, 스프로킷, 상부롤러, 하부롤러 등으로 구성되어 있다.

2) 허리 꺾기식(차체 굴절식) 로더의 특징

- 회전반경이 작다.
- 공간이 협소한 곳에서 작업이 유리하다.

• 조향장치는 복동식 유압실린더를 사용한다.
• 앞쪽과 뒤쪽 차체를 반으로 나누어 핀과 조인트로 결합한 구조로 되어 있다.

### (4) 트랙 프레임, 리코일 스프링, 스프로킷

1) 트랙 프레임(Track frame)
   • 트랙 프레임은 박스형, 오픈 채널형, 솔리드 스틸형으로 분류된다.

2) 리코일 스프링(Recoil spring)
   • 리코일 스프링이란 주행 중 전면에서 트랙과 아이들러에 가해지는 충격을 완화하는 장치를 말한다.
   • 리코일 스프링의 완충방식은 접지 스프링 방식, 코일 스프링 방식, 질소가스 스프링 방식, 다이어 프램 스프링 방식으로 분류된다.

3) 스프로킷(Sprocket)
   • 스프로킷의 중심위치는 베어링 앞 · 뒤 심(Shim)으로 조정한다.
   • 기동륜 스프로킷 팁 끝부분이 과다하게 마모된 경우 링크의 핀 부싱 상태를 점검한다.

### (5) 로더의 조향장치

로더의 동력조향장치는 유압 펌프, 제어밸브, 복동 유압 실린더로 구성된다.

### (6) 로더의 주요제원

1) 용량이란 로더가 한 번 토사 및 골재를 퍼서 토출할 수 있는 양을 말한다.
2) 덤프 높이란 버킷을 최대한 상승시킨 상태에서 전방으로 약 45° 기울였을 때 지면에서부터 버킷의 투스(Tooth) 끝단까지의 거리를 말한다.
3) 상승 시간이란 버킷에 표준하중을 인가한 상태에서 버킷을 지면으로부터 최대 높이까지 상승하는 데 걸리는 시간을 말한다.
4) 기준 무부하 상태란 하중이 가해지지 않은 버킷을 가장 안쪽으로 기울이고 버킷의 밑면을 로더의 최저 지상고까지 올린 상태를 말한다.

# 기출문제

01 **로더의 동력전달 순서를 바르게 나열한 것은?**

① 엔진 → 유압 변속기 → 종감속장치 → 토크 컨버터 → 구동륜
② 엔진 → 토크 컨버터 → 종감속장치 → 유압 변속기 → 구동륜
③ 엔진 → 토크 컨버터 → 유압 변속기 → 종감속장치 → 구동륜
④ 엔진 → 종감속장치 → 유압 변속기 → 토크 컨버터 → 구동

해설
로더의 동력전달 순서 : 엔진 → 토크 컨버터 → 유압 변속기 → 종감속장치 → 구동륜

02 **무한궤도식 로더의 특징에 대한 설명으로 틀린 것은?**

① 하부 주행체는 트랙, 스프로킷, 상부롤러, 하부 롤러 등으로 구성되어있다.
② 물이 있어도 작업이 편리하다.
③ 도로 주행 시 기동이 우수하다.
④ 비포장도로에서 작업 시 적합하다.

해설
타이어식 로더가 도로 주행 시 기동이 우수하다.

03 **무한궤도식 로더 대비 타이어식 로더의 가장 큰 장점은?**

① 견인력이 우수하다.
② 기동이 우수하다.
③ 비포장도로에서의 작업이 우수하다.
④ 습지에서의 작업이 우수하다.

해설
타이어식 로더는 기동이 우수하다.

04 **허리 꺾기식 로더에 대한 설명으로 옳은 것은?**

① 회전반경이 작아 공간이 협소한 곳에서 작업이 유리하며, 앞쪽과 뒤쪽 차체를 반으로 나누어 핀과 조인트로 결합한 구조로 되어 있다.
② 회전반경이 작아 공간이 협소한 곳에서 작업이 유리하며, 앞쪽과 뒤쪽 차체가 일체로 되어 있다.
③ 회전반경이 커서 공간이 넓은 곳에서 작업이 유리하며, 앞쪽과 뒤쪽 차체를 반으로 나누어 핀과 조인트로 결합한 구조로 되어 있다.
④ 회전반경이 커서 공간이 넓은 곳에서 작업이 유리하며, 앞쪽과 뒤쪽 차체가 일체로 되어 있다.

해설
허리 꺾기식 로더 : 회전반경이 작아 공간이 협소한 곳에서 작업이 유리하며, 앞쪽과 뒤쪽 차체를 반으로 나누어 핀과 조인트로 결합한 구조로 되어 있다.

05 **타이어식 로더에서 차동기 고정 장치가 있을 경우 장점에 대한 설명으로 옳은 것은?**

① 조향이 원활해진다.
② 변속이 원활해진다.
③ 진동 및 충격이 완화된다.
④ 연약한 지반에서 작업이 유리하다.

정답 01 ③ 02 ③ 03 ② 04 ① 05 ④

해설

차동기 고정 장치의 장점
- 연약한 지반에서 작업이 유리하다.
- 미끄러운 노면에서도 출발하기 쉽다.
- 미끄러짐 방지로 타이어 수명을 연장한다.

**06 휠 로더의 유압탱크 내에 설치되는 배플의 역할에 대한 설명으로 옳은 것은?**

① 공기가 흡입관으로 유입되는 것을 방지한다.
② 오일이 새는 것을 방지한다.
③ 오일 압력을 상승시킨다.
④ 오일 내 이물질 등을 제거한다.

해설

배플 : 탱크 내부에 설치한 칸막이를 말하며, 공기가 흡입관으로 유입되는 것을 방지한다.

**07 로더의 공기 압축기 내에서 순환되는 오일 종류는?**

① 파워스티어링 오일
② 자동변속기 오일
③ 기어 오일
④ 엔진 오일

해설

공기 압축기 내에는 엔진오일이 순환한다.

**08 로더의 동력조향장치에 해당되는 구성 부품이 아닌 것은?**

① 복동 유압 실린더
② 유압펌프
③ 하이포이드 기어
④ 제어밸브

해설

로더의 동력조향장치는 복동 유압 실린더, 유압 펌프, 제어 밸브로 구성된다.

**09 타이어식 로더를 트럭에 적재할 때 덤핑 클리어런스에 대한 설명으로 옳은 것은?**

① 덤핑 클리어런스는 후진 시 필요하다.
② 덤핑 클리어런스가 존재하면 안 된다.
③ 덤핑 클리어런스는 무조건 낮아야 한다.
④ 덤핑 클리어런스는 적재함보다 높아야 한다.

해설

타이어식 로더를 트럭에 적재할 때 덤핑 클리어런스는 적재함보다 높아야 한다.

**10 로더의 기준 무부하 상태에 대한 설명으로 옳은 것은?**

① 하중이 가해진 버킷을 가장 안쪽으로 기울이고 버킷의 밑면을 로더의 최저 지상고까지 올린 상태를 말한다.
② 하중이 가해지지 않은 버킷을 가장 안쪽으로 기울이고 버킷의 밑면을 로더의 최저 지상고까지 올린 상태를 말한다.
③ 하중이 가해진 버킷을 가장 바깥쪽으로 기울이고 버킷의 밑면을 로더의 최저 지상고까지 올린 상태를 말한다.
④ 하중이 가해지지 않은 버킷을 가장 안쪽으로 기울이고 버킷의 윗면을 로더의 최저 지상고까지 올린 상태를 말한다.

해설

기준 무부하 상태 : 하중이 가해지지 않은 버킷을 가장 안쪽으로 기울이고 버킷의 밑면을 로더의 최저 지상고까지 올린 상태를 말한다.

06 ① 07 ④ 08 ③ 09 ④ 10 ②

**11 로더의 제원에서 덤프높이에 대한 설명으로 옳은 것은?**

① 버킷을 최대한 상승시킨 상태에서 전방으로 약 45° 기울였을 때 지면에서부터 버킷의 투스(tooth) 끝단까지의 거리를 말한다.
② 버킷을 최대한 상승시킨 상태에서 전방으로 약 5° 기울였을 때 지면에서부터 버킷의 투스(tooth) 끝단까지의 거리를 말한다.
③ 버킷을 중간쯤 위치시킨 상태에서 전방으로 약 45° 기울였을 때 지면에서부터 버킷의 투스(tooth) 끝단까지의 거리를 말한다.
④ 버킷을 중간쯤 위치시킨 상태에서 전방으로 약 5° 기울였을 때 지면에서부터버킷의 투스(tooth) 끝단까지의 거리를 말한다.

해설

덤프높이 : 버킷을 최대한 상승시킨 상태에서 전방으로 약 45° 기울였을 때 지면에서부터 버킷의 투스(tooth) 끝단까지의 거리를 말한다.

**12 다음 [보기]에 대한 설명으로 가장 적절한 것은?**

| [보기] |
|---|
| 로더가 한 번 토사 및 골재를 퍼서 토출할 수 있는 양 |

① 로더의 용량
② 로더의 중량
③ 로더의 부하
④ 로더의 하중

해설

로더의 용량 : 로더가 한 번 토사 및 골재를 퍼서 토출할 수 있는 양을 말한다.

**13 로더의 제원에서 상승시간에 대한 설명으로 옳은 것은?**

① 버킷에 하중을 인가하지 않은 상태에서 버킷을 지면으로부터 최대 높이까지 상승하는데 걸리는 시간을 말한다.
② 버킷에 하중을 인가하지 않은 상태에서 버킷을 최대 높이에서 지면까지 하강하는데 걸리는 시간을 말한다.
③ 버킷에 표준하중을 인가한 상태에서 버킷을 지면으로부터 최대 높이까지 상승하는데 걸리는 시간을 말한다.
④ 버킷에 표준하중을 인가한 상태에서 버킷을 최대 높이에서 지면까지 하강하는데 걸리는 시간을 말한다.

해설

상승시간 : 버킷에 표준하중을 인가한 상태에서 버킷을 지면으로부터 최대 높이까지 상승하는데 걸리는 시간을 말한다.

정답 11 ① 12 ① 13 ③

## 2 작업장치 기능

### (1) 로더의 작업 종류

로더의 작업 종류는 굴착 작업, 상차 작업, 송토 작업, 깎아내기 작업, 지면 고르기 작업 등으로 분류된다.

1) 굴착 작업

- 버킷을 수평 또는 앞쪽으로 약 5° 기울인다.
- 버킷의 전방 틸팅 각도는 0~10° 정도로 하는 것이 가장 좋다.

2) 깎아내기 작업

- 버킷 각도는 약 5°로 기울여 깎기 시작한다.
- 로더의 중량이 버킷과 같이 작용되도록 한다.
- 버킷의 각도는 약 5°로 기울여 깎기 시작한다.
- 특별한 상황 외에는 로더가 항상 평행이어야 한다.
- 붐을 약간 상승시키거나 버킷을 복귀 시켜서 깎이는 깊이를 조정한다.

3) 지면 고르기 작업

- 그레이딩 작업을 말한다.
- 한 번의 고르기 작업을 마친 후 약 45° 정도 장비를 회전시켜서 반복하는 것이 가장 좋다.

※ 크롤러형 로더는 제설 작업, 골재 처리 작업, 포장로 제거 작업이 가능하다.

### (2) 로더의 작업장치

로더의 작업장치는 버킷, 암, 붐, 붐 리프트 실린더, 버킷 틸트 실린더 등으로 분류된다.

### (3) 버킷(Bucket)

버킷이란 모래 등을 퍼 올리는 장치를 말한다.

1) 스켈리턴 버킷(Skeleton bucket)이란 자갈 등을 거를 수 있게 그물처럼 뼈대로 된 버킷을 말한다.
2) 래크 블레이드 버킷(Rack blade bucket)이란 나무뿌리 뽑기 및 제초 작업 등 지반이 매우 단단한 땅을 굴착할 때 적절한 버킷을 말한다.

3) 사이드 덤프 버킷(Side dump bucket)이란 터널 등 공간이 좁은 곳에 효과적이며, 전방을 굴착 후에 좌 · 우로 기울여 덤프 할 수 있는 버킷을 말한다.

### (4) 유압 실린더

유압 실린더의 부착방식은 푸드 형식, 플랜지 형식, 트러니언 형식, 클레비스 형식으로 분류된다.

### (5) 로더의 상차방법

로더의 상차방법 종류는 I형 상차법(직진 · 후진법), V형 상차법, T형 상차법(90° 회전법)으로 분류된다.

1) 상차 작업

- 로더의 시동을 끈 상태에서 수송한다.
- 덤핑 클리어런스는 적재함보다 높아야 한다.
- 파일럿 컷오프 스위치는 끄고, 주차 브레이크 스위치는 켠다.
- 수송할 때 로더가 움직이지 않도록 고임목, 체인 등을 이용하여 단단히 결박한다.
- 수송할 때 앞 · 뒤 프레임의 진동 차가 발생하는 것을 보정하기 위해 프레임의 잠금바를 설치한다.

2) 적재 작업

- 덤프트럭을 흙더미 근처에 약 90°로 세우는 것이 가장 좋다.
- 덤프트럭의 측면으로부터 3~3.7m 정도 떨어졌을 때 방향 전환하는 것이 가장 좋다.
- 흙더미 근처에 약 90°로 덤프트럭을 세운 후, 로더가 약 45°로 접근하는 것이 가장 좋다.

### (6) 로더의 고장유형

1) 붐 실린더 피스톤 패킹이 불량하면 버킷이 저절로 내려간다.

2) 버킷에 토사물을 적재 후 이동할 때, 작업장치가 불안정한 경우

- 덤프 실린더의 피스톤 씰이 불량하다.
- 링키지의 핀과 부싱에 큰 부하가 걸려 있다.
- 덤프 실린더의 하단 부분에 있는 안전밸브가 불량하다.

3) 버킷의 상승 속도가 느린 경우

- 유압 펌프의 유량 조정이 불량하다.
- 유량은 유압 엑추에이터의 작동속도와 가장 관련 있는 특성이다.

### (7) 로더의 안전기준

1) 버킷

- 버킷에 이젝터를 설치한 경우 전경각 기준은 적용하지 않는다.
- 작업 중 이동할 때 버킷의 높이는 지면으로부터 약 60m 정도 유지한다.
- 흙더미 또는 제방에서 작업 시 버킷의 날을 버킷과 지면이 수평으로 나란하게 유지한다.
- 버킷에 화물을 적재한 후 이동할 때 안전성을 고려하여 지면으로부터 약 60~90cm 띄우고 이동한다.

2) 유압 배관은 작동 압력의 최소 4배를 견딜 수 있어야 한다.

3) 로더의 전 · 후경각

- 일반적으로 전경각은 45° 이상, 후경각은 35° 이상이어야 한다.
- 전방에 출입문이 설치된 로더의 경우, 전경각은 35° 이상, 후경각은 25° 이상이어야 한다.

※ 전 · 후경각의 정의

- 전경각이란 버킷을 가장 높이 올리고 버킷만 가장 아래쪽으로 기울인 경우 수평면과 버킷의 가장 넓은 바닥면이 형성하는 각도를 말한다.
- 후경각이란 버킷의 가장 넓은 바닥면이 지면에 닿도록 하고 버킷만 가장 안쪽으로 기울인 경우 지면과 버킷의 가장 넓은 바닥면이 형성하는 각도를 말한다.

# 기출문제

**01 로더의 작업에 해당하지 않는 것은?**

① 지면 고르기 작업
② 깎아내기 작업
③ 굴착 작업
④ 기중 작업

해설
로더의 작업 종류는 지면 고르기 작업, 깎아내기 작업, 굴착 작업, 송토 작업, 상차작업으로 분류된다.

**02 로더를 이용한 작업 중에서 그레이딩 작업이란 어떤 작업을 말하는가?**

① 지면 고르기 작업
② 적재 작업
③ 굴착 작업
④ 깎아내기 작업

해설
그레이딩 작업은 지면 고르기 작업을 말한다.

**03 크롤러형 로더로 가능한 작업이 아닌 것은?**

① 제설 작업
② 수직 굴토 작업
③ 골재 처리 작업
④ 포장로 제거 작업

해설
크롤러형 로더는 제설 작업, 골재 처리 작업, 포장로 제거 작업에 사용된다.

**04 로더로 가능한 작업으로 가장 적절한 것은?**

① 스노우 플로우 작업
② 백호 작업
③ 트럭과 호퍼에 토사 적재 작업
④ 훅 작업

해설
- 스노우 플로우 : 공사용 차량 앞에 쟁기를 장착하여 도로에 쌓인 눈을 길가로 밀어내는데 사용된다.
- 백호 : 파워셔블의 버킷을 앞으로 끌어당겨 토사를 퍼 올리는데 사용된다.
- 훅 : 갈고리 모양으로 로프 등을 걸어서 중량물을 달아 올리는데 사용된다.

**05 로더의 버킷 중 나무뿌리 뽑기 및 제초작업 등 지반이 매우 단단한 땅을 굴착할 때 적절한 버킷은?**

① 스켈리턴 버킷
② 사이드 덤프 버킷
③ 암석용 버킷
④ 래크 블레이드 버킷

해설
래크 블레이드 버킷 : 나무뿌리 뽑기 및 제초 작업 등 지반이 매우 단단한 땅을 굴착할 때 적절한 버킷을 말한다.

**06 로더의 버킷 중 터널 등 공간이 좁은 곳에 효과적이며, 전방을 굴착 후에 좌 · 우로 기울여 덤프 할 수 있는 버킷은?**

① 사이드 덤프 버킷
② 스켈리턴 버킷
③ 래크 블레이드 버킷
④ 채굴용 버킷

해설
사이드 덤프 버킷 : 터널 등 공간이 좁은 곳에 효과적이며, 전방을 굴착 후에 좌 · 우로 기울여 덤프 할 수 있는 버킷을 말한다.

정답 01 ④ 02 ① 03 ② 04 ③ 05 ④ 06 ①

**07 로더의 버킷 중 자갈 등을 거를 수 있게 그물처럼 뼈대로 된 버킷은?**

① 사이드 덤프 버킷
② 래크 블레이드 버킷
③ 채굴용 버킷
④ 스켈리턴 버킷

해설

스켈리턴 버킷 : 자갈 등을 거를 수 있게 그물처럼 뼈대로 된 버킷을 말한다.

**08 로더의 조향장치가 허리 꺾기식일 때 사용되는 유압 실린더의 형식은?**

① 다단 로드식 ② 램형
③ 단동식 ④ 복동식

해설

허리 꺾기식 로더의 조향장치는 복동식유압 실린더를 사용한다.

**09 로더에서 붐 실린더의 지지 및 부착방식에 해당하는 것은?**

① 클레비스 형식
② 플랜지 형식
③ 트러니언 형식
④ 푸드 형식

해설

로더의 붐 실린더 지지 및 부착은 클레비스 형식을 사용한다.

**10 로더에서 적재방법의 종류가 아닌 것은?**

① M방식 ② I방식
③ V방식 ④ T방식

해설

로더의 상차 및 적재방법은 I방식, V방식, T방식으로 분류된다.

**11 로더를 이용하여 지면 고르기 작업을 할 때 한 번의 고르기 작업을 마친 후 몇 °정도 장비를 회전시켜서 반복하는 것이 가장 좋은가?**

① 약 35° ② 약 45°
③ 약 60° ④ 약 90°

해설

로더로 지면 고르기 작업을 할 때 한 번의 고르기 작업을 마친 후 약 45° 정도 장비를 회전시켜서 반복하는 것이 가장 좋다.

**12 로더를 이용하여 지면 굴착 작업을 하고자 한다. 이때 버킷의 전방 틸팅 각도는 몇 ° 정도로 하는 것이 가장 좋은가?**

① 0~10° ② 15~25°
③ 30~40° ④ 45~55°

해설

로더로 지면 굴착 작업을 하고자 한다. 이때 버킷의 전방 틸팅 각도는 0~10° 정도로 하는 것이 가장 좋다.

**13 로더를 이용하여 흙 등을 적재할 때 덤프트럭을 흙더미 근처에 약 몇 °로 세우는 것이 가장 좋은가?**

① 약 35° ② 약 45°
③ 약 60° ④ 약 90°

해설

로더를 이용하여 흙 등을 적재할 때 덤프트럭을 흙더미 근처에 약 90°로 세우는 것이 가장 좋다.

**14 로더를 이용하여 덤프트럭에 토사물을 적재할 때 덤프트럭의 측면으로부터 약 몇 m 떨어졌을 때 방향 전환하는 것이 가장 좋은가?**

① 1~1.7m ② 2~2.7m
③ 3~3.7m ④ 4~4.7m

07 ④ 08 ④ 09 ① 10 ① 11 ② 12 ① 13 ④ 14 ③

해설

로더를 이용하여 덤프트럭에 토사물을 적재할 때 덤프트럭의 측면으로부터 3~3.7m 정도 떨어졌을 때 방향 전환하는 것이 가장 좋다.

**15 로더를 이용하여 토사물을 적재할 때 흙더미 근처에 약 90°로 덤프트럭을 세운 후, 로더가 약 몇 °로 접근하는 것이 가장 좋은가?**

① 약 15° ② 약 25°
③ 약 45° ④ 약 90°

해설

로더를 이용하여 토사물을 적재할 때 흙더미 근처에 약 90°로 덤프트럭을 세운 후, 로더가 약 45°로 접근하는 것이 가장 좋다.

**16 무한궤도식 로더를 이용한 진흙 또는 수중 작업에 대한 설명으로 틀린 것은?**

① 습지용 슈 사용 시 주행 장치의 베어링에 주유하지 않는다.
② 작업 후 세차를 하고 각 베어링에 주유한다.
③ 작업 후 클러치 실과 기어 실의 드레인 플러그를 풀어서 수분이 유입되었는지 확인한다.
④ 작업 전 클러치 실과 기어 실의 드레인 플러그가 잘 조여졌는지 확인한다.

해설

습지용 슈 사용 시 주행 장치의 베어링에 주유한다.

**17 로더에서 버킷에 토사물을 적재하여 컨트롤 레버를 중립에 위치시켜 이동하고 있다. 이때, 작업장치가 불안정하게 작동하는 원인이 아닌 것은?**

① 덤프 실린더의 하단 부분에 있는 안전밸브가 불량한 경우
② 덤프 실린더의 피스톤 실이 불량한 경우
③ 펌프 동력인출장치(PTO)가 작동하지 않는 경우
④ 링키지의 핀과 부싱에 큰 부하가 걸린 경우

해설

펌프 동력인출장치가 작동하지 않으면 작업장치가 최초부터 작동하지 않는다.

**18 휠 로더의 붐과 버킷 레버를 동시에 당기면 어떻게 작동되는가?**

① 붐은 상승하고 버킷은 오므려진다.
② 붐은 하강하고 버킷은 오므려진다.
③ 붐만 상승한다.
④ 버킷만 오므려진다.

해설

휠 로더의 붐과 버킷 레버를 동시에 당기면 붐은 상승하고, 버킷은 오므려진다.

**19 로더의 버킷을 지면에서 1m 정도 띄어놓고 잠시 후 다시 보니 버킷이 저절로 내려가 지면에 닿아있다. 이때 점검해야 할 항목으로 가장 적절한 것은?**

① 붐 실린더 피스톤 패킹
② 버킷 실린더 더스트 실
③ 암 실린더 백업링
④ 암 실린더 웨어링

해설

붐 실린더 피스톤 패킹이 불량하면 버킷이 저절로 내려갈 수 있다.

정답 15 ③ 16 ① 17 ③ 18 ① 19 ①

**20** **로더에서 버킷의 상승 속도가 느리다. 이때 원인으로 가장 적절한 것은?**

① 축압기가 파손된 경우
② 유압 펌프의 유량 조정이 불량한 경우
③ 유압 펌프의 토출압력이 높은 경우
④ 릴리프 밸브의 설정압력이 높은 경우

해설

유량은 유압 엑추에이터의 작동속도와 가장 관련 있는 특성이다.

**21** **로더의 유압배관은 작동압력의 최소 몇 배를 견딜 수 있어야 하는가?**

① 2배 ② 3배
③ 4배 ④ 6배

해설

로더의 유압배관은 작동 압력의 최소 4배를 견딜 수 있어야 한다.

**22** **로더로 쌓여 있는 흙더미 또는 제방에서 작업 시 버킷의 날을 지면과 어떻게 유지해야 하는가?**

① 약 20° 전경 시킨 각
② 약 30° 전경 시킨 각
③ 약 90° 전경 시킨 각
④ 버킷과 지면이 수평으로 나란하게 유지

해설

로더로 쌓여 있는 흙더미 또는 제방에서 작업 시 버킷의 날을 버킷과 지면이 수평으로 나란하게 유지한다.

**23** **로더 작업 중 이동할 때 버킷의 높이는 지면으로부터 얼마 정도 유지해야 하는가?**

① 0.3m ② 0.4m
③ 0.6m ④ 1.2m

해설

로더 작업 중 이동할 때 버킷의 높이는 지면으로부터 약 0.6m 정도 유지한다.

**24** **로더의 버킷에 화물을 적재한 후 이동할 때 지면과 유지해야 하는 간격에 대한 설명으로 옳은 것은?**

① 후진 시 다른 물체와 접촉되는 것을 방지하기 위해 약 3m 띄우고 이동한다.
② 전방에 있는 장애물을 식별하기 위해 지면으로부터 약 2m 띄우고 이동한다.
③ 안전성을 고려하여 지면으로부터 약 60~90cm 띄우고 이동한다.
④ 항상 트럭 적재함 높이만큼 띄우고 이동한다.

해설

로더의 버킷에 화물을 적재한 후 이동할 때 안전성을 고려하여 지면으로부터 약 60~90cm 띄우고 이동한다.

**25** **로더를 이용한 토사 깎기 작업에 대한 설명으로 틀린 것은?**

① 버킷 각도는 약 35~45°로 기울여 깎기 시작한다.
② 붐을 약간 상승시키거나 버킷을 복귀시켜서 깎이는 깊이를 조정한다.
③ 로더의 중량이 버킷과 같이 작용되도록 한다.
④ 특별한 상황 외에는 로더가 항상 평행이어야 한다.

해설

버킷 각도는 약 5°로 기울여 깎기 시작한다.

**26** **휠 로더를 이용하여 토사 깎기 작업을 하고자 한다. 이때 버킷의 각도는 몇 °기울여서 깎기 시작하는 것이 가장 좋은가?**

① 각도와 관계없다.
② 약 5°
③ 약 30°
④ 약 60°

20 ② 21 ③ 22 ④ 23 ③ 24 ③ 25 ① 26 ②

해설

휠 로더를 이용하여 토사 깎기 작업을 할 때 버킷의 각도는 약 5°로 기울여 깎기 시작한다.

27 **로더의 안전기준에 대한 설명으로 옳은 것은?**

① 버킷에 이젝터를 설치한 경우 후경각 기준은 적용하지 않는다.
② 로더의 유압배관은 작동 압력의 최소 2배 이상 견딜 수 있어야 한다.
③ 전방에 출입문이 설치된 로더의 경우 전경각은 45° 이상, 후경각은 35° 이상이어야 한다.
④ 일반적으로 로더의 전경각은 45° 이상, 후경각은 35° 이상이어야 한다.

해설

- 버킷에 이젝터를 설치한 경우 전경각 기준은 적용하지 않는다.
- 로더의 유압배관은 작동 압력의 최소 4배 이상 견딜 수 있어야 한다.
- 전방에 출입문이 설치된 로더의 경우 전경각은 35° 이상, 후경각은 25° 이상이어야 한다.

28 **다음 [보기]에서 ( )안에 들어갈 말로 가장 적절한 것은?**

| [보기] |
|---|
| 로더의 ( )은 버킷을 가장 높이 올리고 버킷만 가장 아래쪽으로 기울인 경우 수평면과 버킷의 가장 넓은 바닥면이 형성하는 각도를 말한다. |

① 조향각 ② 틸팅각
③ 전경각 ④ 후경각

해설

로더의 전경각 : 버킷을 가장 높이 올리고 버킷만 가장 아래쪽으로 기울인 경우 수평면과 버킷의 가장 넓은 바닥면이 형성하는 각도를 말한다.

29 **다음 [보기]에 대한 설명으로 옳은 것은**

| [보기] |
|---|
| 킷의 가장 넓은 바닥면이 지면에 닿도록 하고 버킷만 가장 안쪽으로 기울인 경우 지면과 버킷의 가장 넓은 바닥면이 형성하는 각도 |

① 로더의 전경각
② 로더의 후경각
③ 로더의 틸팅각
④ 로더의 앵글각

해설

로더의 후경각 : 버킷의 가장 넓은 바닥면이 지면에 닿도록 하고 버킷만 가장 안쪽으로 기울인 경우 지면과 버킷의 가장 넓은 바닥면이 형성하는 각도를 말한다.

정답 27 ④ 28 ③ 29 ②

## 3 작업방법

### (1) 로더 작업 전 점검사항

1) 버킷의 허용하중을 확인한다.
2) 브레이크액 용량 및 수준이 정상인지 확인한다.
3) 각종 등화장치가 정상적으로 작동하는지 확인한다.
4) 조종실 내부에 안전벨트가 설치되어 있는지 점검한다.

### (2) 진흙 또는 수중 작업 전 점검사항

1) 습지용 슈 사용 시 주행 장치의 베어링에 주유한다.
2) 작업 전 클러치 실과 기어 실의 드레인 플러그가 잘 조여졌는지 확인한다.
3) 작업 후 세차를 하고 각 베어링에 주유한다.
4) 작업 후 클러치 실과 기어 실의 드레인 플러그를 풀어서 수분이 유입되었는지 확인한다.

### (3) 로더 작업 간 안전수칙

1) 조종실 외 작업자의 탑승을 금지한다.
2) 후진할 경우 작업자의 협착을 주의한다.
3) 작업 중 주행할 경우 버킷을 낮추고 주행한다.
4) 폭우, 폭설 등 기상악화일 경우 작업을 중지한다.

### (4) 로더 작업 중 주의사항

1) 굴착 작업 시 버킷을 수평 또는 앞쪽으로 약 5° 기울인다.
2) 상차할 경우 트럭의 적재함과 수직을 이룬다.
3) 경사지에서 작업할 경우 변속레버를 전진으로 둔다.
4) 작업 범위 내에는 작업 관계자 외 출입을 금지한다.
5) 운전자가 하차할 경우 버킷을 바닥에 닿도록 내린다.

### (5) 타이어식 로더 운전 간 주의사항

1) 버킷의 움직임과 지면의 부하에 맞춰 작업한다.
2) 엔진 회전수와 지면의 상태를 고려하여 운전한다.
3) 새로 구축한 길 주변은 연약지반이므로 주의하여 작업한다.
4) 내리막길에서 클러치를 차단하거나 변속레버를 중립으로 하지 않는다.

### (6) 무한궤도식 로더 주행 간 주의사항

1) 가급적 평지를 주행한다.
2) 노면이 울퉁불퉁한 곳은 가급적 천천히 지나간다.
3) 가급적 진흙 등 지반이 연약한 곳은 주행하지 않는다.
4) 스프로킷에 암석이 부딪히지 않도록 주의하여 주행한다.

### (7) 로더의 수송장비 적재 및 고정방법

1) 로더의 시동을 끈 상태에서 수송한다.
2) 파일럿 컷오프 스위치는 끄고, 주차 브레이크 스위치는 켠다.
3) 수송할 때 로더가 움직이지 않도록 고임목, 체인 등을 이용하여 단단히 결박한다.
4) 수송할 때 앞 · 뒤 프레임의 진동 차가 발생하는 것을 보정하기 위해 프레임의 잠금바를 설치한다.

# 기출문제

**01 로더 작업 전 점검해야 할 사항 중 가장 적절하지 못한 것은?**

① 브레이크액 용량 및 수준이 정상인지 확인한다.
② 조종실 내부 청소가 잘 되어있는지 확인한다.
③ 버킷의 허용하중을 확인한다.
④ 각종 등화장치가 정상적으로 작동하는지 확인한다.

해설

조종실 내부에 안전벨트가 설치되어 있는지 점검한다.

**02 로더 작업 간 안전수칙에 대한 설명으로 틀린 것은?**

① 조종실 외 작업자의 탑승을 금지한다.
② 후진할 경우 작업자의 협착을 주의한다.
③ 폭우, 폭설 등 기상악화일 경우 그대로 작업한다.
④ 작업 중 주행할 경우 버킷을 낮추고 주행한다.

해설

폭우, 폭설 등 기상악화일 경우 작업을 중지한다.

**03 휠 로더의 작업 중 주의사항으로 옳은 것은?**

① 운전자가 하차할 경우 버킷을 최대한 올린다.
② 작업 범위 내에는 작업 관계자 외 누구나 출입해도 된다.
③ 상차할 경우 트럭의 적재함과 수평을 이룬다.
④ 경사지에서 작업할 경우 변속레버를 전진으로 둔다.

해설

- 운전자가 하차할 경우 버킷을 바닥에 닿도록 내린다.
- 작업 범위 내에는 작업 관계자 외 출입을 금지한다.
- 상차할 경우 트럭의 적재함과 수직을 이룬다.

**04 로더의 작업 방법으로 가장 적절한 것은?**

① 굴착 작업 시 버킷을 수평 또는 앞쪽으로 약 5° 기울인다.
② 작업 시 변속 단수를 높일수록 작업 효율이 우수해진다.
③ 단단한 땅을 굴착 시 그라인더로 버킷을 날카롭게 만든 후 작업을 하며 굴착 시 후경각 45°를 유지한다.
④ 굴착 작업 시 버킷을 올려 세우고 작업을 하며 적재 시 전경각 35°를 유지한다.

해설

굴착 작업 시 버킷을 수평 또는 앞쪽으로 약 5° 기울인다.

**05 타이어식 로더를 운전할 때 주의사항이 아닌 것은?**

① 엔진 회전수와 지면의 상태를 고려하여 운전한다.
② 버킷의 움직임과 지면의 부하에 맞춰 작업한다.
③ 새로 구축한 길 주변은 연약지반이므로 주의하여 작업한다.
④ 내리막길에서 클러치를 차단하거나 변속레버를 중립으로 한다.

정답 01 ② 02 ③ 03 ④ 04 ① 05 ④

해설

내리막길에서 클러치를 차단하거나 변속레버를 중립으로 하지 않는다.

**06 무한궤도식 로더 주행 간 주의사항에 대한 설명으로 틀린 것은?**

① 가급적 평지를 주행한다.
② 가급적 진흙 등 지반이 연약한 곳은 주행하지 않는다.
③ 노면이 울퉁불퉁한 곳은 최대한 빠른 속도로 지나간다.
④ 스프로킷에 암석이 부딪히지 않도록 주의하여 주행한다.

해설

노면이 울퉁불퉁한 곳은 가급적 천천히 지나간다.

**07 로더를 운행하기 전, 엔진 시동을 걸 때 조치해야 할 사항이 아닌 것은?**

① 붐과 버킷 레버는 중립 상태를 확인한다.
② 변속기 레버는 중립 상태를 확인한다.
③ 유압 게이지의 압력을 정상 범위로 조정한다.
④ 각종 압력 게이지와 연료량 게이지가 정상 범위인지 확인한다.

해설

유압 게이지의 압력이 정상 범위에 있는지 확인한다.

**08 로더를 수송장비에 적재하여 이동시키고자 한다. 이때 로더를 고정하는 방법에 대한 설명으로 가장 적절한 것은?**

① 수송할 때 앞 · 뒤 프레임의 진동 차가 발생하는 것을 보정하기 위해 프레임의 잠금바는 분리한다.
② 수송할 때 로더가 움직이지 않도록 고임목, 체인 등을 이용하여 단단히 결박한다.
③ 로더의 시동을 건 상태에서 수송한다.
④ 파일럿 컷오프 스위치는 켜고, 주차 브레이크 스위치는 끈다.

해설

- 수송할 때 앞 · 뒤 프레임의 진동 차가 발생하는 것을 보정하기 위해 프레임의 잠금바를 설치한다.
- 로더의 시동을 끈 상태에서 수송한다.
- 파일럿 컷오프 스위치는 끄고, 주차 브레이크 스위치는 켠다.

정답 06 ③ 07 ③ 08 ②

## VI. 불도저 작업장치

### 1 도저 구조

#### (1) 도저의 용도별 분류

도저의 용도별로 불도저, 앵글 도저, 틸트 도저, U형 도저, 습지 도저, 트리밍 도저, 레이크 도저 등으로 분류된다.

※ 틸트 도저

• 틸트 도저는 나무뿌리 뽑기, V형 배수로 작업, 제방 작업 등에 사용하기에 가장 적절하다.

도저의 구조

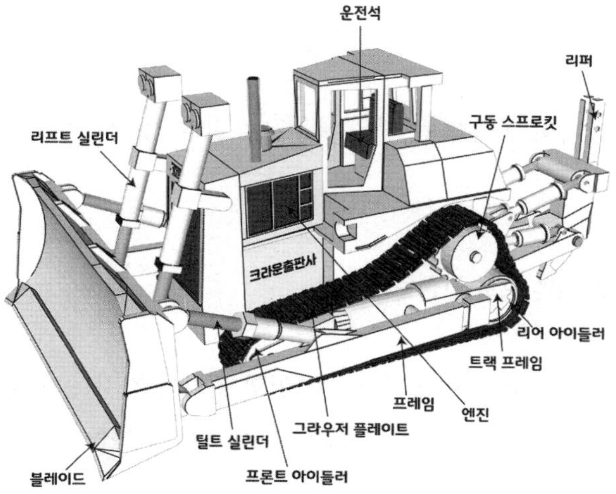


#### (2) 도저의 성능

1) 등판능력은 약 30°이다.
2) 일반적으로 평지에서의 견인력은 자중을 초과하지 못한다.
3) 앵글 도저는 블레이드를 좌 · 우로 20~30° 정도 기울일 수 있다.
4) 틸트 도저는 블레이드를 좌 · 우로 15~30cm 정도 기울일 수 있다.
5) 도저는 굳은 땅을 옆으로 제설 작업, 자르는 작업 등에 사용된다.

### (3) 무한궤도식 도저의 특징

1) 견인력이 우수하다.

2) 습지를 통과하기 편리하다.

3) 물이 있어도 작업이 편리하다.

4) 타이어식 불도저에 비해 이동성이 나쁘다.

### (4) 도저의 변속장치

1) 컨트롤 밸브(Control valve)가 불량하면 불도저의 변속레버를 중립으로 두어도 전 · 후진된다.

2) 모듈레이팅 밸브(Modulating valve)는 파워 시프트 변속기에서 원활한 변속 및 출발을 위해서 사용된다.

- 모듈레이팅 밸브의 로드 피스톤의 스프링 상수가 커지고 행정이 짧아질수록 변속시간이 감소한다.
- 모듈레이팅 밸브의 로드 피스톤의 스프링 상수가 작아지고 행정이 길어질수록 변속시간이 증가한다.

### (5) 도저의 종감속장치

유성 기어 기구는 감속비가 가장 큰 경우 사용되는 감속 기구이다.

### (6) 트랙(Track)

1) 트랙은 슈, 핀, 링크, 부싱으로 구성된다.

2) 트랙 슈의 종류

- 단일 돌기 슈란 큰 견인력을 얻을 수 있고 1열의 돌기를 가지는 슈를 말한다.
- 암반용 슈란 가로방향으로 작용하는 미끄럼을 방지하기 위하여 양측에 리브를 설치한 슈를 말한다.
- 이중 돌기 슈란 중하중에 의한 슈의 휨을 방지할 수 있고 선회 성능이 우수하며 2열의 돌기를 가지는 슈를 말한다.

3) 트랙을 탈거할 때 마스터 핀이 캐리어 롤러와 기동륜 사이에 있도록 한다.

※ 마스터 핀이란 마스터 핀이란 트랙을 쉽게 분리할 수 있도록 설치한 장치를 말한다.

4) 트랙의 장력측정

- 트랙의 장력은 아이들러와 1번 상부롤러 사이에서 측정한다.

5) 트랙의 장력조정

- 트랙 어저스터(Track adjuster)란 트랙 장력을 조정하기 위한 장치를 말하며, 기계식과 그리스 주입식으로 분류된다. 기계식(너트식) 어저스터는 조정나사를 돌려 트랙 장력을 조정하는 방식이다. 그리스 주입식은 트랙 조정용 실린더에 그리스를 주입하여 트랙 장력을 조정하는 방식이다.

6) 트랙의 고장증상

- 트랙 장력이 너무 헐거우면 트랙이 자주 벗겨진다.
- 트랙 장력이 너무 팽팽하면 트랙 부품이 조기에 마모된다.
- 트랙 장력이 너무 크거나 너무 작으면 언더 캐리지의 마모가 가장 빠르다.

### (7) 트랙 아이들러(Track idler)

1) 트랙 아이들러의 특징

- 트랙 아이들러란 양측 트랙의 앞쪽에서 트랙이 제자리를 유지할 수 있게 하부 중심선에 일치하도록 안내해주며, 트랙의 장력을 조정하기 위해 프레임 위를 앞 · 뒤로 움직일 수 있는 구조로 된 장치를 말한다.
- 일반적으로 트랙 아이들러의 베어링으로 부싱을 사용한다.
- 트랙 아이들러가 마모되면 트랙이 탈선할 우려가 가장 크다.

2) 트랙과 아이들러가 정확한 정렬 상태일 때 마모현상

- 양쪽 링크의 양면이 같이 마모된다.
- 아이들러 플랜지의 양면이 마모된다.
- 트랙 롤러의 플랜지 4개가 같이 마모된다.

3) 아이들러 롤러가 중심부에서 외측으로 약간 밀린 상태로 조립된 경우 발생현상

- 바깥쪽 링크의 내측 마모가 과다해진다.
- 롤러의 안쪽 플랜지 마모가 과다해진다.
- 아이들러 롤러의 외측 마모가 과다해진다.

4) 프론트 아이들러(Front idler)

- 프론트 아이들러는 트랙의 진로를 조정하면서 주행방향으로 트랙을 유도한다.
- 트랙의 진행방향을 유도한다.
- 트랙 프레임의 앞 측에 설치된다.
- 프레임 윗부분의 요크에 설치된다.

## (8) 상부 롤러 및 하부 롤러

### 1) 상부 롤러의 특징

- 트랙이 처지지 않도록 지지한다.
- 트랙의 회전위치를 바르게 유지한다.
- 프론트 아이들러와 스프로킷 사이에 설치되어 있다.
- 상부 롤러는 트랙 링크와 스프로킷 사이에 단단한 환봉 또는 나무를 끼운 후 탈거한다.

### 2) 하부 롤러의 특징

- 트랙 프레임에 4~7개 정도가 설치된다.
- 트랙의 회전 위치를 바르게 유지하는 역할을 한다.
- 전체 중량을 트랙에 균일하게 분배하는 역할을 한다.
- 일반적으로 하부 롤러의 베어링으로 부싱을 사용한다.
- 도저의 하부 롤러를 탈거할 때 안전상 트랙을 가장 먼저 탈거한다.

## (9) 트랙 프레임, 리코일 스프링, 스프로킷

### 1) 트랙 프레임(Track frame)

- 트랙 프레임은 박스형, 오픈 채널형, 솔리드 스틸형으로 분류된다.

### 2) 리코일 스프링(Recoil spring)

- 리코일 스프링이란 주행 중 전면에서 트랙과 아이들러에 가해지는 충격을 완화하는 장치를 말한다.
- 리코일 스프링의 완충방식은 접지 스프링 방식, 코일 스프링 방식, 질소가스 스프링 방식, 다이어프램 스프링 방식으로 분류된다.

### 3) 스프로킷(Sprocket)

- 스프로킷의 중심위치는 베어링 앞 · 뒤 심(Shim)으로 조정한다.
- 기동륜 스프로킷 팁 끝부분이 과다하게 마모된 경우 링크의 핀 부싱 상태를 점검한다.

## (10) 도저의 조향장치

도저의 주행 방향을 변환하고자 할 때 조향 클러치 레버를 가장 먼저 조작해야 한다.

# 기출문제

**01 도저를 용도별로 분류한 것으로 적절하지 못한 것은?**

① 불도저
② 앵글 도저
③ 틸트 도저
④ 브레이커 도저

해설
도저의 용도별로 불도저, 앵글 도저, 틸트 도저, U형 도저, 습지 도저, 트리밍 도저, 레이크 도저 등으로 분류된다.

**02 나무뿌리 뽑기, V형 배수로 작업, 제방 경사 작업 등에 사용하기에 가장 적절한 도저는?**

① 레이크 도저 ② 앵글 도저
③ 틸트 도저 ④ U 도저

해설
틸트 도저 : 나무뿌리 뽑기, V형 배수로 작업, 제방 작업 등에 사용하기에 가장 적절하다.

**03 불도저의 성능에 대한 설명으로 틀린 것은?**

① 틸트 도저는 블레이드를 좌 · 우로 30~40° 정도 기울일 수 있다.
② 등판능력은 약 30° 이다.
③ 불도저는 굳은 땅을 옆으로 자르는 작업, 제설 작업 등에 사용된다.
④ 일반적으로 평지에서의 견인력은 자중을 초과하지 못한다.

해설
틸트 도저 : 블레이드를 좌 · 우로 15~30cm 정도 기울일 수 있으며, 앵글 도저는 블레이드를 좌 · 우로 최대 20~30° 정도 기울일 수 있다.

**04 불도저에 의한 완성 작업법에 대한 설명으로 틀린 것은?**

① 완성 작업은 토공판이 비어있는 것보다 토사물을 가득 채우고 하는 것이 더 수월하다.
② 치밀한 완성일수록 고속으로 작업하고 거친 완성일수록 저속으로 작업한다.
③ 토공판을 내리기 전에 트랙의 완성면과 평행한 면 위에 있는지 여부를 점검한다.
④ 불도저는 거친 마무리 작업을 하기에 적절한 장비이다.

해설
치밀한 완성일수록 저속으로 작업하고 거친 완성일수록 고속으로 작업한다.

**05 타이어식 불도저와 비교 시 무한궤도식 불도저의 장점이 아닌 것은?**

① 물이 있어도 작업이 편리하다.
② 습지를 통과하기 편리하다.
③ 견인력이 우수하다.
④ 이동성이 좋다.

해설
타이어식 불도저는 무한궤도식 불도저보다 이동성이 좋다.

**06 불도저의 파워 시프트 변속기에서 원활한 변속 및 출발을 위해서 사용되는 밸브는?**

① 스피드 밸브
② 안전 밸브
③ 방향 선택 밸브
④ 모듈레이팅 밸브

정답 01 ④ 02 ③ 03 ① 04 ② 05 ④ 06 ④

해설

모듈레이팅 밸브 : 파워 시프트 변속기에서 원활한 변속 및 출발을 위해서 사용된다.

**07 불도저의 변속레버를 중립으로 두었는데도 불구하고 전 · 후진된다. 이때 원인으로 가장 적절한 것은?**

① 유압펌프가 불량한 경우
② 차동기어가 불량한 경우
③ 종감속기어가 불량한 경우
④ 컨트롤 밸브가 불량한 경우

해설

컨트롤 밸브가 불량하면 불도저의 변속레버를 중립으로 두어도 전 · 후진된다.

**08 불도저의 종감속장치에서 감속비가 가장 큰 경우 사용하는 감속 기구로 가장 적절한 것은?**

① 유성 기어 기구
② 웜 기어 기구
③ 1단 감속 기구
④ 2단 감속 기구

해설

유성 기어 기구 : 감속비가 가장 큰 경우 사용된다.

**09 불도저의 주행 방향을 변환하고자 한다. 이때 가장 먼저 조작해야 하는 것은?**

① 조향 클러치 레버
② 마스터 클러치 레버
③ 변속 레버
④ 브레이크 유격

해설

주행 방향을 변환하고자 할 때 조향 클러치 레버를 가장 먼저 조작해야 한다.

**10 도저에서 트랙의 주요 구성부품을 바르게 나열한 것은?**

① 슈, 롤러, 링크, 핀
② 슈, 롤러, 링크, 동판
③ 슈, 핀, 링크, 동판
④ 슈, 핀, 링크, 부싱

해설

트랙의 주요 구성부품은 슈, 핀, 링크, 부싱으로 분류된다.

**11 트랙 슈의 종류 중 큰 견인력을 얻을 수 있고 1열의 돌기를 가지는 슈는?**

① 평활 슈
② 단일 돌기 슈
③ 이중 돌기 슈
④ 암반용 슈

해설

단일 돌기 슈 : 큰 견인력을 얻을 수 있고 1열의 돌기를 가진다.

**12 트랙의 장력이 약해지는 원인이 아닌 것은?**

① 트랙 슈의 마모가 과다할 때
② 트랙 핀의 마모가 과다할 때
③ 부싱의 마모가 과다할 때
④ 스프로킷의 마모가 과다할 때

해설

트랙 슈의 마모가 과다해도 트랙 장력이 약해지지는 않는다.

정답 07 ④ 08 ① 09 ① 10 ④ 11 ② 12 ①

13 **불도저의 트랙을 탈거하고자 한다. 이때 안전하게 작업하는 방법은?**

① 마스터 핀이 캐리어 롤러와 기동륜 사이에 있도록 한다.
② 트랙의 장력을 크게 한 후, 마스트 핀을 탈거한다.
③ 트랙 핀이 캐리어 롤러와 아이들러 사이에 있도록 한다.
④ 스프로킷이 후진 위치에 있도록 한다.

해설

트랙을 탈거하는 경우 마스터 핀이 캐리어 롤러와 기동륜 사이에 있도록 한다.

14 **불도저에서 트랙을 쉽게 분리할 수 있도록 설치한 장치는?**

① 마스터 핀 ② 링크
③ 부싱 ④ 슈판

해설

마스터 핀 : 트랙을 쉽게 분리할 수 있도록 설치한 장치를 말한다.

15 **불도저에서 상부 롤러를 탈거하고자 한다. 이때 작업 방법에 대한 설명으로 맞는 것은?**

① 트랙 롤러를 탈거한 후 작업한다.
② 트랙 하부에 단단한 환봉 또는 돌을 끼워 트랙 장력을 형성시킨 후 작업한다.
③ 트랙 링크와 스프로킷 사이에 단단한 환봉 또는 나무를 끼운 후 작업한다.
④ 아이들러를 탈거한 후 작업한다.

해설

상부 롤러를 탈거하는 경우 트랙 링크와 스프로킷 사이에 단단한 환봉 또는 나무를 끼운 후 작업한다.

16 **도저의 하부 주행체에서 상부롤러에 대한 설명이 아닌 것은?**

① 트랙이 처지지 않도록 받쳐준다.
② 도저의 전체 중량을 지지한다.
③ 트랙의 회전위치를 바르게 유지한다.
④ 프론트 아이들러와 스프로킷 사이에 설치되어 있다.

해설

하부 롤러 : 도저의 전체 중량을 지지한다.

17 **무한궤도식 도저의 트랙장치에서 하부 롤러에 대한 설명으로 틀린 것은?**

① 트랙 프레임에 4~7개 정도가 설치된다.
② 전체 중량을 트랙에 균일하게 분배하는 역할을 한다.
③ 트랙의 회전 위치를 바르게 유지하는 역할을 한다.
④ 트랙의 처짐을 방지하고 트랙의 회전위치를 바르게 유지한다.

해설

상부 롤러 : 트랙의 처짐을 방지하고 트랙의 회전위치를 바르게 유지한다.

18 **도저의 하부 롤러를 탈거할 때 안전상의 이유로 가장 먼저 탈거해야 하는 것은?**

① 상부롤러
② 스프로킷
③ 트랙
④ 아이들러

해설

트랙은 하부 롤러를 탈거할 때 안전상의 이유로 가장 먼저 탈거해야 한다.

13 ① 14 ① 15 ③ 16 ② 17 ④ 18 ③

**19 무한궤도식 도저에서 하부 주행체의 트랙 프레임 종류가 아닌 것은?**

① 솔리드 스틸형
② 오픈 채널형
③ 모노코크형
④ 박스형

해설
하부 주행체의 트랙 프레임 종류는 박스형, 오픈 채널형, 솔리드 스틸형으로 분류된다.

**20 양측 트랙의 앞쪽에서 트랙이 제자리를 유지할 수 있게 하부 중심선에 일치하도록 안내해주는 역할을 하는 장치는?**

① 트랙 아이들러
② 스프로킷
③ 캐리어 롤러
④ 트랙 롤러

해설
트랙 아이들러 : 양측 트랙의 앞쪽에서 트랙이 제자리를 유지할 수 있게 하부 중심선에 일치하도록 안내해주는 역할을 하는 장치를 말한다.

**21 무한궤도식 도저에서 트랙의 장력을 조정하기 위해 프레임 위를 앞 · 뒤로 움직일 수 있는 구조로 된 장치는?**

① 트랙 아이들러
② 캐리어 롤러
③ 스프로킷
④ 리코일 스프링

해설
트랙 아이들러 : 트랙의 장력을 조정하기 위해 프레임 위를 앞 · 뒤로 움직일 수 있는 구조로 되어있다.

**22 트랙 아이들러가 프레임 위를 앞 · 뒤로 움직일 수 있는 구조로 된 원인은?**

① 주행 중 전해지는 충격을 완화시키기 위해서
② 트랙이 이탈되는 것을 방지하기 위해서
③ 과도한 작업을 방지하기 위해서
④ 트랙이 미끄러지는 것을 방지하기 위해

해설
트랙 아이들러 : 주행 중 전해지는 충격을 완화시키기 위해 프레임 위를 앞 · 뒤로 움직일 수 있는 구조로 되어있다.

**23 무한궤도식 도저에서 트랙이 탈선하는 가장 큰 원인은?**

① 보조 스프링이 파손되었다.
② 균형 스프링이 파손되었다.
③ 트랙 슈가 마모되었다.
④ 트랙 아이들러가 마모되었다.

해설
트랙 아이들러가 마모되면 트랙이 탈선할 우려가 가장 크다.

**24 트랙과 아이들러가 정확한 정렬 상태일 때 발생하는 마모현상이 아닌 것은?**

① 트랙 롤러의 플랜지 4개가 같이 마모된다.
② 양쪽 링크의 양면이 같이 마모된다.
③ 아이들러의 바깥 플랜지만 마모된다.
④ 아이들러 플랜지의 양면이 마모된다.

해설
트랙을 구동할 때 아이들러가 바깥쪽으로 기울어지면 아이들러의 바깥 플랜지만 마모된다.

정답 19 ③ 20 ① 21 ① 22 ① 23 ④ 24 ③

**25 도저의 하부 주행체에서 프론트 아이들러에 대한 설명이 아닌 것은?**

① 트랙의 진행방향을 유도한다.

② 트랙 프레임의 앞측에 설치된다.

③ 프레임 윗부분의 요크에 설치된다.

④ 동력을 직접적으로 전달 받는다.

해설

스프로킷 : 동력을 직접적으로 전달 받는다.

**26 도저의 하부 주행체에서 스프로킷의 중심위치를 조정하는 방법은?**

① 축을 교환한다.

② 베어링 뒤 심(shim)으로 조정한다.

③ 베어링 간극을 조정한다.

④ 베어링을 교환한다.

해설

베어링 뒤 심(Shim)을 조정하여 스프로킷의 중심위치를 조정한다.

**27 무한궤도식 도저의 트랙 아이들러에 사용하는 베어링은?**

① 니들 베어링

② 볼 베어링

③ 부싱

④ 테이퍼 롤러 베어링

해설

부싱 : 트랙 아이들러의 베어링으로 사용된다.

**28 불도저에서 주행 중 전면에서 트랙과 아이들러에 가해지는 충격을 완화시키기 위해 설치한 장치는?**

① 리코일 스프링

② 상부 롤러

③ 하부 롤러

④ 스프로킷

해설

리코일 스프링 : 주행 중 전면에서 트랙과 아이들러에 가해지는 충격을 완화시키기 위해 설치한 장치를 말한다.

**29 무한궤도식 도저에서 리코일 스프링을 설치하는 목적이 아닌 것은?**

① 트랙 장력과 긴장도 유지

② 트랙 전면의 충격 흡수

③ 차체 파손 방지와 원활한 운전

④ 트랙 마모 방지 및 평행 유지

해설

리코일 스프링 : 트랙 전면의 충격 흡수 및 트랙 긴장도를 유지하여 차체의 파손을 방지하고 원활한 운전을 돕는다.

**30 불도저에서 리코일 스프링의 완충방식에 해당되지 않는 것은?**

① 다이어프램 스프링 방식

② 접지 스프링 방식

③ 토션 바 스프링 방식

④ 코일 스프링 방식

해설

리코일 스프링의 완충방식은 접지 스프링방식, 코일 스프링방식, 질소가스 스프링방식, 다이어프램 스프링방식으로 분류된다.

**31 불도저의 하부 주행체 및 트랙의 점검항목 및 조치사항에 대한 설명으로 틀린 것은?**

① 트랙 장력을 규정 장력으로 맞춘다.

② 리코일 스프링의 불량 및 상 · 하부 롤러가 균열되면 교체한다.

③ 스프로킷의 마모한계를 초과하면 교체한다.

④ 각부 롤러의 이상상태 및 리이닝 장치의 기능을 점검한다.

25 ④ 26 ② 27 ③ 28 ① 29 ④ 30 ③ 31 ④

해설

리이닝 장치 : 모터 그레이더의 앞바퀴 경사장치를 말하며, 선회할 때 회전반경을 작게 해주는 역할을 한다.

**32 다음 [보기]에서 불도저의 트랙 장력이 너무 클 때 마모가 가속되는 부분을 모두 나열한 것은?**

| [보기] |
|---|
| ㄱ. 부싱 외부 마모 |
| ㄴ. 부싱 내부 및 트랙 핀 마모 |
| ㄷ. 스파이더 |
| ㄹ. 스프로킷 돌기 |

① ㄱ, ㄴ

② ㄱ, ㄴ, ㄷ

③ ㄱ, ㄴ, ㄹ

④ ㄱ, ㄴ, ㄷ, ㄹ

해설

트랙 장력이 너무 크면 부싱 외부 마모, 부싱 내부 및 트랙 핀 마모, 스프로킷 돌기 마모가 가속된다.

**33 무한궤도식 도저에서 트랙 장력이 너무 크거나 너무 작을 때 가장 마모가 빠른 부분은?**

① 배토판

② 언더캐리지

③ 틸트 실린더

④ 리퍼

해설

- 배토판 : 블레이드를 말한다.
- 언더 캐리지 : 트랙 장력이 너무 크거나 작으면 가장 마모가 빠르다.
- 틸트 실린더 : 블레이드의 좌 · 우 경사각을 조정한다.
- 리퍼 : 단단하게 굳은 흙 또는 잘 부스러지는 바위 등을 파쇄하는데 사용된다.

정답 32 ③ 33 ②

## 2 작업장치 기능

### (1) 도저의 작업장치

1) 도저의 작업 종류는 제설 작업, 벌개 작업, 송토 작업, 암석 제거 작업, 거친 마무리 작업, 굳은 땅을 옆으로 자르는 작업 등으로 분류된다.

2) 도저의 작업장치는 리퍼, 블레이드(배토판), 틸트 실린더 등으로 분류된다.

### (2) 리퍼(Ripper)

리퍼란 갈고랑이 모양의 기기를 말하며, 단단하게 굳은 흙 또는 잘 부스러지는 바위 등을 파쇄 하는데 사용된다.

### (3) 블레이드(Blade)

블레이드란 토사물을 굴착하며, 밀어서 운반하는 강철판을 말한다.

1) 유압이 과도하게 낮으면 도저의 블레이드 상승이 느려진다.
2) 블레이드는 댐 공사, 도로공사, 농경지 작업할 때 흙 및 자갈 등을 단거리 운반하는데 가장 적절하다.
3) 블레이드의 아랫부분은 마찰저항이 가장 크게 작용하는 부위이다.

### (4) 틸트 실린더(Tilt cylinder)

틸트 실린더는 블레이드의 좌 · 우 경사각을 조정한다.

## 3 작업방법

### (1) 작업 간 주의사항

1) 버킷에 토사물 등을 적재한 상태에서는 가급적 운반거리가 짧아야 한다.
2) 도저는 단거리에 적합한 장비로서 약 100m 이상 거리에는 적합하지 않다.
3) 앞으로 주행하며 토사물을 깎아낼 때 저속으로 주행하여 작업량을 적절히 한다.
4) 지면을 평탄하게 깎기 위해서 도저의 블레이드는 1회 약 2cm 정도 오르고 내린다.

### (2) 진흙에서 이탈방법

1) 다른 불도저의 윈치를 이용하여 이탈한다.
2) 차체 및 트랙의 하단부에 있는 진흙을 삽으로 파낸 후 볏짚단을 깔고 전진한다.
3) 블레이드를 높이 상승시키고 긴 침목을 와이어로프로 트랙의 앞쪽에 묶고 전진한다.

### (3) 암석의 절단 및 운반 간 작업방법

1) 작은 암석을 먼저 제거해가면서 작업한다.
2) 블레이드의 끝부분을 이용하여 암석을 절단한다.
3) 암석의 크기가 작은 것부터 적절한 양으로 밀고나간다.
4) 공간이 넓은 곳은 토사를 앞쪽으로 밀고 나가면서 암석이 옆으로 벗어나게 한다.

### (4) 도저에 의한 완성 작업법

1) 도저는 거친 마무리 작업을 하기에 적절한 장비이다.
2) 치밀한 완성일수록 저속으로 작업하고 거친 완성일수록 고속으로 작업한다.
3) 블레이드(토공판)를 내리기 전에 트랙의 완성면과 평행한 면 위에 있는지 여부를 점검한다.
4) 완성 작업은 블레이드(토공판)가 비어있는 것 보다 토사물을 가득 채우고 하는 것이 더 수월하다.

# 기출문제

**01 불도저의 언더 캐리지(Undercarriage)에 해당되는 장치가 아닌 것은?**

① 리퍼 ② 트랙
③ 트랙 프레임 ④ 트랙 롤러

해설

리퍼 : 불도저의 작업장치에 해당된다.

**02 도저를 이용하여 댐 공사, 도로공사, 농경지 작업을 할 때 흙 및 자갈 등을 단거리 운반하는데 가장 적절한 도저의 작업장치는?**

① 리퍼 ② 트랙
③ 트랙 아이들러 ④ 블레이드

해설

블레이드 : 댐 공사, 도로공사, 농경지 작업할 때 흙 및 자갈 등을 단거리 운반하는데 가장 적절하다.

**03 앵글 도저를 이용하여 송토 작업을 하고 있다. 이때 블레이드에서 마찰저항이 가장 크게 작용하는 부위는 어디인가?**

① 블레이드에서 마찰저항이 가장 크게 작용하는 부위는 블레이드의 아랫부분이다.
② 블레이드에서 마찰저항이 가장 크게 작용하는 부위는 블레이드의 윗부분이다.
③ 블레이드에서 마찰저항이 가장 크게 작용하는 부위는 블레이드의 중앙이다.
④ 블레이드에서 마찰저항은 블레이드 전체에 동일하게 작용한다.

해설

블레이드의 아랫부분은 블레이드에서 마찰저항이 가장 크게 작용하는 부위이다.

**04 불도저를 정지시킬 때 옳지 않은 것은?**

① 변속기 선택레버를 중립으로 한다.
② 삽날을 높이 상승시킨다.
③ 브레이크를 밟고 정지시킨다.
④ 엔진 회전수를 저속 공회전 상태로 한다.

해설

불도저를 정지시킬 때 삽납을 지면에 살짝 닿게 한다.

**05 불도저의 배토판 상승이 느려지는 원인이 아닌 것은?**

① 유압이 과도하게 높을 때
② 유압 작동 실린더의 내부에서 누출이 있을 때
③ 유압펌프의 작동이 불량할 때
④ 릴리프 밸브의 조정이 불량할 때

해설

유압이 과도하게 낮으면 불도저의 배토판 상승이 느려진다.

**06 진흙에 불도저의 트랙 일부가 묻힐 정도로 빠졌다. 이때 진흙에서 빠져나오는 방법으로 가장 적절하지 못한 것은?**

① 블레이드를 높이 상승시키고 긴 침목을 와이어로프로 트랙의 앞쪽에 묶고 전진한다.
② 차체 및 트랙의 하단부에 있는 진흙을 삽으로 파낸 후 볏짚단을 깔고 전진한다.
③ 다른 불도저의 윈치를 이용하여 이탈한다.
④ 유압잭으로 고이고 이탈한다.

해설

진흙에서 유압잭을 고이고 이탈하는 것은 부적절한 방법이다.

정답 01 ① 02 ④ 03 ① 04 ② 05 ① 06 ④

**07** **도저를 이용하여 암석을 절단해 운반하고자 한다. 이때 작업방법에 대한 설명으로 틀린 것은?**

① 작은 암석을 먼저 제거해가면서 작업한다.

② 공간이 넓은 곳은 토사를 앞쪽으로 밀고 나가면서 암석이 옆으로 벗어나게 한다.

③ 암석의 크기와 관계없이 최대한 많이 밀고나간다.

④ 블레이드의 끝부분을 이용하여 암석을 절단한다.

해설

암석의 크기가 작은 것부터 적절한 양으로 밀고 나간다.

**08** **도저를 이용한 작업에 대한 설명으로 틀린 것은?**

① 앞으로 주행하며 토사물을 깎아낼 때 고속으로 주행하여 작업량을 늘린다.

② 지면을 평탄하게 깎기 위해서 도저의 블레이드는 1회 약 2㎝ 정도 오르고 내린다.

③ 도저는 단거리에 적합한 장비로서 약 100m 이상 거리에는 적합하지 않다.

④ 버킷에 토사물 등을 적재한 상태에서는 가급적 운반거리가 짧아야 한다.

해설

앞으로 주행하며 토사물을 깎아낼 때 저속으로 주행하여 작업량을 적절히 한다.

정답 07 ③ 08 ①

CHAPTER 03

# 유압 일반

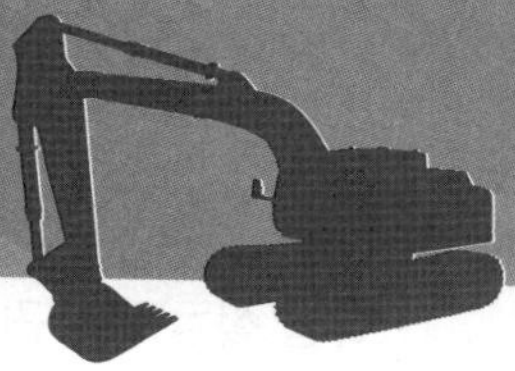

## 1 유압 원리 및 작동유

### (1) 압력의 개요

1) 압력의 단위

- $1kgf/cm^2 = 14.2psi$
- $1kgf/cm^2 \fallingdotseq 0.98bar$
- $1atm \fallingdotseq 1.033kgf/cm^2$
- $1atm = 760mmHg$
- $1N/m^2 = 1Pa = 10^{-3}kPa = 10^{-6}MPa = 10^{-9}GPa$
- $1N/mm^2 = 10^6N/m^2 = 10^6Pa = 10^3kPa = 1MPa$

### (2) 압력의 종류

1) 표준대기압력이란 기압의 표준값을 말하며, 일반적으로 1013.250hPa에 해당한다.

2) 게이지 압력이란 대기압 상태에서 측정한 압력계의 압력을 말한다.

3) 진공 압력이란 대기압보다 낮아지는 압력을 말한다.

4) 절대 압력이란 완벽한 진공(0점)을 기준으로 측정한 압력을 말한다.

### (3) 유압 원리

1) 파스칼의 원리는 직접적인 유압의 작동 원리이며, 밀폐용기 내 액체에 가한 압력은 모든 방향에서 동일한 크기로 작용하는 원리를 말한다.

2) 캐비테이션 현상(공동 현상)이란 유압이 진공에 가까워짐으로써 기포가 생기고 이로 인해 국부적인 고압이나 소음이 발생하는 현상을 말하며, 유압탱크 내에 설치되어 있는 스트레이너의 일부가 막히거나 과도하게 조밀하면 발생한다.

3) 숨 돌리기 현상이란 유압 작동유에 유입된 공기의 압축 팽창 차에 의해 피스톤 동작이 느려지고 불안정해지며, 압력이 낮거나 공급량이 적을수록 더욱 심해지는 현상을 말한다.

## (4) 유압 작동유

1) 유압 작동유의 구비조건

- 방청성이 좋아야 한다.
- 인화점이 높아야 한다.
- 화학적으로 안정되어야 한다.
- 온도에 따른 점도변화가 작아야 한다.

2) 유체 클러치 오일의 구비조건

- 비중이 커야 한다.
- 점도가 낮아야 한다.
- 비등점이 높아야 한다.
- 착화점이 높아야 한다.

3) 유압 작동유 교체 시 주의사항

- 장비를 정지시킨 후 교체한다.
- 화기 근처에서는 교체하지 않는다.
- 먼지 등 이물질이 유입되지 않도록 한다.
- 유압 작동유가 비교적 저온 상태일 때 교체한다.

# 기출문제

**01 압력의 단위가 아닌 것은?**

① N · m　② kPa
③ bar　④ $kgf/cm^2$

해설

$1bar \fallingdotseq 1.02kgf/cm^2 \fallingdotseq 1atm \fallingdotseq 14.5psi \fallingdotseq 100,000Pa = 100kPa = 0.1MPa$

**02 대기압 상태에서 측정한 압력계의 압력은?**

① 표준대기압력
② 진공압력
③ 절대압력
④ 게이지압력

해설

- 표준대기압력 : 기압의 표준값을 말하며, 일반적으로 1013.250hPa에 해당한다.
- 진공 압력 : 대기압보다 낮아지는 압력을 말한다.
- 절대 압력 : 완벽한 진공(0점)을 기준으로 측정한 압력을 말한다.

**03 유압장치에 대한 설명으로 가장 적절한 것은?**

① 액체로 변환시키기 위해 기체를 압축 시키는 장치
② 유체의 압력에너지를 이용하여 기계적인 일을 하는 장치
③ 오일을 이용하여 전기를 발생시키는 장치
④ 무거운 물체를 들어올리기 위해 기계적인 이점을 이용하는 장치

해설

유압장치란 유체의 압력에너지를 이용하여 기계적인 일을 하는 장치를 말한다.

**04 유압기기는 작은 힘으로 큰 힘을 얻는 장치이다. 어떤 원리를 응용한 것인가?**

① 베르누이의 원리
② 파스칼의 원리
③ 뉴턴의 원리
④ 보일의 원리

해설

파스칼 원리는 유압기기의 기본 원리를 말하며, 작은 힘으로 큰 힘을 얻는다는 것을 의미한다.

**05 유압 계통에서 릴리프 밸브 스프링의 장력이 약해지면 발생할 수 있는 현상은?**

① 블로바이 현상
② 노킹 현상
③ 채터링 현상
④ 트램핑 현상

해설

- 블로바이 현상 : 피스톤 압축 시 실린더 벽과 피스톤 사이의 틈새로 미량의 가스가 새어 나오는 현상
- 노킹 현상 : 엔진 실린더 내에서 비정상 연소에 의해 망치로 두드리는 것과 같은 소음이 발생하는 현상
- 채터링 현상 : 릴리프 밸브에서 볼이 밸브 시트를 두들겨서 소음을 발생시키는 현상을 말하며, 릴리프 밸브 스프링의 장력이 약해지면 발생할 수 있다.
- 트램핑 현상 : 고속 주행 시 바퀴가 상 · 하로 진동하는 현상

**06 유압유 내에 거품(기포)이 발생하는 원인으로 가장 적절한 것은?**

① 오일 열화
② 오일 내 수분 유입
③ 오일 누설
④ 오일 내 공기 유입

정답　01 ①　02 ④　03 ②　04 ②　05 ③　06 ④

**해설**

오일 내 공기가 유입되면 유압유 내에 거품(기포)이 발생한다.

**07 유압유의 구비조건이 아닌 것은?**

① 점도지수가 커야 한다.
② 비압축성이어야 한다.
③ 체적 탄성계수가 작아야 한다.
④ 인화점 및 발화점이 높아야 한다.

**해설**

체적 탄성계수가 커야 한다.

**08 유압유의 가장 중요한 성질은?**

① 열효율 ② 온도
③ 점도 ④ 습도

**해설**

점도는 유압유의 가장 중요한 성질이다.

**09 유압유의 점도에 대한 설명으로 틀린 것은?**

① 점성의 정도를 나타내는 척도이다.
② 점성계수를 밀도로 나눈 값이다.
③ 온도가 하강하면 점도는 높아진다.
④ 온도가 상승하면 점도는 낮아진다.

**해설**

동점성계수 : 점성계수를 밀도로 나눈 값이다.

**10 유압회로에서 작동유의 정상온도 범위로 가장 적절한 것은?**

① −10~5℃ ② 10~40℃
③ 50~70℃ ④ 90~120℃

**해설**

유압회로에서 작동유의 정상온도 범위 : 50~70℃

**11 다음 [보기]에서 유압계통에 사용되는 오일의 점도가 너무 낮을 때 발생하는 현상으로 모두 맞는 것은?**

[보기]
a. 회로 내 압력저하
b. 펌프 효율 저하
c. 실린더 및 컨트롤밸브에서 누출 현상
d. 기동할 때 저항 증가

① a, c, d ② a, b, d
③ a, b, c ④ b, c, d

**해설**

d : 오일의 점도가 너무 높을 때 발생하는 현상

**12 다음 [보기]에서 유압 작동유가 갖추어야 할 조건을 모두 나열한 것은?**

[보기]
a. 압력에 대해 비압축성 일 것
b. 밀도가 작을 것
c. 열팽창계수가 작을 것
d. 체적탄성계수가 작을 것
e. 점도지수가 낮을 것
f. 발화점이 높을 것

① a, b, c, d ② a, b, c, f
③ b, c, e, f ④ b, d, e, f

**해설**

- d. 체적탄성계수가 클 것
- e. 점도지수가 높을 것

정답 07 ③ 08 ③ 09 ② 10 ③ 11 ③ 12 ②

## 2 유압 펌프 및 모터

### (1) 유압 펌프

1) 종류 : 기어펌프(외접 기어 펌프, 내접 기어 펌프), 베인 펌프, 피스톤 펌프

외접 기어 펌프

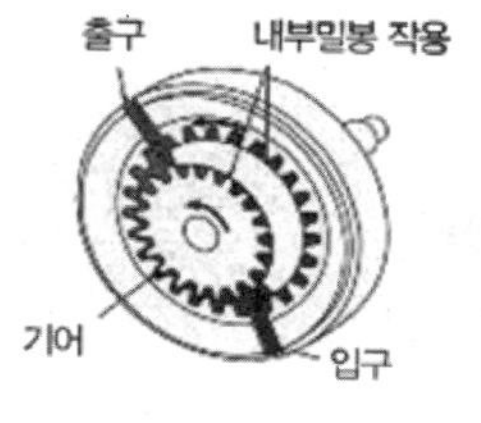

내접 기어 펌프

기어 펌프

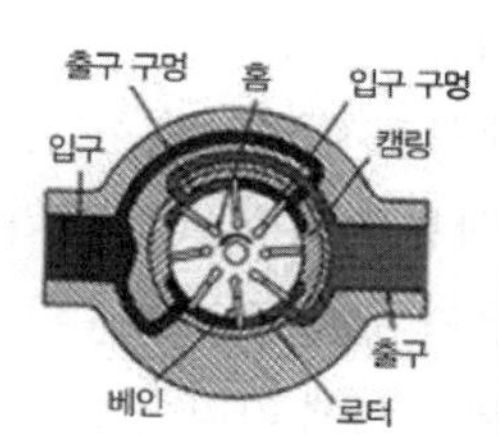

베인 펌프

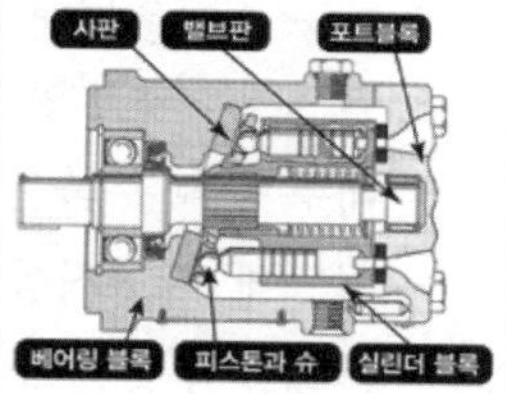

피스톤 펌프

2) 기어 펌프 중 외접 기어펌프는 일반적으로 유압펌프에서 가장 많이 사용되는 형식이다. 트로코이드 펌프도 기어펌프의 일종이다.

트로코이드 펌프

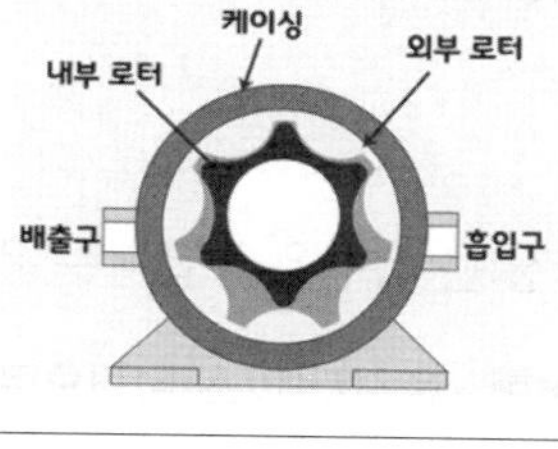


3) 베인 펌프는 회전 펌프의 하나로 원통형 케이싱 안에 편심회전자가 있고, 그 홈 속에 판상의 베인이 있으며, 이 베인이 원심력 또는 스프링의 장력에 의해 벽에 밀착되어 회전하면서 액체를 입송하는 형식이다.

4) 피스톤 펌프는 사판, 캠, 크랭크 등에 의해 왕복 운동시켜 유체를 흡입 및 토출하는 펌프이다. 유압펌프 중에서 가장 큰 출력을 발생시킬 수 있는 펌프이다.

5) 플런저 펌프란 왕복펌프의 일종이며, 주로 피스톤 펌프보다 고압에 사용된다.

- 펌프의 토출량은 펌프 마력 · 유량 · 압력으로 제어한다.

- 액시얼형 사판식 플런저 펌프의 사판 각 조정 시 펌프의 토출유량이 변한다. 사판 각이 증가할수록 펌프의 토출유량이 증가하고, 사판 각이 감소할수록 펌프의 토출유량이 감소한다.

6) 정용량형 유압펌프란 펌프 1회전 당 이론 송출량이 변화하지 않는 펌프를 말한다.
- 유압 작동유가 부족하거나, 펌프의 회전방향이 틀리거나, 벨트 구동식에서는 V벨트 장력이 작을수록 토출량이 적거나 토출되지 않는다.

7) 유압 펌프 정비 · 교체 시 주의사항
- 유압 회로 내 에어빼기를 한다.
- 반드시 안전화를 착용해야 한다.
- 펌프의 회전방향이 틀리지 않도록 한다.
- 내부 주요 부품은 작동유를 바른 후 조립한다.
- 탱크에 유압 작동유가 채워져 있는지 확인한다.
- 분해한 부품은 분해 순서에 따라 정렬해 놓는다.
- 작업장 바닥에 작동유가 없도록 깨끗이 청소한다.

8) 유압 펌프에서 소음이 발생하는 원인
- 작동유에 공기가 유입된 경우
- 작동유의 점도가 너무 높은 경우
- 유압펌프의 구동축 베어링이 마모된 경우
- 유압펌프에서 상부커버의 고정 볼트가 풀린 경우

## (2) 유압 모터

유압 펌프 대비 유압 모터의 가장 큰 특징은 공급되는 유량으로 회전수를 제어하는데 있다.

1) 유압 모터의 종류는 베인형, 기어형, 플런저(피스톤)형으로 분류된다.

| | | |
|---|---|---|
| 기어형 | • 구조가 간단하다.<br>• 전체 효율이 70% 이하이다.<br>• 주로 평기어를 사용한다. | • 가격이 저렴하다.<br>• 이물질이 유입되어도 비교적 고장률이 낮다. |
| 베인형 | • 출력토크가 일정하다.<br>• 전체 효율이 95% 정도이다. | • 역전이 가능하다.<br>• 무단변속이 가능하다. |
| 플런저<br>(피스톤)형 | • 구조가 복잡하다.<br>• 최고토출압력이 가장 높다. | • 가격이 비싸다.<br>• 고압 대출력에 적합하다. |

2) 유압 모터의 장점

- 무단변속이 쉽다.
- 과부하에 대해 안전하다.
- 속도 및 방향제어가 쉽다.
- 정 · 역회전 변화가 가능하다.
- 전동 모터에 비해 급정지가 쉽다.
- 소형으로 강력한 힘을 낼 수 있다.

3) 유압 모터의 단점

- 작동유의 온도에 영향을 많이 받는다.
- 작동유가 누유되면 작업 성능이 나빠진다.
- 작동유의 점도에 따라 사용이 제한될 수 있다.
- 작동유에 이물질이 유입되지 않도록 관리해야 한다.

# 기출문제

**01 오일펌프의 종류가 아닌 것은?**

① 베인펌프
② 기어펌프
③ 진공펌프
④ 플런저펌프

해설
오일펌프의 종류 : 베인펌프, 기어펌프, 플런저펌프

**02 유압 펌프 관련 용어 중 GPM의 의미는?**

① 회로 내에서 이동되는 유체의 양
② 회로 내에서 형성되는 압력의 크기
③ 복동 실린더의 치수
④ 흐름에 대한 저항

해설
GPM(Gallon Per Minute) : 유량단위

**03 일반적으로 유압펌프에서 가장 많이 사용되는 형식은?**

① 외접 기어펌프
② 내접 기어펌프
③ 트로코이드 기어펌프
④ 피스톤 펌프

해설
외접 기어펌프 : 일반적으로 유압펌프에서 가장 많이 사용되는 형식이다.

**04 유압 펌프 중에서 가장 큰 출력을 발생 시킬 수 있는 펌프는?**

① 나사 펌프
② 피스톤 펌프
③ 베인 펌프
④ 기어 펌프

해설
피스톤 펌프 : 유압펌프 중에서 가장 큰 출력을 발생시킬 수 있는 펌프이다.

**05 다음 그림처럼 유압 펌프의 종류 중 안쪽은 내 · 외측 로터, 바깥쪽은 하우징으로 구성되어 있는 펌프는?**

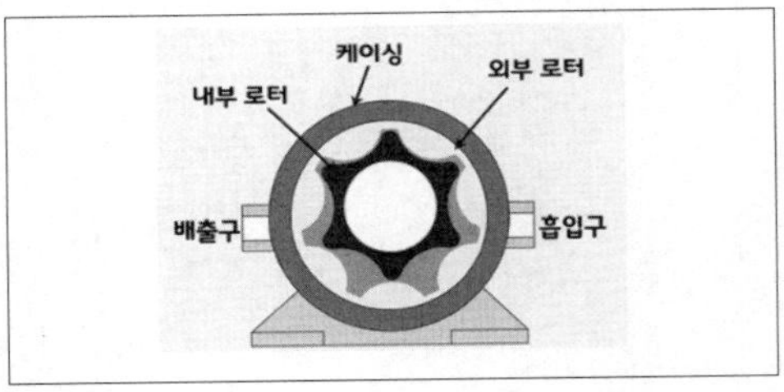


① 트로코이드 펌프
② 피스톤 펌프
③ 기어 펌프
④ 베인 펌프

해설
트로코이드 펌프 : 안쪽은 내 · 외측 로터, 바깥쪽은 하우징으로 구성되어 있는 펌프이다.

정답 01 ③ 02 ① 03 ① 04 ② 05 ①

**06 유압 펌프에서 유량 및 유압이 낮아지는 원인으로 틀린 것은?**

① 기어 옆 부분과 펌프 내벽 사이의 간극이 클 때
② 기어와 펌프 내벽 사이의 간극이 클 때
③ 펌프 흡입라인이 막혔을 때
④ 오일탱크에 오일량이 과다할 때

해설
오일탱크에 오일량이 과소할 때 유압이 낮아진다.

**07 유압 펌프에서 소음이 발생할 수 있는 원인이 아닌 것은?**

① 펌프의 속도가 느릴 때
② 오일의 양이 적을 때
③ 오일의 점도가 너무 높을 때
④ 오일 속에 공기가 유입될 때

해설
펌프의 속도가 너무 빠르면 소음이 발생할 수 있다.

**08 회전수가 일정할 때 펌프의 토출량이 바뀔 수 있는 것은?**

① 가변 용량형 피스톤펌프
② 프로펠러 펌프
③ 정용량형 베인펌프
④ 기어펌프

해설
가변 용량형 피스톤펌프는 회전수가 일정할 때 펌프의 토출량이 바뀔 수 있다.

**09 기어 펌프에 대한 설명으로 옳은 것은?**

① 날개깃에 의해 펌핑작용을 한다.
② 가변용량 펌프를 말한다.
③ 비정용량 펌프를 말한다.
④ 정용량 펌프를 말한다.

해설
기어 펌프는 정용량 펌프에 해당한다.

**10 기어 펌프의 회전수가 변했을 때 발생하는 현상으로 가장 적절할 것은?**

① 오일 흐름 방향이 변한다.
② 회전 경사판의 각도가 변한다.
③ 오일압력이 무조건 증가한다.
④ 유량이 변한다.

해설
기어 펌프의 회전수가 변하면 유량이 변한다.

**11 유압 펌프에서 작동유 누유 여부에 대한 점검 사항이 아닌 것은?**

① 운전자가 관심을 가지고 지속적으로 점검한다.
② 고정 볼트가 이완된 경우 추가 조임을 한다.
③ 정상 작동 온도로 난기 운전을 실시하여 점검하는 것이 좋다.
④ 하우징에 균열이 발생되면 패킹을 교환한다.

해설
하우징에 균열이 발생되면 유압펌프 조립체(또는 하우징)를 교환한다.

**12 유압 모터의 종류에 해당하지 않는 것은?**

① 베인형
② 기어형
③ 터빈형
④ 플런저형

해설
유압 모터의 종류 : 베인형, 기어형, 플런저형, 피스톤형

06 ④ 07 ① 08 ① 09 ④ 10 ④ 11 ④ 12 ③

13 **유압 모터의 단점이 아닌 것은?**

① 작동유가 누출되면 작업 성능에 지장이 발생한다.

② 작동유에 먼지 및 공기가 유입되지 않도록 보수에 주의한다.

③ 릴리프 밸브를 부착하여 속도 및 방향을 제어하기 어렵다.

④ 작동유의 점도 변화에 의하여 유압모터의 사용에 제한이 있다.

해설

유압모터는 속도 및 방향제어가 용이하며, 릴리프 밸브를 부착하여 급정지가 가능하다.

14 **유압 실린더와 유압 모터의 설명으로 옳은 것은?**

① 실린더는 직선운동, 모터는 회전운동

② 실린더는 회전운동, 모터는 직선운동

③ 실린더와 모터 모두 직선운동

④ 실린더와 모터 모두 회전운동

해설

유압 실린더는 직선운동, 유압 모터는 회전운동을 한다.

정답 13 ③ 14 ①

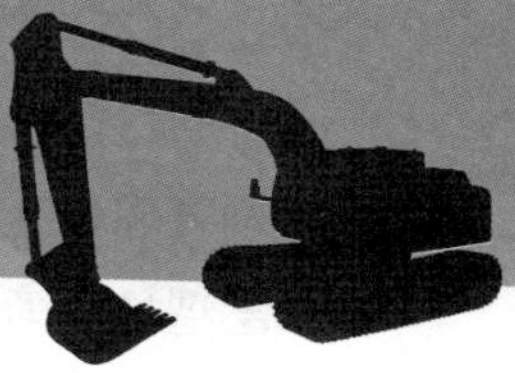

## 3 유압밸브 및 회로

### (1) 유압 밸브

| 압력 제어 밸브 | 유량 제어 밸브 | 방향 제어 밸브 |
|---|---|---|
| • 언로드 밸브<br>• 카운터 밸런스 밸브<br>• 리듀싱 밸브<br>• 릴리프 밸브<br>• 시퀀스 밸브 | • 니들 밸브<br>• 스로틀 밸브<br>• 압력보상 유량제어 밸브<br>• 분류 밸브 | • 스풀 밸브<br>• 체크 밸브<br>• 감속 밸브<br>• 셔틀 밸브 |

#### 1) 압력 제어 밸브

- 언로드 밸브란 일정조건에서 펌프를 무부하로 하기 위해 사용되는 밸브를 말한다.
- 카운터 밸런스 밸브란 중력에 따른 자유낙하를 방지하기 위해 배압을 유지하는 밸브를 말한다.
- 리듀싱 밸브란 1차측 압력과 관계없이 분기회로에서 2차측 압력을 설정압력까지 감압하는 밸브를 말한다.
- 릴리프 밸브란 유압회로에서 실린더로 공급되는 오일 압력을 조정하여 회로 내의 최대압력을 제어하는 밸브를 말한다.
- 시퀀스 밸브란 유압회로에서 어느 부분의 압력이 설정압력 이상이 되면 압력에 의해 밸브를 완전히 열고, 유압유를 1차 측에서 2차 측으로 통하게 하는 밸브를 말한다.

#### 2) 유량 제어 밸브

- 니들 밸브란 관 또는 노즐 내 장치되어 유량을 조절하는 밸브를 말한다.
- 스로틀 밸브란 통로의 단면적을 바꿔서 교축 작용으로 유량과 감압을 조절하는 밸브를 말한다.
- 압력보상 유량제어 밸브란 압력차를 일정하게 유지하여 부하의 변화에 따라 유량이 변하지 않는 밸브를 말한다.
- 분류 밸브란 유압원으로부터 여러 회로에 분류시키는 경우 각 회로의 압력과 관계없이 유량을 일정하게 나누는 밸브를 말한다.

3) 방향 제어 밸브

- 스풀 밸브란 축 방향으로 이동하여 오일의 흐름을 변환하는 밸브를 말한다.
- 체크 밸브란 유압 회로 내 잔압을 유지하고 역류를 방지하는 밸브를 말한다.
- 감속 밸브란 스풀을 작동시켜 유로를 서서히 개폐하여 작동체의 발진, 감속, 정지 변환 등을 충격 없이 하는 밸브를 말한다.
- 셔틀 밸브란 출구가 최고 압력의 입구를 선택하는 기능을 가지고 있으며 저압측은 통제하고 고압측만 통과시키는 밸브를 말한다.

## (2) 유압 회로

1) 유압의 기본회로

- 탠덤 회로란 1개 스풀을 조작하고 있을 때 그보다 하류에 있는 스풀을 사용할 수 없고 동시에 2개를 작동시켰을 때에는 반드시 상류측이 우선 작동하는 회로를 말한다.
- 오픈 회로란 작동유가 탱크로부터 펌프로 흡입되고 펌프에서 제어밸브를 통과하여 엑추에이터에 일을 한 후 다시 제어밸브를 통과하여 탱크로 복귀하는 회로를 말한다.
- 클로즈 회로란 펌프에서 토출된 오일이 제어밸브를 거쳐 엑추에이터에 도달한 후 엑추에이터에서 제어밸브를 거쳐 다시 펌프로 복귀하여 탱크로 되돌아가지 않는 회로를 말한다.
- 피드 회로란 클로즈 회로에서 펌프 또는 모터 등에서 누유가 발생했을 때 작동유를 보충해하는 회로를 말한다.

2) 속도제어 회로

- 미터 인 회로란 엑추에이터 입구 측 관로에 설치되어 있으며, 실린더로 유입하는 유량을 직접 제어하는 회로를 말한다.
- 미터 아웃 회로란 엑추에이터 출구 측 관로에 설치되어 있으며, 실린더로부터 유출하는 유량을 직접 제어하는 회로를 말한다.
- 블리드 오프 회로란 실린더 입구의 분기회로에 설치되어 있으며, 엑추에이터에 흐르는 유량의 일부를 탱크로 분기하는 회로를 말한다.

3) 압력제어 회로

- 시퀀스 회로란 동일한 유압원으로부터 기계조작이 순차적으로 작동하는 회로를 말한다.
- 로크 회로란 임의의 위치에서 실린더 행정을 고정시킬 경우 이동되는 것을 방지하는 회로를 말한다.
- 카운트 밸런스 회로란 램이 중력에 따라 자유낙하 하는 것을 방지하기 위해 배압을 일정하게 유지하는 회로를 말한다.

- 언로드 회로란 회로 내 유압이 설정압력 이상으로 상승할 경우 유압유를 탱크로 복귀시켜 회로를 무부하 상태로 유지하는 회로를 말한다.
- 최대 압력제한 회로란 유압회로에서 일을 하지 않는 행정에서는 저압 릴리프 밸브로 압력을 제어하고, 일을 하는 행정에서는 고압 릴리프 밸브로 압력을 제어하여 작동목적에 맞게 적절한 압력을 사용함으로서 동력을 아낄 수 있는 회로를 말한다.

4) 유압 회로 내 설정압력

- 설정압력이 너무 높은 경우 유압 작동유의 온도가 높아진다.
- 설정압력이 너무 낮은 경우 유압 펌프의 흡입이 불량해지며, 캐비테이션 현상이 발생한다.

# 기출문제

**01 압력제어밸브의 역할은?**

① 일의 속도 결정
② 일의 시간 결정
③ 일의 크기 결정
④ 일의 방향 결정

해설

- 압력제어밸브의 역할 : 일의 크기 결정
- 유량제어밸브의 역할 : 일의 속도 결정
- 방향제어밸브의 역할 : 일의 방향 결정

**02 액추에이터의 운동 속도를 제어하기 위해 사용하는 밸브는?**

① 방향제어 밸브
② 유량제어 밸브
③ 압력제어 밸브
④ 온도제어 밸브

해설

- 방향제어 밸브 : 일의 방향 제어
- 유량제어 밸브 : 일의 속도 제어
- 압력제어 밸브 : 일의 크기 제어

**03 다음 [보기]에서 유압회로에 사용되는 3가지 종류의 제어밸브를 모두 나열한 것은?**

| [보기] |
|---|
| a. 압력제어밸브 / b. 속도제어밸브<br>c. 방향제어밸브 / d. 유량제어밸브 |

① a, b, c
② a, b, d
③ a, c, d
④ b, c, d

해설

유압회로에 사용되는 3가지 종류의 제어밸브는 압력제어 밸브, 방향제어밸브, 유량 제어밸브로 분류된다.

**04 압력제어밸브가 아닌 것은?**

① 언로드 밸브
② 시퀀스 밸브
③ 교축 밸브
④ 릴리프 밸브

해설

- 언로드 밸브 : 일정조건에서 펌프를 무부하로 하기 위해 사용되는 밸브
- 시퀀스 밸브 : 두 개 이상의 분기회로에 기출문제서 유압 엑추에이터의 작동순서를 제어하는 밸브
- 교축 밸브 : 유량제어밸브임(속도제어)
- 릴리프 밸브 : 유압이 규정값 보다 높아질 때 작동하여 회로를 보호하는 밸브

**05 방향제어밸브에서 내부 누유에 영향을 미치는 요소가 아닌 것은?**

① 밸브 간극의 크기
② 흡입 여과기
③ 관로의 유량
④ 밸브 양단의 압력차

해설

방향제어밸브에서 내부 누유에 영향을 미치는 요소
- 밸브 간극의 크기
- 흡입 여과기
- 밸브 양단의 압력차
- 유압유의 점도

정답 01 ③ 02 ② 03 ③ 04 ③ 05 ③

**06 유압 실린더 등의 중력으로 인해 낙하를 방지하기 위해 회로에 배압을 유지하는 밸브는?**

① 언로더 밸브
② 카운터 밸런스 밸브
③ 감압 밸브
④ 시퀀스 밸브

해설

- 언로더 밸브 : 일정조건에서 펌프를 무부하로 하기 위해 사용되는 밸브
- 감압 밸브 : 1차측 압력과 관계없이 분기회로에서 2차측 압력을 설정압력까지 감압하는 밸브
- 시퀀스 밸브 : 두 개 이상의 분기회로에서 유압 엑추에이터의 작동순서를 제어하는 밸브

**07 유압회로에 흐르는 압력이 설정된 압력 이상으로 상승하는 것을 방지하기 위한 밸브는?**

① 릴리프 밸브
② 감압 밸브
③ 시퀀스 밸브
④ 카운터 밸런스 밸브

해설

- 감압 밸브 : 1차측 압력과 관계없이 분기회로에서 2차측 압력을 설정압력까지 감압하는 밸브
- 시퀀스 밸브 : 2개 이상의 분기회로에서 유압 엑추에이터의 작동순서를 제어하는 밸브
- 카운터 밸런스 밸브 : 중력으로 인해 낙하를 방지하기 위해 배압을 유지하는 밸브

**08 유압이 규정값보다 높아질 때 작동하여 회로를 보호하는 밸브는?**

① 릴리프 밸브
② 시퀀스 밸브
③ 리듀싱 밸브
④ 카운터 밸런스 밸브

해설

- 시퀀스 밸브 : 두 개 이상의 분기회로에서 유압 엑추에이터의 작동순서를 제어하는 밸브
- 리듀싱 밸브 : 1차측 압력과 관계없이 분기회로에서 2차측 압력을 설정압력까지 감압하는 밸브
- 카운터 밸런스 밸브 : 중력으로 인해 낙하를 방지하기 위해 배압을 유지하는 밸브

**09 일반적으로 유압장치에서 릴리프밸브가 설치되는 위치는?**

① 펌프와 제어밸브 사이
② 필터와 실린더 사이
③ 필터와 오일탱크 사이
④ 펌프와 오일탱크 사이

해설

릴리프 밸브는 펌프와 제어밸브 사이에 위치한다.

**10 유압식 건설기계장비에서 고압 호스가 자주 파열된다. 그 원인으로 가장 적절한 것은?**

① 릴리프 밸브의 설정 압력 불량
② 오일의 점도저하
③ 유압펌프의 고속 회전
④ 유압모터의 고속 회전

해설

릴리프 밸브의 설정 압력 불량 : 릴리프 밸브의 설정 압력이 높으면 고압 호스가 자주 파열될 수 있다.

**11 유압 컨트롤 밸브 내에서 스풀 형식의 밸브가 사용되는 목적은?**

① 펌프의 회전방향을 바꾸기 위해
② 회로 내의 압력을 상승시키기 위해
③ 오일의 흐름 방향을 바꾸기 위해
④ 축압기의 압력을 바꾸기 위해

해설

스풀 밸브 : 축 방향으로 이동하여 오일의 흐름을 변환하는 밸브를 말한다.

06 ② 07 ① 08 ① 09 ① 10 ① 11 ③

## 4 유압 실린더 및 축압기

### (1) 유압기기의 역할

1) 유압 펌프는 오일을 압송한다.
2) 유압 실린더는 직선운동을 한다.
3) 유압 모터는 무한회전운동을 한다.
4) 축압기는 맥동 및 충격을 흡수한다.

### (2) 유압 실린더

1) 유압 실린더는 방향을 전환시키는 역할을 한다.
- 실린더, 피스톤, 피스톤 로드로 구성된 직선 왕복운동을 하는 액추에이터

유압실린더의 구조

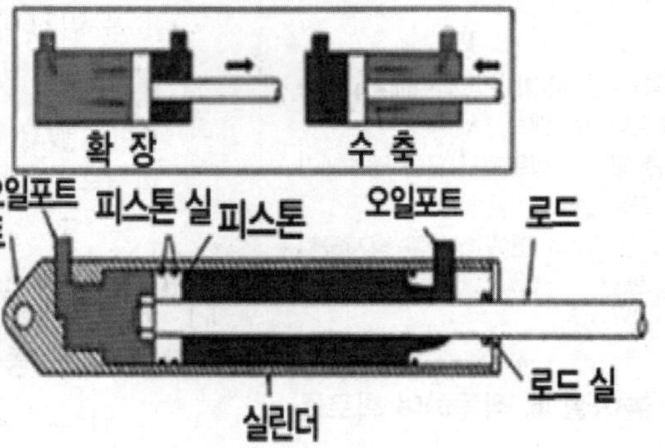


2) 유압 실린더의 종류
- 종류: 단동실린더, 복동실린더, (싱글로드형과 더블로드형) 다단실린더, 램형실린더 등

| | |
|---|---|
| 단동 실린더형 | 한쪽 방향에 대해서만 유효한 일을 하며, 복귀는 중력이나 복귀스프링을 통해 한다. |
| 복동 실린더형 | 피스톤의 양쪽에 유압유를 교대로 공급하여 양방향의 운동을 유압으로 작동 |

<table>
<tr><th>단동실린더의 동작</th><th>복동실린더의 동작</th></tr>
<tr><td>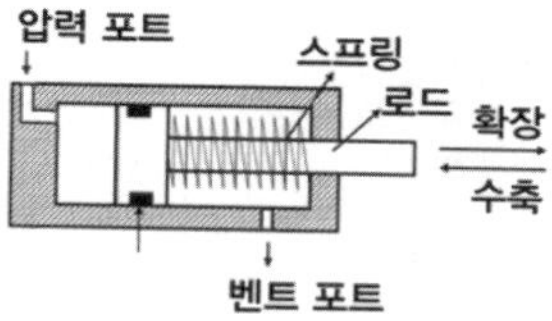
</td><td>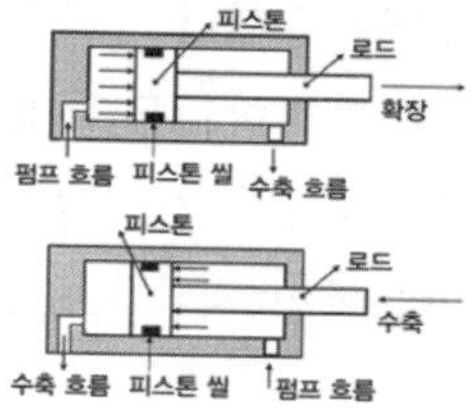
</td></tr>
</table>

- 지지방식 : 푸트형, 플랜지형, 트러니언형, 클레비스형
- 쿠션기구 : 실린더의 피스톤이 고속으로 왕복 운동할 때 행정의 끝에서 피스톤이 커버에 충돌하여 발생하는 충격을 흡수하고, 그 충격력에 의해서 발생하는 유압 회로의 악영향이나 유압기기의 손상을 방지하기 위해서 설치한다.

3) 유압 실린더의 정비사항

- 오일 링을 교환해야 한다.
- 오일 씰을 교환해야 한다.
- 로드 씰을 교환해야 한다.

※ O-링의 구비조건

- 압축변형이 작아야 한다.
- 죄는 힘(체결력)이 커야한다.
- 작동 시 마모가 작아야 한다.
- 오일의 입 · 출입이 없어야 한다.

4) 유압 실린더 분해 · 조립 시 주의사항

- 무리한 힘을 가하여 분해 · 조립하지 않는다.
- 용도 및 크기를 고려하여 적절한 공구를 사용한다.
- 다이얼게이지를 사용하여 피스톤 로드의 휨을 측정한다.
- 실린더 내부의 부품을 조립할 때에는 유압유를 바르고 분해의 역순으로 한다.

## (3) 축압기(어큐뮬레이터)

1) 축압기는 압력을 보상하고, 맥동을 제거하고, 충격을 완화시키는 역할을 한다.

2) 축압기의 기능

- 압력에너지를 축적한다.
- 맥동 및 충격을 흡수한다.
- 에너지를 저장할 수 있다.
- 유압장치 및 유압펌프의 파손을 방지한다.

3) 축압기 취급 시 주의사항

- 축압기에 용접이나 가공을 하지 않는다.
- 유압펌프 맥동방지용 축압기는 펌프의 출구 측에 설치한다.
- 충격 흡수용 축압기는 충격 발생원에 근접한 곳에 설치한다.
- 축압기에 봉입하는 가스로 폭발성 기체를 사용하면 안 된다.

# 기출문제

01 유체에너지를 일시 저장하여 맥동 및 충격압력을 흡수하고 부하가 클 때 저장해 둔 에너지를 방출하여 순간적인 과부하를 방지하는 기기는?

① 어큐뮬레이터 ② 엑추에이터
③ 제어밸브 ④ 유압펌프

해설

어큐뮬레이터 : 유체에너지를 일시 저장하여 맥동 및 충격압력을 흡수하고 부하가 클 때 저장해둔 에너지를 방출하여 순간적인 과부하를 방지하는 기기를 말한다.

02 유압장치에 사용되는 유압기기에 대한 설명으로 틀린 것은?

① 축압기－외부로 오일누출 방지
② 유압펌프－오일 압송
③ 실린더－직선운동
④ 유압모터－무한회전운동

해설

오일씰(Oil seal) : 외부로 오일누출 방지

03 오일 씰(seal)의 종류 중에서 O-링의 구비조건으로 옳은 것은?

① 작동 시 마모가 클 것
② 오일의 입 · 출입이 가능할 것
③ 죄는힘(체결력)이 작을 것
④ 압축변형이 작을 것

해설

- 작동 시 마모가 작을 것
- 오일의 입 · 출입이 없을 것
- 죄는힘(체결력)이 클 것

04 유압유의 압력에너지(힘)를 기계적 에너지(일)로 변환시키는 작용을 하는 것은?

① 유압펌프
② 액추에이터
③ 어큐뮬레이터
④ 유압밸브

해설

- 유압펌프 : 엔진의 기계적 에너지를 유압 에너지로 변환하는 장치이다.
- 어큐뮬레이터 : 유체에너지를 일시 저장하여 맥동 및 충격압력을 흡수하고 부하가 클 때 저장해둔 에너지를 방출하여 순간적인 과부하를 방지한다.

05 유압장치의 불순물 및 금속가루를 제거하기 위한 장치로 바르게 나열된 것은?

① 스크레이너, 필터
② 여과기, 어큐뮬레이터
③ 필터, 스트레이너
④ 어큐뮬레이터, 스트레이너

해설

필터, 스트레이너는 유압장치의 불순물 및 금속가루를 제거하기 위한 장치이다.

06 호이스트형 유압호스 연결부에 가장 많이 사용하는 것은?

① 니플 조인트
② 유니온 조인트
③ 엘보 조인트
④ 소켓 조인트

해설

유니온 조인트 : 호이스트형 유압호스 연결부에 가장 많이 사용하는 것

정답 01 ① 02 ① 03 ④ 04 ② 05 ③ 06 ②

## 5 유압 회로도 및 기호

### (1) 유압 회로도

1) 기호 회로도는 유압 기호로 표시한다.
2) 그림 회로도는 유압 기기의 외형을 그림으로 표시한다.
3) 단면 회로도는 유압 회로도 중 유압기기의 내부 및 동작을 단면으로 표시한다.
4) 조합 회로도는 그림 회로도 + 단면 회로도이다.

### (2) 유압 기호

| | | | | |
|---|---|---|---|---|
| 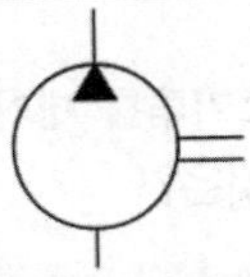 |  | 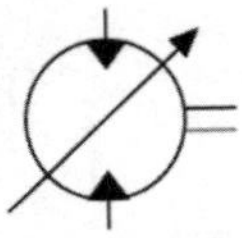 | 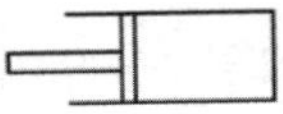 | 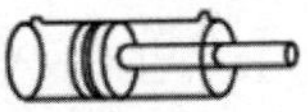 |
| 정용량형<br>유압펌프 | 가변용량형<br>유압펌프 | 가변용량형<br>유압모터 | 단동실린더 | 복동실린더 |
| 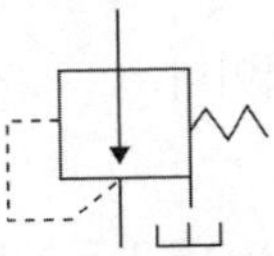 | 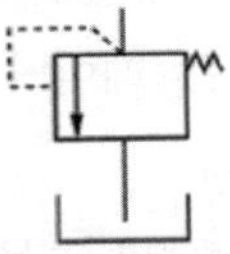 | 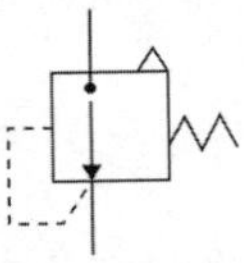 | 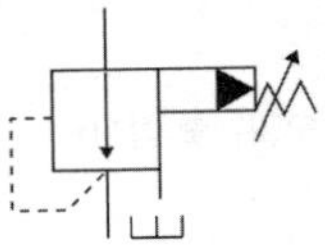 | 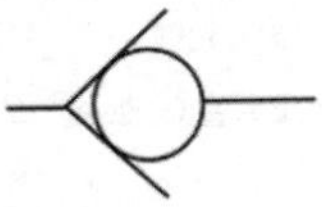 |
| 감압밸브 | 릴리프밸브 | 릴리프붙이<br>감압밸브 | 파일럿작동형<br>감압밸브 | 체크밸브 |

| | | | | | | |
|---|---|---|---|---|---|---|
| 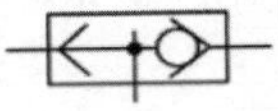 | 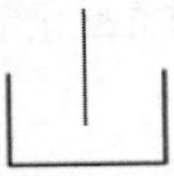 | 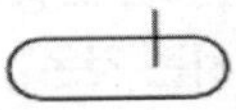 | 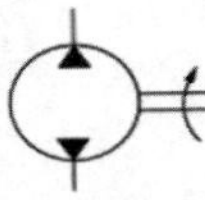 | 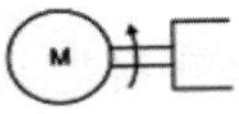 | 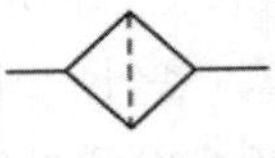 | 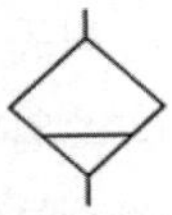 |
| 고압우선형<br>셔틀밸브 | 유압탱크 | 유압탱크<br>밀폐형 | 정용량형<br>펌프 · 모터 | 회전형 전기모터<br>액추에이터 | 오일필터 | 드레인배출기 |
|  | 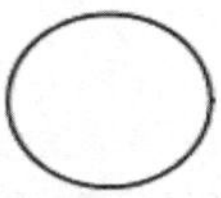 |  |  |  | 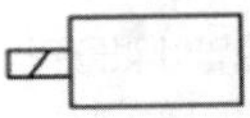 | 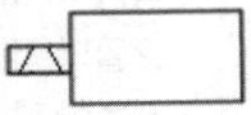 |
| 유압동력원 | 계측기(중원) | 압력계 | 어큐뮬레이터<br>(축압기) | 스프링 | 전자조작<br>단동솔레노이드 | 전자조작<br>복동솔레노이드 |

| 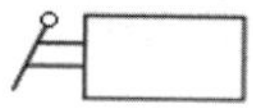 | 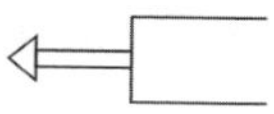 | 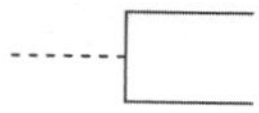 | 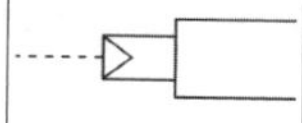 | 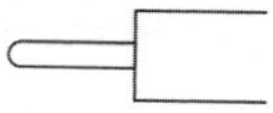 | 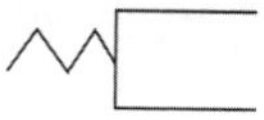 | 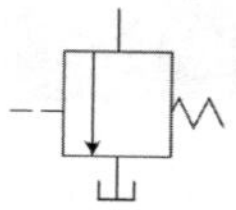 |
|---|---|---|---|---|---|---|
| 인력조작 레버 | 인력조작<br>누름버튼 | 파일럿조작<br>직접 작동 | 파일럿조작<br>간접 작동 | 기계조작<br>플런저 | 기계조작<br>스프링 | 무부하 밸브 |

# 기출문제

**01 가변용량형 유압 모터의 기호 표시는?**

① 
② 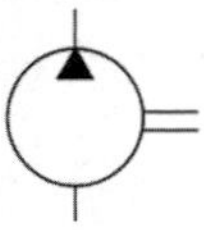
③ 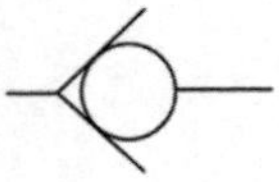
④ 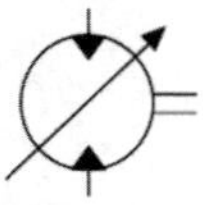

해설

-  : 가변용량형 유압 펌프
- 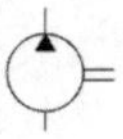 : 정용량형 유압 펌프
- 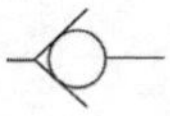 : 체크밸브

**02 오일 필터의 기호 표시는?**

① 
② 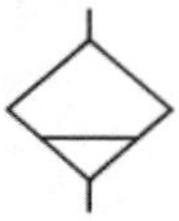
③ 
④ 

해설

-  : 압력계
- 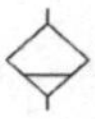 : 드레인 배출기
-  : 유압 동력원

**03 방향전환밸브의 조작방식에서 복동 솔레노이드 기호 표시는?**

① 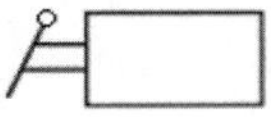
② 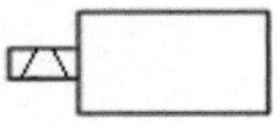
③ 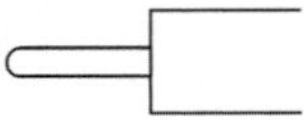
④ 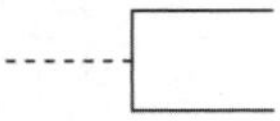

해설

- 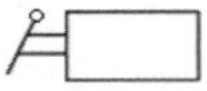 : 인력조작 : 레버
- 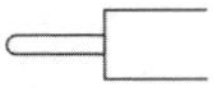 : 기계조작 : 플런저
- 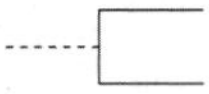 : 파일럿조작 : 직접작동

**04 다음 유압 기호 표시는?**

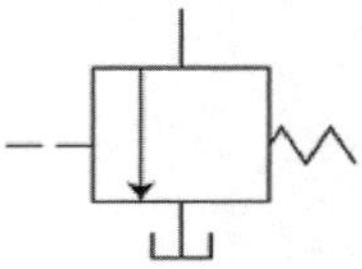

① 체크 밸브 ② 무부하 밸브
③ 릴리프 밸브 ④ 감압 밸브

해설

- 체크 밸브 : 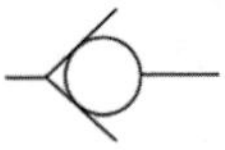
- 릴리프 밸브 : 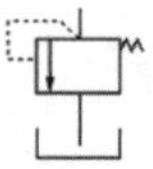
- 감압 밸브 : 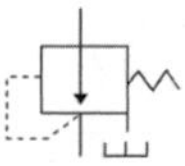

정답 01 ④ 02 ③ 03 ② 04 ②

CHAPTER 04

# 건설기계 법규 및 도로통행방법

## 1 건설기계 법규

### (1) 건설기계의 범위(건설기계법규에 따른 27종)

1. 불도저 2. 굴착기 3. 로더 4. 지게차 5. 스크레이퍼 6. 덤프트럭 7. 기중기 8. 모터그레이더 9. 롤러 10. 노상안정기 11. 콘크리트뱃칭플랜트 12. 콘크리트피니셔 13. 콘트리트 살포기 14. 콘크리트 믹서트럭 15. 콘크리트 펌프 16. 아스팔트 믹싱 플랜트 17. 아스팔트 피니셔 18. 아스팔트 살포기 19. 골재살포기 20. 쇄석기 21. 공기압축기 22. 천공기 23. 항타 및 항발기 24. 자갈채취기 25. 준설선 26-1. 도로보수트럭 26.2 노면파쇄기 26-3 노면측정장비

26-4 콘크리트믹서트레일러 26-5. 수목이식기 26-6. 아스팔트 콘크리트재생기 26-7. 터널용 고소작업차 26-8. 트럭지게차 27. 타워크레인

※ 건설기계의 범위에 속하지 않는 것

① 천장크레인

② 자체중량 4톤 미만 로더

③ 적재용량 5톤 덤프트럭

### (2) 소형건설기계 분류 및 교육

1) 소형건설기계의 분류

- 3톤 미만 굴착기, 3톤 미만 지게차, 3톤 미만 타워크레인이 해당된다.
- 5톤 미만 로더, 5톤 미만 천공기가 해당된다.

2) 소형건설기계의 교육

- 3톤 미만 로더, 3톤 미만 지게차, 3톤 미만 굴착기는 12시간(이론 6시간, 실습 6시간) 조종 교육을 이수한다.
- 3톤 이상 5톤 미만 로더, 5톤 미만 불도저는 18시간(이론 6시간, 실습 12시간) 조종 교육을 이수한다.

### (3) 자동차 1종 대형 면허로 조종할 수 없는 건설기계

1) 지게차

- 3톤 미만 지게차는 1종 대형면허 또는 1종 보통면허가 있는 상태에서 12시간 교육을 이수해야한다.

• 3톤 이상 지게차는 지게차운전기능사가 필요하다.

2) 굴착기

• 3톤 미만 굴착기는 1종 대형면허 또는 1종 보통면허가 있는 상태에서 12시간 교육을 이수해야 한다.

• 3톤 이상 굴착기는 굴착기운전기능사가 필요하다.

### (4) 조명장치

1) 번호등은 최고속도가 15km/h 미만인 타이어식 건설기계가 갖추지 않아도 되는 조명이다.

2) 후부반사기는 최고속도가 15km/h 미만인 타이어식 건설기계가 반드시 갖춰야 할 조명장치이다.

### (5) 규정 속도

1) 총중량 2톤 미만인 자동차를 총중량이 그의 3배 이상인 자동차로 견인 할 때 외, 이륜자동차가 견인할 때는 25km/h 이내로 주행해야 한다.

2) 총중량 2톤 미만인 자동차를 총중량이 그의 3배 이상인 자동차로 견인 할 때는 30km/h 이내로 주행해야 한다.

3) 30km/h 이상 속도를 낼 수 있는 타이어식 건설기계는 좌석 안전띠를 설치해야 한다.

### (6) 건설기계의 사업

1) 건설기계 사업을 영위하고자 하는 자는 시장 · 군수 또는 구청장에게 신고해야 한다.

2) 건설기계 사업은 건설기계 해체재활용업, 건설기계 매매업, 건설기계 정비업, 건설기계 대여업으로 분류된다.

• 건설기계 매매업을 등록하고자 하는 자는 보증보험증서, 하자보증금예치증서를 구비해야 한다.

• 건설기계 정비업은 전문건설기계정비업, 종합건설기계정비업, 부분건설기계정비업으로 분류된다.

• 건설기계 대여업을 하고자 하는 자는 시 · 도지사에게 등록해야 한다.

3) 원동기 전문 건설기계 정비업의 사업은 연료펌프 분해정비, 실린더 헤드 탈착정비, 크랭크축 분해정비로 분류된다.

• 원동기 전문 건설기계 정비업은 유압장치 정비업을 할 수 없다.

• 유압장치 정비업은 종합 건설기계 정비업, 부분 건설기계 정비업, 건설기계 장비 시설을 갖춘 전문 정비사업자만 할 수 있다.

4) 건설기계의 임시운행 사유

- 수출을 위해 건설기계를 선적지로 운행하고자 하는 경우
- 건설기계 등록신청을 하기 위해 등록지로 운행하고자 하는 경우
- 신개발 건설기계를 시험 및 연구 목적으로 운행하고자 하는 경우
- 확인검사를 받기 위해 건설기계를 검사장소로 운행하고자 하는 경우
- 판매 또는 전시를 위해 건설기계를 일시적으로 운행하고자 하는 경우
- 수출을 위해 등록을 말소한 건설기계를 정비 · 점검하고자 운행하는 경우
- 신규등록검사를 받기 위해 건설기계를 검사장소로 운행하고자 하는 경우

### (7) 건설기계의 등록

1) 건설기계의 소유자는 대통령령이 정하는 바에 의하여 건설기계를 등록해야 한다.

2) 건설기계의 소유자가 건설기계를 등록하고자 할 때 등록신청은 사용 본거지의 관할 시 · 도지사에게 해야 한다.

3) 건설기계 등록사항 중 변경사항이 있을 때 소유자는 건설기계등록사항 변경신고서를 시 · 도지사에게 제출해야 한다.

4) 건설기계 등록사항 변경신고

- 변경이 있는 날로부터 30일 이내 신고해야 한다.
- 상속의 경우 상속 개시일로부터 3개월 이내 신고해야 한다.
- 전시 또는 사변 등 기타 이에 준하는 국가비상사태 시에는 5일 이내 신고해야 한다.

5) 건설기계 등록사항 변경신고 시 제출서류

- 건설기계 검사증
- 건설기계 등록증
- 변경을 증명하는 서류
- 건설기계 등록사항 변경신고서

6) 건설기계 등록 시 건설기계 출처를 증명하는 서류

- 수입면장
- 건설기계 제원표
- 건설기계 제작증
- 매수증서(관청으로부터 매수)
- 건설기계 소유자임을 증명하는 서류
- 보험 또는 공제 가입 증명 서류

7) 건설기계 등록 시 전시, 사변 등 국가비상사태에는 5일 이내에 등록해야 한다.

- 시 · 도지사로부터 등록번호표 제작 통지를 받은 건설기계 소유자는 3일 이내에 시 · 도지사에게 지정받은 등록번호표 제작자에게 등록번호표 제작을 신청해야 한다.
- 등록번호표 제작 등의 신청을 받은 동록번호표 제작자는 7일 이내에 제작 등을 해야 한다.
- 등록사항 중 변경이 있을 시에는 변경이 있는 날로부터 30일 이내에 등록해야 한다(단, 상속의 경우 상속 개시일로부터 3개월 이내, 국가비상사태의 경우 5일 이내).
- 국가비상사태 외 평시에는 건설기계 취득일로부터 2개월 이내에 등록해야 한다.

8) 건설기계의 등록을 말소할 때 등록번호표를 10일 이내에 시 · 도지사에게 반납해야 한다.

9) 건설기계 등록말소 사유

- 건설기계를 폐기한 경우
- 건설기계를 도난당한 경우
- 건설기계를 수출하는 경우
- 연구 · 목적으로 사용하는 경우
- 부당한 방법으로 등록한 경우
- 건설기계안전기준에 적합하지 않는 경우
- 건설기계의 차대가 등록 시의 차대와 상이한 경우
- 구조적 결함으로 건설기계를 판매 · 제작자에게 반품한 경우
- 천재지변 등 이에 준하는 사고로 사용할 수 없게 되거나 멸실된 경우
- 정기검사 유효기간이 만료된 날로부터 3개월 이내에 시 · 도지사의 최고를 지정 받고 지정된 기한까지 정기검사를 받지 않은 경우

10) 건설기계의 등록번호표에 표시되는 내용

- 기종
- 용도
- 등록번호
- 등록관청

11) 건설기계 등록번호표의 도색

- 녹색판에 흰색 문자는 자가용 건설기계(등록번호 1001~4999)를 의미한다.
- 주황색판에 흰색 문자는 영업용 건설기계(등록번호 5001~8999)를 의미한다.
- 흰색판에 검은색 문자는 관용 건설기계(등록번호 9001~9999)를 의미한다.

12) 등록건설기계의 기종별 표시

| 표 시 | 기 종 | 표 시 | 기 종 |
|---|---|---|---|
| 01 | 불도저 | 03 | 덤프트럭 |
| 02 | 굴착기 | 07 | 기중기 |
| 03 | 로더 | 08 | 모터그레이더 |
| 04 | 지게차 | 09 | 롤러 |
| 05 | 스크레이퍼 | 10 | 노상안정기 |

13) 특별표지판을 부착해야 하는 대형건설 건설기계

- 너비 2.5m 초과
- 높이 4m 초과
- 최소회전반경 12m 초과
- 길이 16.7m 초과
- 총중량 상태에서 축 하중 10톤 초과
- 총중량 40톤 초과

### (8) 건설기계의 형식신고

1) 건설기계를 사용목적으로 수입하는 경우

2) 건설기계를 사용목적으로 조립하는 경우

3) 건설기계를 사용목적으로 제작하는 경우

※ 건설기계를 연구 · 개발 목적으로 제작하려는 경우 형식신고를 하지 않아도 된다.

### (9) 건설기계의 검사

1) 정기검사란 검사유효기간이 끝난 후에 계속해서 운행하려는 경우 실시하는 검사를 말한다.

- 건설기계 안전 관리원은 건설기계의 정기검사를 실시하는 검사업무 대행기관이다.
- 건설기계의 정기검사 신청기간은 정기검사 유효기간 만료일 전 · 후 각각 30일 이내 해야 한다.
- 건설기계의 정기검사 유효기간이 1년이 되는 것은 신규등록일로부터 20년 이상 경과되었을 때이다.

※ 건설기계의 정기검사 유효기간

- 굴착기(타이어식) : 1년
- 로더(타이어식) : 2년(20년 이하), 1년(20년 초과)
- 지게차(1t 이상) : 2년(20년 이하), 1년(20년 초과)

- 덤프트럭 : 1년(20년 이하), 6개월(20년 초과)
- 기중기 : 1년
- 천공기 : 1년

2) 건설기계의 정기검사 유효기간이 연장 가능한 경우
- 압류된 건설기계의 경우(압류기간 이내)
- 건설기계 대여업을 휴지한 경우(휴지기간 이내)
- 해외 임대를 위해 일시 반출되는 경우(반출기간 이내)
- 타워크레인 또는 천공기가 해체된 경우(해체되어 있는 기간 이내)

※ 건설기계의 정기검사를 연기하는 경우 그 연기기간을 6개월 이내로 해야 한다.

3) 건설기계의 제동장치 정기검사
- 건설기계 제동장치 정비확인서는 건설기계 정비업자가 발행한다.
- 건설기계의 제동장치에 대한 정기검사를 면제 받고자하는 경우 건설기계 제동장치 정비확인서를 첨부해야 한다.

4) 수시검사란 성능 불량 또는 사고가 자주 발생하는 건설기계의 안전성 등을 점검하는 검사를 말한다.
- 시 · 도지사가 수시검사를 명령하고자 할 때에는 수시검사를 받아야 할 날부터 10일 이전에 건설기계 소유자에게 명령서를 교부해야 한다.

5) 구조변경검사란 건설기계의 주요 구조를 개조하거나 변경한 경우 실시하는 검사를 말한다.
- 구조변경검사 신청은 변경 일로부터 20일 이내에 해야 한다.
- 구조변경검사는 건설기계검사소(검사대행자)에게 신청해야 한다.

| 구조변경 및 개조 범위 | | |
|---|---|---|
| • 원동기의 형식변경<br>• 주행장치의 형식변경<br>• 유압장치의 형식변경<br>• 조향장치의 형식변경 | • 제동장치의 형식변경<br>• 작업장치의 형식변경<br>• 조종장치의 형식변경<br>• 동력전달장치의 형식 변경 | • 건설기계의 길이 · 너비 · 높이 형식변경<br>• 수상작업용 건설기계의 선체 형식변경 |

6) 덤프트럭이 출장검사를 받을 수 있는 경우
- 도서지역에 위치한 경우
- 너비가 2.5m를 초과하는 경우
- 축중량이 10톤을 초과하는 경우
- 최고속도가 35km/h 미만인 경우
- 차체 중량이 40톤 초과하는 경우

## (10) 건설기계 관리법규의 벌칙

1) 50만 원 이하의 과태료

㉠ 임시번호표를 붙이지 않고 운행한 자

㉡ 등록번호표를 반납하지 않은 자

㉢ 정기검사를 받지 않은 자

㉣ 등록말소사유 변경신고를 하지 않거나 거짓으로 신고한 자

2) 100만 원 이하의 과태료

㉠ 수출 이행 여부를 신고하지 않은 자

㉡ 등록번호표를 부착 · 봉인하지 않은 자

㉢ 등록번호표를 훼손시켜 알아보기 어렵게 한 자

㉣ 건설기계안전기준에 적합하지 않은 건설기계를 도로에서 운행한 자

㉤ 안전교육 등을 받지 않고 건설기계를 조종한 자

3) 1년 이하의 징역 또는 1천만 원 이하의 벌금

㉠ 구조변경검사 또는 수시검사를 받지 않은 자

㉡ 정비명령을 이행하지 않은 자

㉢ 폐기요청을 받은 건설기계를 폐기하지 않거나 등록번호표를 폐기하지 않은 자

㉣ 건설기계조종사면허를 받지 않고 건설기계를 조종한 자

㉤ 건설기계조종사면허가 취소되거나 효력정지처분을 받은 후에도 건설기계를 계속 조종한 자

4) 2년 이하의 징역 또는 2천만 원 이하의 벌금

㉠ 등록되지 않은 건설기계를 사용하거나 운행한 자

㉡ 등록이 말소된 건설기계를 사용하거나 운행한 자

㉢ 시 · 도지사의 지정을 받지 않고 등록번호표를 제작하거나 등록번호를 새긴 자

㉣ 건설기계의 원동기, 동력전달장치, 제동장치 등 주요 장치를 변경 또는 개조한 자

5) 건설기계 조종사 면허

㉠ 건설기계 조종사면허를 면허취소하거나 면허효력을 정지시킬 수 있는 자 : 시장 · 군수 또는 구청장

※ 시장 · 군수 또는 구청장은 건설기계 조종사면허를 취소 또는 1년 이내의 기간을 정하여 면허효력을 정지시킬 수 있음

㉡ 건설기계 조종 중 재산피해를 입혔을 때 피해금액 50만원당 면허효력 정지기간 : 1일

※ 50만 원 당 1일씩 이며 최대 90일을 넘지 못함

㉢ 건설기계 조종 중 고의 또는 과실로 가스공급시설을 손괴하거나 가스공급시설의 기능에 장애를 입혀 가스의 공급을 방해한 경우 : 면허효력정지 180일

㉣ 건설기계조종사의 면허취소 사유

- 고의로 인명피해를 입힌 경우
- 과실로 중대재해가 발생한 경우
- 거짓이나 부정한 방법으로 건설기계조종사면허를 받은 경우
- 건설기계조종사면허의 효력정지기간 중 건설기계를 조종한 경우
- 정기적성검사를 받지 않거나 적성검사에 불합격한 경우

㉤ 고의 또는 과실 이외 기타 인명 피해를 입인 경우

- 경상 1명마다 면허효력 정지 5일
- 중상 1명마다 면허효력 정지 15일
- 사망 1명마다 면허효력 정지 45일

※ 교통사고에 의한 경상의 기준 : 교통사고로 인해 3주 미만의 치료를 요하는 부상
교통사고에 의한 중상의 기준 : 3주 이상의 치료를 요하는 부상

㉥ 건설기계 조종사 면허증의 반납 사유

- 면허효력이 정지된 경우
- 면허가 취소된 경우
- 면허증을 재교부 받은 후에 분실된 면허증을 발견한 경우

※ 면허증 반납 사유가 발생한 날로부터 10일 이내 주소지 관할 시장 · 군수 또는 구청장에게 반납해야함

# 기출문제

01 **건설기계관리법상 자동차 1종 대형 면허만으로 조종할 수 없는 건설기계는?**

① 콘크리트펌프

② 천공기(트럭 적재식)

③ 굴착기

④ 콘크리트 믹서 트럭

해설

3톤 미만 굴착기는 1종 대형면허 또는 1종 보통면허가 있는 상태에서 12시간 교육을 이수해야 하며, 3톤 이상 굴착기는 굴착기운전기능사가 필요하다.

02 **건설기계관리법상 소형건설기계로 분류되는 것은?**

① 5톤 미만 굴착기

② 5톤 미만 지게차

③ 5톤 이상 천공기

④ 5톤 미만 로더

해설

소형건설기계의 분류

- 3톤 미만 굴착기
- 3톤 미만 지게차
- 5톤 미만 천공기
- 5톤 미만 로더

03 **최고속도가 15km/h 미만인 건설기계가 갖추지 않아도 되는 조명은?**

① 제동등 ② 후부반사기

③ 번호등 ④ 전조등

해설

최고속도가 15km/h 미만인 건설기계가 반드시 갖춰야 할 조명장치는 후부반사기이다.

04 **건설기계의 소유자는 어느 령이 정하는 바에 의하여 건설기계 등록을 해야 하는가?**

① 대통령령

② 국무총리령

③ 시 · 도지사령

④ 국토교통부장관령

해설

건설기계의 소유자는 대통령령이 정하는 바에 의하여 건설기계 등록을 해야 한다.

05 **시 · 도지사의 직권이나 소유자의 신청으로 건설기계의 등록을 말소할 수 있는 사유가 아닌 것은?**

① 건설기계 정기검사에 불합격된 경우

② 건설기계를 도난당한 경우

③ 건설기계의 차대가 등록 시의 차대와 상이한 경우

④ 건설기계를 수출하는 경우

해설

등록말소 사유

- 건설기계를 폐기한 경우
- 건설기계를 수출하는 경우
- 건설기계를 도난당한 경우
- 연구 · 목적으로 사용하는 경우
- 부당한 방법으로 등록한 경우
- 건설기계안전기준에 적합하지 않는 경우
- 건설기계의 차대가 등록 시의 차대와 상이한 경우
- 구조적 결함으로 건설기계를 판매 · 제작자에게 반품한 경우
- 정기검사 유효기간이 만료된 날로부터 3개월 이내에 시 · 도지사의 최고를 지정 받고 지정된 기한까지 정기검사를 받지 않은 경우
- 천재지변 등 이에 준하는 사고로 사용할 수 없게 되거나 멸실된 경우

정답 01 ③ 02 ④ 03 ③ 04 ① 05 ①

**06 건설기계의 소유자가 건설기계를 등록하고자 할 때 등록신청은 누구에게 해야 하는가?**

① 시 · 도지사
② 전문 건설기계 정비업자
③ 국토교통부장관
④ 검사대행자

해설

건설기계 등록신청은 건설기계 소유자의 주소지 또는 건설기계 사용 본거지의 관할 시 · 도지사에게 한다.

**07 관용 건설기계의 등록번호표 색깔은?**

① 백색 판에 흑색 문자
② 주황색 판에 백색 문자
③ 청색 판에 백색 문자
④ 녹색 판에 백색 문자

해설

건설기계 등록번호표는 자가용, 영업용, 관용으로 구분되며 임시번호표는 목판으로 백색 판에 흑색 문자이다.

**08 등록건설기계의 기종별 표시가 바르게 짝지어진 것은?**

① 01 – 불도저
② 02 – 모터그레이더
③ 03 – 지게차
④ 04 – 덤프트럭

해설

| 등록건설기계의 기종별 표시 | | | |
|---|---|---|---|
| 표시 | 기종 | 표시 | 기종 |
| 01 | 불도저 | 06 | 덤프트럭 |
| 02 | 굴착기 | 07 | 기중기 |
| 03 | 로더 | 08 | 모터 그레이더 |
| 04 | 지게차 | 09 | 롤러 |
| 05 | 스크레이퍼 | 10 | 노상 안정기 |

**09 특별표지판을 부착해야 하는 대형 건설기계에 포함되지 않는 것은?**

① 최소회전반경이 14m인 건설기계
② 길이가 17m인 건설기계
③ 총중량이 50톤인 건설기계
④ 높이가 3.5m인 건설기계

해설

특별표지판을 부착해야 하는 대형 건설기계
- 최소회전반경 12m 초과
- 길이 16.7m 초과
- 총중량 40톤 초과
- 높이 4m 초과
- 너비가 2.5m 초과
- 총중량 상태에서 축 하중이 10톤 초과

**10 정비명령을 이행하지 않은자에 대한 벌칙은?**

① 2년 이하의 징역 또는 2천만 원 이하의 벌금
② 1년 이하의 징역 또는 1천만 원 이하의 벌금
③ 300만 원 이하의 벌금
④ 100만 원 이하의 벌금

해설

정비명령을 이행하지 않은 자는 1년 이하의 징역 또는 1천만 원 이하의 벌금에 처한다.

**11 건설기계 정비업의 종류로 맞는 것은?**

① 전문건설기계정비업, 특수건설기계정비업, 부분건설기계정비업
② 전문건설기계정비업, 종합건설기계정비업, 부분건설기계정비업
③ 전문건설기계정비업, 특수건설기계정비업, 중기건설기계정비업
④ 전문건설기계정비업, 종합건설기계정비업, 장기건설기계정비업

정답 06 ① 07 ① 08 ① 09 ④ 10 ② 11 ②

해설

건설기계 정비업의 종류 : 전문건설기계 정비업, 종합건설기계정비업, 부분건설 기계정비업

**12 건설기계조종사면허를 받지 않고 건설기계를 조종한 경우에 대한 벌칙은 무엇인가?**

① 100만 원 이하의 벌금
② 1년 이하의 징역 또는 1천만 원 이하의 벌금
③ 300만 원 이하의 벌금
④ 2년 이하의 징역 또는 2천만 원 이하의 벌금

해설

건설기계조종사면허를 받지 않고 건설기계를 조종한 경우는 1년 이하의 징역 또는 1천만 원 이하의 벌금을 적용한다.

**13 타이어식 굴착기의 정기검사 유효기간은?**

① 6개월 ② 1년
③ 2년 ④ 3년

해설

타이어식 굴착기의 정기검사 유효기간 : 1년

**14 건설기계의 정기검사 유효기간이 연장될 수 있는 경우의 설명으로 틀린 것은?**

① 타워크레인 또는 천공기가 해체된 경우 : 해체 후 1개월 이내
② 압류된 건설기계의 경우 : 압류기간 이내
③ 해외 임대를 위해 일시 반출되는 경우 : 반출기간 이내
④ 건설기계 대여업을 휴지한 경우 : 휴지기간 이내

해설

타워크레인 또는 천공기가 해체된 경우 : 해체되어 있는 기간 이내

**15 건설기계 운전자가 조종 중 고의로 인명 피해를 입히는 사고를 일으킨 경우 면허 처분 기준은?**

① 면허효력 정지 5일
② 면허효력 정지 15일
③ 면허효력 정지 45일
④ 면허취소

해설

- 면허효력 정지 5일 : 고의 또는 과실 이외 기타 인명 피해를 입인 경우 경상 1명마다
- 면허효력 정지 15일 : 고의 또는 과실 이외 기타 인명 피해를 입인 경우 중상 1명마다
- 면허효력 정지 45일 : 고의 또는 과실 이외 기타 인명 피해를 입인 경우 사망 1명마다

**16 건설기계 조종사의 면허취소 사유인 것은?**

① 고의로 인명피해를 일으킨 때
② 등록번호표를 반납하지 않은 때
③ 2천만 원 재산피해를 입힌 때
④ 정기검사를 받지 않았을 때

해설

고의로 인명피해를 입힌 경우 면허취소 사유가 된다.

12 ② 13 ② 14 ① 15 ④ 16 ①

CHAPTER 04

# 건설기계 법규 및 도로통행방법

## 2 도로통행방법

### (1) 편도 4차로 자동차전용도로에서 굴착기, 지게차의 주행도로는 4차로이다.

### (2) 최고속도의 20/100을 줄인 속도로 운행해야 하는 경우

1) 노면이 젖은 경우
2) 눈이 20mm 미만으로 쌓인 경우

### (3) 최고속도의 50/100을 줄인 속도로 운행해야 하는 경우

1) 노면이 얼어붙은 경우
2) 눈이 20mm 이상으로 쌓인 경우
3) 폭우로 인해 가시거리가 100m 이내인 경우

### (4) 앞지르기 금지장소

1) 터널 안, 교차로
2) 비탈길의 고갯마루 부근
3) 다리 위, 경사로의 정상부근
4) 앞지르기 금지표지 설치장소
5) 급경사로의 내리막, 도로의 구부러진 곳

### (5) 올바른 정차방법

1) 진행방향과 평행하게 정차한다.
2) 진행방향과 평행하게 정차한다.
3) 도로의 우측 가장자리에 정차한다.
4) 도로의 우측 가장자리에 정차한다.

### (6) 주차 금지장소

1) 터널 안 및 다리 위
2) 지방경찰청장이 지정한 곳
3) 화재경보기로부터 3m 이내인 곳
4) 소방용 방화 물통으로부터 5m 이내인 곳
5) 소방용 기계 및 기구가 설치된 곳으로부터 5m 이내인 곳
6) 도로 공사를 하고 있는 경우 그 공사구역의 양쪽 가장자리로부터 5m 이내인 곳
7) 소화전 또는 소화용 방화 물통의 흡수구나 흡수관을 넣는 구멍으로부터 5m 이내인 곳

### (7) 주 · 정차 금지장소

1) 횡단보도
2) 교차로 가장자리로부터 5m 이내
3) 안전지대의 사방으로부터 각각 10m 이내
4) 건널목 가장자리 또는 횡단보도로부터 10m 이내

### (8) 음주운전 측정 및 처벌기준

1) 술에 취한 상태의 기준 혈중알코올농도는 0.03% 이상이다.
2) 면허정지는 0.03% 이상 0.08% 미만이다.
3) 면허취소는 0.08% 이상이다(만취상태).

### (9) 벌점의 누산 및 면허취소 기준

1) 1년간 최소 누산 점수가 121점이면 면허 취소 사유에 해당된다.
2) 2년간 최소 누산 점수가 201점이면 면허 취소 사유에 해당된다.
3) 3년간 최소 누산 점수가 271점이면 면허 취소 사유에 해당된다.

### (10) 통행

1) 통행의 우선순위는 긴급자동차 → 일반자동차 → 원동기장치 자전거 순이다.
2) 긴급자동차 외 일반자동차 간의 통행 우선순위는 최고속도의 순서에 따른다.
3) 차로가 설치된 도로의 통행방법 중 위반되는 경우
   - 두 개의 차로에 걸쳐 운행한 경우

- 여러 차로를 연속적으로 가로 지르는 경우
- 갑자기 차로를 바꾸어 옆 차선에 끼어드는 경우

※ 일반 통행도로에서 중앙 좌측부분을 통행하는 경우는 위반사항이 아니다.

### (11) 긴급자동차

1) 긴급한 경찰업무수행에 사용되는 차
2) 응급 전신 · 전화 수리공사에 사용되는 차
3) 위독한 환자의 수혈을 위한 혈액 운송 차
4) 국군이나 연합군 긴급차에 유도되고 있는 차

※ 긴급자동차란 소방 · 구급 · 혈액공급 자동차 및 그밖에 대통령령이 정하는 자동차로서 그 본래의 긴급한 용도로 사용되고 있는 자동차를 말한다.

### (12) 수신호

1) 정지 신호는 왼팔을 차체 밖으로 내밀어 45° 밑으로 편다.
2) 앞지르기 신호는 왼팔을 차체 밖으로 내밀어 수평으로 펴서 앞 · 뒤로 흔든다.
3) 서행 신호는 자동차 운전석에서 왼팔을 차체 밖으로 내밀어 45° 밑으로 펴서 상 · 하로 흔든다.
3) 후진 신호는 왼팔을 차체 밖으로 내밀어 45° 밑으로 펴서 손바닥을 뒤로 향하게 하여 앞 · 뒤로 흔든다.

### (13) 교통안전표지의 종류

- 보조표지, 지시표지, 주의표지, 규제표지, 노면표지

## (14) 교통안전표지의 종류 및 형태

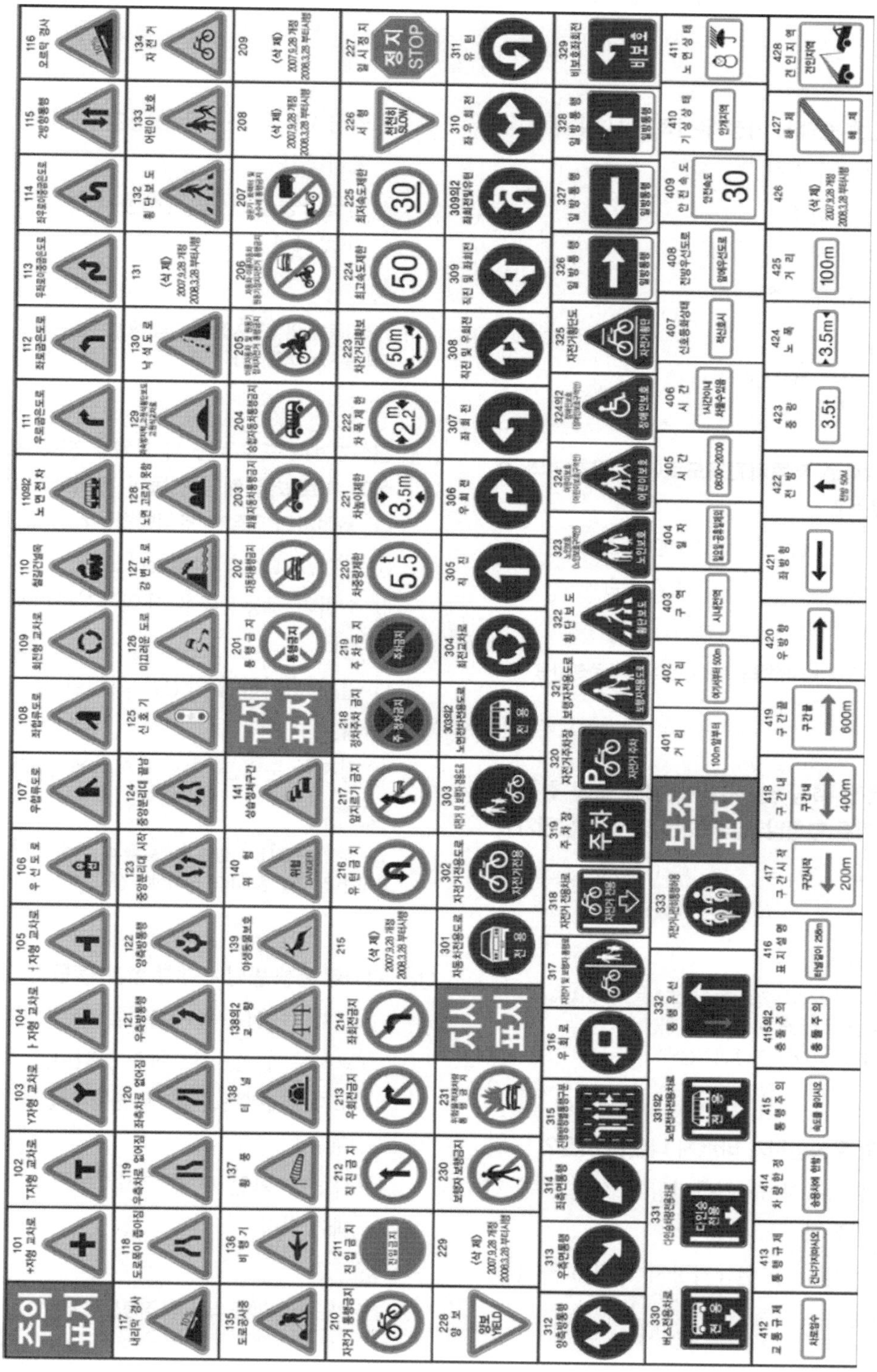

# 기출문제

**01 다음 신호 중에서 가장 우선적인 신호는?**

① 안전표시 지시
② 신호등 신호
③ 신호기 신호
④ 경찰관 수신호

해설

경찰관 수신호 : 가장 우선적인 신호

**02 편도 4차로 자동차전용도로에서 굴착기의 주행차로는?**

① 1차로 ② 2차로
③ 3차로 ④ 4차로

해설

편도 4차로 자동차전용도로에서 굴착기의 주행차로 : 4차로

**03 음주운전 측정 및 처벌기준에서 술에 취한 상태의 기준 혈중알코올농도는 몇 % 이상인가?**

① 0.03% ② 0.05%
③ 0.08% ④ 0.10%

해설

- 술에 취한 상태의 기준 혈중알코올농도 : 0.03% 이상
- 면허정지 : 0.03% 이상 0.08% 미만
- 면허취소 : 0.08% 이상(만취상태)

**04 통행의 우선순위가 바르게 나열된 것은?**

① 승합자동차 → 원동기장치 자전거 → 긴급자동차
② 건설기계 → 원동기장치 자전거 → 승용자동차
③ 긴급자동차 → 원동기장치 자전거 → 승용자동차
④ 긴급자동차 → 일반자동차 → 원동기장치 자전거

해설

긴급자동차 외 일반자동차 간의 통행 우선순위는 최고속도의 순서에 따릅니다.

**05 건설기계로 도로주행 시 교차로 전방 20m 지점에 이르렀을 때 신호등이 황색으로 바뀌었다. 운전자의 적절한 조치방법은?**

① 관계없이 계속 진행한다.
② 주위의 교통상황을 예의주시하면서 진행한다.
③ 일시 정지하여 안전을 확인한 후 진행한다.
④ 정지할 준비를 하여 정지선에 정지한다.

해설

교차로 전방 20m 지점에 이르렀을 때 신호등이 황색으로 바뀌면 정지할 준비하여 정지선에 정지한다.

**06 교차로 통행 방법에 대한 설명 중 틀린 것은?**

① 교차로에서는 앞지르기를 할 수 없다.
② 교차로에서는 정차하지 못한다.
③ 교차로에서는 반드시 경음기를 작동시킨다.
④ 좌 · 우 회전 시 방향지시등으로 신호를 해야 한다.

해설

경음기는 사고위험을 알릴 때 작동시킨다.

정답 01 ④ 02 ④ 03 ① 04 ④ 05 ④ 06 ③

**07 교차로 통행방법에 대한 설명으로 틀린 것은?**

① 좌회전 시 교차로 중심 안쪽으로 서행한다.
② 교차로 내에는 차선이 없기 때문에 진행 방향을 임의로 바꿀 수 있다.
③ 교차로에서 우회전 시 서행한다.
④ 교차로에서 직진하려는 차는 이미 교차로에 진입하여 좌회전하고 있는 차의 진로를 방해할 수 없다.

해설

교차로 내에서 진행방향을 임의로 바꾸면 안 된다.

**08 도로교통법상에서 올바른 정차방법에 대한 설명으로 맞는 것은?**

① 진행방향과 비스듬하게 정차한다.
② 진행방향과 평행하게 정차한다.
③ 도로의 좌측 가장자리에 정차한다.
④ 도로의 중앙에 정차한다.

해설

올바른 정차방법
• 진행방향과 평행하게 정차한다.
• 도로의 우측 가장자리에 정차한다.
• 도로의 우측 가장자리에 정차한다.

**09 차마(車馬)가 도로 이외의 장소에 출입하기 위해 보도를 횡단하려고 할 때 가장 적절한 통행방법은?**

① 보도 직전에서 일시 정지하여 보행자의 통행을 방해하지 않아야 한다.
② 보행자가 있어도 차마(車馬)가 우선 출입한다.
③ 보행자 유 · 무에 관계없이 주행한다.
④ 보행자가 없으면 빨리 주행한다.

해설

차마(車馬)가 도로 이외의 장소에 출입하기 위해 보도를 횡단하려고 할 때 보도직전에서 일시 정지하여 보행자의 통행을 방해하지 않아야 한다.

**10 도로교통법상에서 교차로의 가장자리로부터 몇 m 이내의 장소에 주 · 정차를 해서는 안 되는가?**

① 3m ② 5m
③ 7m ④ 10m

해설

교차로의 가장자리로부터 5m 이내의 장소에 주 · 정차를 해서는 안 된다.

**11 일시 정지 안전 표지판이 설치된 횡단보도에서 위반되는 경우는?**

① 횡단보도 직전에 일시 정지하여 안전을 확인 후 통과하였다.
② 경찰공무원이 진행신호를 하여 일시 정지 하고 않고 통과하였다.
③ 보행자가 보이지 않아 그대로 통과하였다.
④ 연속적으로 진행 중인 앞차의 뒤를 따라 진행할 때 일시 정지하였다.

해설

일시 정지 안전 표지판이 설치된 횡단보도에서 보행자가 보이지 않아 그대로 통과하면 위반이다.

**12 도로교통법상에서 일시 정지 및 서행에 대한 설명으로 틀린 것은?**

① 신호등이 없고 교통이 복잡한 교차로에서는 일시 정지해야 한다.
② 비탈길 고갯마루 부근에서는 서행해야 한다.
③ 도로가 구부러진 곳에서는 서행해야 한다.
④ 신호등이 없는 철길 건널목을 통과할 때에는 서행으로 통과해야 한다.

해설

신호등이 없는 철길 건널목을 통과할 때에는 일시정지 하여 안전여부를 확인 후 통과해야 한다.

07 ② 08 ② 09 ① 10 ② 11 ③ 12 ④

**13** **도로교통법상에서 모든 차의 운전자가 서행해야 하는 장소에 포함되지 않는 곳은?**

① 도로가 구부러진 부근
② 가파른 비탈길의 내리막
③ 비탈길의 고개 마루 부근
④ 편도 2차로 이상의 다리 위

해설

모든 차의 운전자가 서행해야 하는 장소
- 도로가 구부러진 부근
- 가파른 비탈길의 내리막
- 비탈길의 고개 마루 부근
- 교통정리를 하고 있지 않는 교차로
- 지방경찰청장이 정한 곳

**14** **폭우로 가시거리가 100m 이내인 경우 또는 노면이 얼어붙은 경우 최고속도의 얼마를 줄인 속도로 운행해야 하는가?**

① 20/100 ② 30/100
③ 40/100 ④ 50/100

해설

최고속도의 50/100을 줄인 속도로 운행해야 하는 경우
- 폭우로 가시거리가 100m 이내인 경우
- 노면이 얼어붙은 경우
- 폭설 · 안개 등으로 가시거리가 100m 이내인 경우
- 눈이 20mm 이상으로 쌓인 경우

**15** **도로교통법상에서 정의된 긴급자동차가 아닌 것은?**

① 위독환자의 수혈을 위한 혈액 운송 차
② 학생운송 전용버스
③ 응급 전신 · 전화 수리공사에 사용되는 차
④ 긴급한 경찰업무수행에 사용되는 차

해설

도로교통법상에서 정의된 긴급자동차
- 위독환자의 수혈을 위한 혈액 운송 차
- 응급 전신 · 전화 수리공사에 사용 되는 차
- 긴급한 경찰업무수행에 사용되는 차
- 국군이나 연합군 긴급차에 유도되고 있는 차

**16** **교통안전표지의 종류 및 형태에서 다음 그림이 나타내는 표시는?**

① 최저속도 제한
② 차량중량 제한
③ 진입금지
④ 통행금지

해설

| 교통안전표지의 종류 및 형태 | | | |
|---|---|---|---|
|  |  |  |  |
| 진입금지 | 최저속도 제한 | 최고속도 제한 | 차량중량 제한 |
|  |  |  | |
| 좌 · 우로 이중 굽은 도로 | 좌 · 우회전 | 회전형 교차로 | |

정답 13 ④ 14 ④ 15 ② 16 ③

CHAPTER 05

# 안전관리

## 1 산업안전일반

### (1) 산업재해 통계의 종류

1) 강도율이란 연간 1,000 근로시간당 근로손실 일수를 말한다.

> 강도율 = 근로손실일수 / 연근로시간수 × 1,000

2) 천인율이란 근로자 1,000명당 발생하는 재해자수의 비율을 말한다.

> 천인율 = 재해자수 / 평균근로자수 × 1,000

3) 연천인율이란 연간 근로자 1,000명당 발생하는 재해자 수를 말한다.

> 연천인율 =연재해자수 / 연평균근로자수 × 1,000

4) 도수율이란 연간 1,000,000 근로시간당 재해발생 건수를 말한다.

> 도수율 =재해건수 / 연근로시간수 × 1,000

### (2) 안전관리 및 일상점검

1) 안전관리란 재해로부터 인간의 생명 및 재산을 보호하기 위한 계획적 · 체계적인 활동을 말한다.

2) 안전관리의 조직

- 직계식 조직은 근로자 수가 100명 이하의 소규모 사업장이다.
- 참모식 조직은 근로자 수가 100~500명의 중규모 사업장이다.
- 직계 · 참모식 조직은 근로자 수가 1,000명 이상의 대규모 사업장이다.

3) 일상점검의 대상

- 물적인 면은 공구, 전기시설, 기계기구 설비 등을 점검한다.
- 관리적인 면은 작업내용 · 방법 · 순서, 안전수칙 등을 점검한다.
- 환경적인 면은 조명, 온도, 환기, 습도청결상태, 작업장소 등을 점검한다.
- 인적인 면은 건강 · 기능상태, 보호구 착용, 자격 적정배치 등을 점검한다.

### (3) 재해원인의 분류

재해원인은 직접 원인, 간접 원인으로 분류된다.

1) 직접 원인은 주로 인적 원인이다.
- 작업 자세가 잘못되었다.
- 장치를 허가 받지 않고 운전한다.
- 장비를 부적절한 속도로 운전한다.
- 결함이 발생한 장치를 조치하지 않고 사용한다.

※ 동력 경운기에서 가장 빈도가 높은 사고 발생원인은 운전 미숙이다.

2) 간접 원인은 주로 관리적 · 기술적 · 교육적 원인이다.
3) 재해방지의 3단계(하베이의 시정책)는 교육, 기술, 독려로 분류된다.

### (4) 각종사고의 종류 및 특징

1) 충돌현상이란 사람이 정지하고 있는 물체에 부딪힌 경우에 발생하는 현상을 말한다.
2) 추락현상이란 사람이 기계, 건축물 등에서 떨어지는 경우에 발생하는 현상을 말한다.
3) 협착현상이란 사람이 기계의 움직이는 부분에 끼이는 경우에 발생하는 현상을 말한다.
4) 폭발현상이란 압력이 급격하게 발생 · 개방하고 폭음을 수반하는 팽창이 일어난 경우에 발생하는 현상을 말한다.

### (5) 안전사고 및 부상의 종류

1) 무상해 사고란 응급처치 이하의 상처로 작업에 종사하면서 치료를 받는 상해를 말한다.
2) 응급조치상해란 1일 미만간 치료를 받은 다음부터 정상작업에 임할 수 있는 정도의 상해를 말한다.
3) 경상해란 부상으로 1~7일의 노동 손실을 초래하는 상해를 말한다.
4) 중상해란 부상으로 8일 이상의 노동 손실을 초래하는 상해를 말한다.
5) 사망이란 업무로 목숨을 잃게 된 경우를 말한다.

### (6) 사고발생 및 예방대책 5단계

1) 사고발생 5단계(하인리히의 도미노 이론)
- 1단계는 사회적 및 유전적 요소이다.
- 2단계는 개인적 결함이다.
- 3단계는 불안전한 행동 및 상태이다.
- 4단계는 사고이다.

- 5단계는 재해이다.

2) 사고예방대책 5단계
- 1단계는 안전관리 조직이다.
- 2단계는 사실 발견이다.
- 3단계는 평가 분석이다.
- 4단계는 시정책 선정이다.
- 5단계는 시정책 적용이다.

### (7) 화재

1) 연소의 3요소는 가연물, 점화원, 산소이다.
2) 화재는 A · B · C · D급 화재로 분류된다.

| 화재분류 | 내용 |
|---|---|
| A급 | 일반 화재(종이, 목재, 천 등 고체 가연물 화재) |
| B급 | 유류 화재(휘발유, 벤젠 등 기름 화재) |
| C급 | 전기 화재 |
| D급 | 금속 화재 |

3) 소화는 가연물질 · 산소 공급을 차단하고, 점화원을 발화점 온도 이하로 낮추고, 유류화재일 경우 모래 혹은 흙을 뿌리는 방법으로 한다.
4) 유기용제 취급 장소의 색상
- 제1종 유기용제는 빨간색이다.
- 제2종 유기용제는 노란색이다.
- 제3종 유기용제는 파란색이다.

### (8) 근로자가 상시 작업하는 장소의 작업면 조도

1) 기타 작업은 75Lux 이상이다.
2) 보통 작업은 150Lux 이상이다.
3) 정밀 작업은 300Lux 이상이다.
4) 초정밀 작업은 750Lux 이상이다.

※ 가장 강한 조도가 필요한 작업은 정밀연마 작업, 조정 · 조립 작업이다.

# 기출문제

01 **연 1,000,000 근로시간당 몇 건의 재해가 발생했는가의 재해율 산출은?**

① 천인율 ② 강도율
③ 연천인율 ④ 도수율

해설

- 천인율 : 근로자 1,000명당 발생하는 재해자 수의 비율
- 강도율 : 연 1,000 근로시간당 근로손실일수
- 연천인율 : 연 근로자 1,000명당 발생하는 재해자 수

02 **안전사고와 부상의 종류 중 재해의 분류상 중상해란 어느 정도의 상해를 말하는가?**

① 부상으로 인해 1일 이상 7일 이하의 노동 손실을 가져온 상해 정도
② 부상으로 인해 8일 이상의 노동 손실을 가져온 상해 정도
③ 응급처치 이하의 상처로 작업에 종사하면서 치료를 받는 상해 정도
④ 업무로 인해 목숨을 잃게 된 경우

해설

- 경상해 : 부상으로 인해 1일 이상 7일 이하의 노동 손실을 가져온 상해 정도
- 무상해 사고 : 응급처치 이하의 상처로 작업에 종사하면서 치료를 받는 상해 정도
- 사망 : 업무로 인해 목숨을 잃게 된 경우

03 **사고의 직접적인 원인으로 가장 적합한 것은?**

① 불안전한 행동 및 상태
② 유전적인 요소
③ 성격 결함
④ 사회적 환경요인

해설

불안전한 행동 및 상태는 사고의 직접적인 원인이다.

04 **재해 발생 원인이 아닌 것은?**

① 관리감독 소홀
② 올바르지 못한 작업방법
③ 작업장치 회전반경 내 출입금지
④ 방호장치의 기능제거

해설

작업장치 회전반경 내 출입금지는 재해방지 대책이다.

05 **ILO(국제노동기구)의 구분에 의한 근로 불능 상해의 종류 중 응급조치상해는 얼마간 치료를 받은 다음부터 정상작업에 임할 수 있는 정도의 상해를 의미하는가?**

① 1일 미만
② 3일 미만
③ 5일 미만
④ 10일 미만

해설

응급조치상해 : 1일 미만간 치료를 받은 다음부터 정상 작업에 임할 수 있는 정도의 상해를 말한다.

06 **산업재해 조사의 목적에 대한 설명으로 옳은 것은?**

① 적절한 예방대책을 수립하기 위해
② 재해 발생에 대한 통계를 작성하기 위해
③ 재해 유발자에 대한 처벌을 위해
④ 작업능률 향상과 근로기강 확립을 위해

해설

산업재해 조사는 적절한 예방대책을 수립하기 위해 실시한다.

정답 01 ④ 02 ② 03 ① 04 ③ 05 ① 06 ①

### 07 전기화재에 해당하는 것은?

① A급 화재
② B급 화재
③ C급 화재
④ D급 화재

해설

- A급 화재 : 일반화재
- B급 화재 : 유류화재
- D급 화재 : 금속화재

### 08 전기화재 발생 시 적절하지 못한 소화 장비는?

① $CO_2$ 소화기
② 물
③ 분말 소화기
④ 모래

해설

물은 일반화재의 소화재이다.

### 09 운전 중인 엔진에서 화재가 발생하였다. 그 소화 작업으로 가장 먼저 취해야 할 안전한 방법은?

① 점화원을 차단한다.
② 원인을 분석하고 모래를 뿌린다.
③ 엔진을 가소(假燒)하여 팬의 바람을 끈다.
④ 경찰에 신고한다.

해설

가장 먼저 점화원을 차단한다.
※가소(假燒) : 물질에 열을 가하여 휘발성 성분을 없애는 일

### 10 소화 작업의 기본적인 요소에 대한 설명으로 틀린 것은?

① 연료를 기화시킨다.
② 점화원을 제거한다.
③ 산소를 차단한다.
④ 가연물질을 제거한다.

해설

연료를 제거시킨다.

### 11 소화 작업에 대한 설명으로 적절하지 않은 것은?

① 가스 밸브를 잠그고 전기 스위치를 끈다.
② 배선 부근에 물을 뿌릴 경우 전기가 통하는지 여부를 확인 후에 한다.
③ 화재가 일어나면 화재 경보를 한다.
④ 카바이드 및 유류에는 물을 뿌린다.

해설

카바이드 및 유류에는 모래를 뿌린다.

### 12 소화 설비를 설명한 내용 중 틀린 것은?

① 분말 소화 설비는 미세한 분말소화제를 화염에 방사시켜 화재를 진화시킨다.
② 포말 소화 설비는 저온 압축한 질소가스를 방사시켜 화재를 진화시킨다.
③ 이산화탄소 소화 설비는 질식 작용에 의해 화염을 진화시킨다.
④ 물 분무 소화 설비는 연소물의 온도를 인화점 이하로 냉각시키는 효과가 있다.

해설

포말 소화 설비는 거품을 덮어서 공기를 차단하여 화재를 진화시킨다.

07 ③ 08 ② 09 ① 10 ① 11 ④ 12 ②

CHAPTER 05
# 안전관리

## 2 기계·기기 및 공구에 관한 사항

### (1) 게이지 및 공구 사용 간 주의사항

1) 다이얼게이지 사용 간 주의사항

- 영점 조정 후에 측정한다.
- 떨어뜨리거나 충격을 가하지 않는다.
- 측정 면에 직각으로 설치하여 사용한다.
- 스핀들에 주유 또는 그리스로 도포하지 않고 보관한다.

2) 마이크로미터 사용 간 주의사항

- 떨어뜨리거나 충격을 가하지 않는다.
- 눈금을 판독할 때 수직위치에서 읽는다.
- 온도가 크게 변하지 않는 장소에 보관한다.
- 스핀들과 앤빌을 서로 접촉하지 않고 보관한다.

3) 렌치 사용 간 주의사항

- 스패너 사용 시 조금씩 돌린다.
- 연결대 등을 꽂고 사용하지 않는다.
- 스패너 사용 시 몸의 앞쪽 방향으로 당긴다.
- 파이프 렌치는 반드시 둥근 물체만 사용한다.

### (2) 선반 및 드릴 작업 간 주의사항

1) 선반 작업 간 주의사항

- 바이트는 끝을 짧게 설치한다.
- 기계를 완전히 정지시킨 후 측정한다.
- 내경 작업 손가락을 넣고 점검하지 않는다.
- 선반 베드 위에 공구나 측정기 등을 올려놓지 않는다.

2) 드릴 작업 간 주의사항

- 항상 보안경을 착용한다.
- 쇳가루를 입으로 불어내지 않는다.

- 공작물을 완전히 고정시킨 후 작업한다.
- 장갑을 착용한 상태로 작업하지 않는다.
- 머리카락이 길 경우 단정히 하거나 안전모를 착용한다.

| 드릴링 머신의 파손 원인 |
|---|
| • 구멍이 똑바르지 않아 파손된 경우<br>• 탭의 경도가 소재보다 작아 파손된 경우<br>• 레버에 과도한 힘을 주어 파손된 경우<br>• 구멍 밑바닥에 탭 끝이 닿아 파손된 경우 |

### (3) 연삭기 및 줄 작업 간 주의사항

1) 연삭기 작업 간 주의사항

- 규정된 숫돌차를 사용한다.
- 받침대를 숫돌차의 중심선과 일치시킨다.
- 소형 숫돌은 가급적 측면을 사용하지 않는다.
- 숫돌 커버를 개방한 상태로 작업하지 않는다.
- 숫돌의 정면으로부터 약 150° 비켜서서 작업한다.
- 숫돌과 받침대와의 간격을 3mm 이내로 유지한다.
- 숫돌을 교체하고 작업 시작 전 약 1분 정도 시운전 한다.
- 숫돌 표면이 과다하게 변형된 것은 반드시 수정 후 사용한다.
- 연삭기의 덮개 최대 노출각도는 탁상용 연삭기 90°, 수직 휴대용 연삭기 180°이다.

2) 줄 작업 간 주의사항

- 몸 쪽으로 밀 때만 힘을 가한다.
- 공작물을 바이스에 단단히 고정한다.
- 절삭가루는 솔을 이용하여 털어낸다.
- 날이 메워지면 와이어 브러시를 이용하여 털어낸다.

### (4) 해머 및 드라이버 작업 간 주의사항

1) 해머 작업 간 주의사항

- 처음에는 서서히 타격한다.
- 타격점에 시선을 고정시킨다.
- 손상된 해머는 사용하지 않는다.
- 반드시 주위를 살핀 후 타격한다.
- 타격면에 기름 등이 묻지 않도록 한다.

- 장갑을 착용한 상태로 타격하지 않는다.
- 녹슨 물체를 타격할 때는 보안경을 착용한다.

2) 드라이버 작업 간 주의사항

- 날 끝은 수평이 되도록 한다.
- 작은 소재도 두 손으로 잡고 작업한다.
- 홈의 폭과 날 끝의 길이가 같은 것을 사용한다.
- 전기 작업을 병행할 때 금속 부분이 자루 밖으로 나오지 않도록 한다.

### (5) 전기장치 및 동력조향장치 작업 간 주의사항

1) 전기장치 작업 간 주의사항

- 전기장치를 세척하지 않는다.
- 전류계는 직렬연결, 전압계는 병렬연결 한다.
- 각종 스위치를 모두 끈 후 배터리 케이블을 탈거한다.
- 직류전압을 측정할 때는 시험기의 레인지를 'DCV'에 위치시킨다.

2) 동력조향장치 작업 간 주의사항

- 오일 씰은 신품으로 교환하고, 그 외 각종 부품은 경유로 세척한다.
- 반드시 건설기계장비의 시동이 정지된 것을 확인 후에 탈거 · 조립한다.
- 유압 실린더의 로드를 움직이면 유압유가 나오므로 주의하여 작업한다.
- 오일 출입구의 유압호스를 탈거할 때 먼지 등 이물질이 유입되지 않도록 주의한다.

### (6) 방진안경 및 보호구의 착용

1) 방진안경은 선반, 밀링, 목공기계 작업 간에 착용하며, 용접 작업 간에는 용접면을 착용한다.

2) 차광안경의 구비조건

- 예각과 요철이 없어야 한다.
- 취급이 용이하며, 쉽게 파손되면 안 된다.
- 착용했을 때 불쾌감을 주지 않아야 한다.
- 커버렌즈는 가시광선을 적당히 투과해야 한다.

3) 호흡용 보호구는 송기 마스크, 방독 마스크, 방진 마스크로 분류된다.

4) 보호구의 관리방법

- 보호구는 개인용으로 지급한다.
- 수시로 사용할 수 있게 관리한다.

- 습기가 없고 청결한 장소에 보관한다.
- 수시로 방진 마스크의 필터를 교환할 있도록 충분한 양을 비치한다.

### (7) 크레인 작업

1) 크레인 작업방법

- 신호수의 신호에 따라 작업한다.
- 체한하중 이상의 것은 달아 올리지 않는다.
- 경우에 따라서는 수직 · 수평방향으로 달아 올린다.
- 중진 이상의 지진이 발생한 후 크레인 작업을 하고자할 때 사전에 크레인 각 부위를 점검한다.

2) 줄걸이 안전사항

- 신호자는 기본적으로 1인이다.
- 크레인 인양 시 와이어로프를 손으로 잡으면 안 된다.
- 2인 이상의 고리 걸이 작업 시 상호 간에 소리를 내면서 한다.
- 신호자는 운전자가 잘 볼 수 있는 안전한 위치에서 신호를 보낸다.

※ 권상용 와이어로프 또는 달기 체인의 안전계수는 5 이상이다.

# 기출문제

**01 수공구의 올바른 사용방법으로 틀린 것은?**

① 공구를 청결하게 하여 보관할 것
② 공구를 취급 시 올바른 방법으로 사용할 것
③ 공구는 지정된 장소에 보관할 것
④ 공구는 사용 전 · 후로 오일을 발라 둘 것

해설

공구는 사용 전 · 후에 면 걸레로 깨끗이 닦아둘 것

**02 스패너 사용 시 유의사항으로 틀린 것은?**

① 보관 시 방청제를 바르고 건조한 곳에 보관한다.
② 파이프 등의 연장대를 끼워서 사용한다.
③ 녹이 생긴 볼트 · 너트에는 오일을 넣어 스며들게 한 후 돌린다.
④ 지렛대용으로 사용하지 않는다.

해설

파이프 등의 연장대를 끼워서 사용하면 안 된다.

**03 사용한 공구를 정리하여 보관할 때 가장 옳은 것은?**

① 기름이 묻은 공구는 물로 깨끗이 씻어서 보관한다.
② 사용한 공구는 면 걸레로 깨끗이 닦아서 지정된 곳에 보관한다.
③ 사용한 공구는 녹슬지 않게 기름칠하여 작업대 위에 진열해 놓는다.
④ 사용한 공구는 종류별로 묶어서 보관한다.

해설

- 기름이 묻은 공구는 헝겊으로 기름을 깨끗이 닦아서 보관한다.
- 사용한 공구는 기름을 제거한 상태로 작업대 위에 진열해 놓는다.
- 사용한 공구는 종류별로 분류하여 보관한다.

**04 토크 렌치의 사용방법으로 가장 올바른 것은?**

① 왼손은 렌치 중간 지점을 잡고 돌리며 오른손은 지지점을 누르고 게이지 눈금을 확인한다.
② 오른손은 렌치 끝을 잡고 돌리며 왼손은 지지점을 누르고 게이지 눈금을 확인한다.
③ 렌치 끝을 한손으로 잡고 돌리면서 게이지 눈금을 확인한다.
④ 렌치 끝을 양손으로 잡고 돌리면서 게이지 눈금을 확인한다.

해설

토크 렌치 사용 간 오른손은 렌치 끝을 잡고 돌리며 왼손은 지지점을 누르고 게이지 눈금을 확인한다.

**05 렌치 작업 시 옳지 못한 행동은?**

① 스패너는 조금씩 돌리며 사용할 것
② 파이프 렌치는 반드시 둥근 물체에만 사용할 것
③ 스패너는 앞으로 당기며 사용할 것
④ 스패너의 자루가 짧다고 느낄 때는 반드시 둥근 파이프로 연결할 것

해설

파이프 등과 같은 연장대를 연결하여 사용하면 안 된다.

정답 01 ④ 02 ② 03 ② 04 ② 05 ④

**06 렌치 작업 시 주의사항이 아닌 것은?**

① 높거나 좁은 위치에서는 몸의 자세를 안정되게 작업한다.
② 너트보다 큰 치수를 사용한다.
③ 렌치를 해머로 두드려서는 안 된다.
④ 렌치를 너트에 깊이 물린다.

해설

너트에 딱 맞는 치수를 사용한다.

**07 오픈 엔드 렌치보다 복스 렌치를 많이 사용하는 이유로 가장 적절한 것은?**

① 저렴하기 때문
② 가볍기 때문
③ 볼트 및 너트를 완전히 감싸므로 사용 중에 미끄러지지 않기 때문
④ 다양한 크기의 볼트 및 너트에 사용할 수 있기 때문

해설

주로 복스 렌치를 많이 사용하는 이유는 볼트 및 너트를 완전히 감싸므로 사용 중에 미끄러지지 않기 때문이다.

**08 연삭기를 안전하게 사용하는 방법이 아닌 것은?**

① 숫돌 덮개 설치 후 작업
② 숫돌 측면 사용 제한
③ 숫돌과 받침대와의 간격을 가능한 넓게 유지
④ 보안경과 방진마스크 사용

해설

숫돌과 받침대와의 간격을 3mm 이내로 유지

**09 그라인더 작업 시 올바른 작업방법이 아닌 것은?**

① 안전 커버를 분리하지 않는다.
② 숫돌의 균열 여부를 점검한다.
③ 이동식 그라인더를 고정식으로 사용한다.
④ 보안경을 착용 후 작업한다.

해설

이동식 그라인더를 고정식으로 사용하지 않는다.

**10 건설기계의 안전사항으로 틀린 것은?**

① 작업장의 바닥은 보행에 지장을 주지 않도록 청결하게 유지한다.
② 회전부분(기어, 벨트, 체인) 등은 위험하므로 반드시 커버를 씌운다.
③ 엔진, 발전기, 용접기 등 장비는 한 곳에 모아서 배치한다.
④ 작업장의 통로는 근로자가 안전하게 다닐 수 있도록 정리한다.

해설

엔진, 발전기, 용접기 등 장비는 한 곳에 모아서 배치하지 않는다.

**11 접선물림점(Tangential point)과 가장 관련 없는 것은?**

① 체인벨트 ② 기어와 랙
③ 커플링 ④ V벨트

해설

- 커플링은 회전말림점에 해당된다.
- 회전말림점이란 회전 부위에 머리카락 등이 말려가는 위험점을 말한다.
- 접선물림점 : 회전 부위의 접선방향으로 물려 들어가는 위험점을 말한다.

06 ② 07 ③ 08 ③ 09 ③ 10 ③ 11 ③

12 **벨트 취급 시 안전사항에 대한 설명 중 틀린 것은?**

① 벨트의 회전을 정지시킬 때 손으로 잡는다.
② 회전을 완전히 멈춘 상태에서 벨트를 교환한다.
③ 고무벨트에는 기름이 묻지 않도록 한다.
④ 적당한 벨트 장력을 유지시킨다.

해설
벨트의 회전을 정지시킬 때 손으로 잡으면 안 된다.

13 **팬벨트를 교체할 때 엔진의 어떤 상태에서 작업해야 하는가?**

① 정지상태 ② 저속상태
③ 중속상태 ④ 고속상태

해설
팬벨트를 교체할 때 엔진 정지상태에서 작업해야 한다.

14 **풀리(Pulley)에 벨트를 걸 때 어떤 상태에서 걸어야 하는가?**

① 저속으로 회전상태
② 회전이 정지한 상태
③ 중속으로 회전상태
④ 고속으로 회전상태

해설
풀리(Pulley)에 벨트를 걸 때 회전이 정지한 상태에서 걸어야 한다.

15 **장갑을 착용하면 안 되는 작업은?**

① 용접 작업 ② 하체 작업
③ 해머 작업 ④ 청소 작업

해설
해머작업 시 장갑을 착용하면 손에서 해머가 미끄러질 우려가 있기 때문에 맨손으로 작업해야한다.

16 **해머 작업에 대한 설명으로 틀린 것은?**

① 자루가 단단한 것을 사용한다.
② 장갑을 끼지 않는다.
③ 적절한 무게의 해머를 사용한다.
④ 처음부터 해머를 힘차게 때린다.

해설
처음에는 서서히 타격한다.

17 **전기용접 할 때 주의사항에 대한 설명으로 틀린 것은?**

① 피복이 벗겨진 코드 선을 사용하지 않는다.
② 차광안경을 사용한다.
③ 더울 때는 신체를 노출시켜도 된다.
④ 비가 올 때 옥외작업을 하지 않는다.

해설
작업을 할 때는 신체를 노출시키지 않는다.

18 **작업장 환경 개선과 가장 거리가 먼 것은?**

① 조명을 밝게 한다.
② 부품을 모두 신품으로 교환한다.
③ 채광을 좋게 한다.
④ 소음을 줄인다.

해설
노후된 부품 또는 고장 난 부품을 신품으로 교환하면 작업장 환경이 개선된다.

19 **작업장의 안전 관리에 대한 설명으로 틀린 것은?**

① 바닥은 폐유를 뿌려 먼지 등이 일어나지 않도록 한다.
② 작업대 사이, 또는 기계 사이의 통로는 안전을 위한 일정한 너비가 필요하다.

정답 12 ① 13 ① 14 ② 15 ③ 16 ④ 17 ③ 18 ② 19 ①

③ 전원 콘센트 및 스위치 등에 물을 뿌리지 않는다.

④ 항상 청결하게 유지한다.

해설

바닥은 기름기를 제거하고 먼지 등이 일어나지 않도록 청소한다.

**20 차광안경의 구비조건이 아닌 것은?**

① 착용했을 때 불쾌감을 주지 않아야 한다.

② 예각과 요철이 없어야 한다.

③ 커버렌즈는 가시광선을 차단해야 한다.

④ 취급이 용이하며, 쉽게 파손되면 안 된다.

해설

커버렌즈는 가시광선을 적당히 투과해야한다.

**21 반드시 보호안경을 착용하고 작업할 때와 가장 거리가 먼 것은?**

① 차체에서 변속기를 탈거할 때

② 그라인더를 사용할 때

③ 정밀한 조종 작업을 할 때

④ 산소용접을 할 때

해설

정밀한 조종 작업은 보호 안경을 벗고 작업 한다.

**22 방진마스크를 착용해야 하는 작업장은?**

① 분진이 많은 작업장

② 소음이 심한 작업장

③ 산소가 결핍되기 쉬운 작업장

④ 온도가 낮은 작업장

해설

분진이 많은 작업장에서는 방진마스크를 착용한다.

**23 화물 하중을 직접 지지하는 와이어로프의 안전계수는 몇 이상인가?**

① 3 이상 ② 5 이상

③ 8 이상 ④ 10 이상

해설

권상용 와이어로프 또는 달기 체인의 안전계수는 5 이상이다.

**24 일정 규모 이상의 지진이 발생한 후 크레인 작업을 하고자 할 때 사전에 크레인각 부위를 점검해야 한다. 이때 지진의 규모는 어느 정도 이상인가?**

① 진도 2 이상

② 진도 1 이상

③ 약진 이상

④ 중진 이상

해설

중진 이상의 지진이 발생한 후 크레인 작업을 하고자 할 때는 사전에 크레인 각 부위를 점검해야 한다.

**25 크레인 작업 방법 중 적절하지 못한 것은?**

① 체한하중 이상의 것은 달아 올리지 않는다.

② 항상 수평방향으로 달아 올린다.

③ 경우에 따라서는 수직방향으로 달아 올린다.

④ 신호수의 신호에 따라 작업한다.

해설

경우에 따라서는 수평방향으로 달아 올린다.

20 ③ 21 ③ 22 ① 23 ② 24 ④ 25 ②

**26 크레인 인양 작업 시 줄걸이 안전사항으로 틀린 것은?**

① 권상 작업 시 지면에 있는 보조자는 와이어로프를 손으로 꼭 잡아 화물이 흔들리지 않게 한다.

② 신호자는 기본적으로 1인이다.

③ 2인 이상의 고리 걸이 작업 시 상호 간에 소리를 내면서 한다.

④ 신호자는 운전자가 잘 볼 수 있는 안전한 위치에서 신호를 보낸다.

해설

크레인 인양 시 와이어로프를 손으로 잡으면 안 된다.

정답 26 ①

## 3 작업 안전

### (1) 도로 굴착

도시가스가 공급되는 지역에서 지하차도 굴착공사를 하고자 하는 경우 가스안전 영향평가를 작성하여 시장, 군수 또는 구청장에게 제출한다. 가스배관이 통과하는 지하보도는 가스안전 영향평가서를 작성한다.

#### 1) 도시가스 배관의 구분

- 공급관이란 공동주택 등외의 건축물 등에 가스를 공급하는 경우 정압기에서 가스사용자가 소유하거나 점유하고 있는 토지의 경계까지에 이르는 배관을 말한다.
- 본관이란 도시가스 제조사업소의 부지 경계에서 정압까지 이르는 배관을 말한다.
- 내관이란 가스사용자가 소유하고 있는 토지의 경계에서 연소기까지 이러는 배관을 말한다.

#### 2) 도시가스 보호포

- 저압(0.1MPa 미만) 배관은 황색으로 표시한다.
- 지상 배관은 가스압력과 관계없이 황색으로 표시한다.
- 중압(0.1MPa 이상 1MPa 미만) 이상 배관은 적색으로 표시한다.

#### 3) 도시가스공사 안전기준

- 가스 배관과의 수평거리 30cm 이내에서는 파일 박기를 금지한다.
- 도시가스 배관 주위에 상수도관을 매설하는 경우 최소한 도시가스 배관과 30cm 이상 이격한다.
- 도시가스 배관을 아파트 단지 내 도로에 매설하는 경우 배관 상부와 지면과 최소 0.6m 이격한다.
- 지중전선로 중 직접 매설식에 의해 시설 할 경우 토관의 깊이는 최소 0.6m 이상이다(단, 차량 및 기타 중량물의 압력을 받을 우려는 없는 장소).
- 굴착 시 공동주택 등의 부지 내의 경우 도시가스배관 지하매설 심도는 0.6m 이상이다.
- 굴착 시 도로폭이 4m 이상 8m 미만 도로의 경우 도시가스배관 지하매설 심도는 1m 이상이다.
- 굴착 시 도로폭 8m 이상 도로의 경우 도시가스배관 지하매설 심도는 1.2m 이상이다.
- 도로 굴착자가 가스배관 매설위치를 확인하는 경우 인력으로 굴착해야하는 범위는 가스배관의 주위 1m 이내이다.

- 도시가스 배관 매설 시 라인마크는 배관길이 최소 50m 마다 1개 이상 설치한다.
- 도로 굴착자는 되메움 공사를 끝낸 후 도시가스 배관의 손상 방지를 위해 최소 3개월 이상 침하유무를 확인한다.

4) 도시가스 배관 작업 간 준수사항
- 가스 배관 주위 1m 까지는 장비로 작업이 가능하다.
- 가스 배관 주위 1m 이내에서는 어떤 장비의 작업도 금지한다.
- 가스 배관 좌 · 우 1m 이내에서는 장비작업을 금하고 인력으로 작업한다.
- 가스 배관 주위 1m 까지는 사람이 직접 확인할 경우 굴착기 등으로 작업한다.

5) 도로 굴착 중 전력케이블 표지시트 발견 간 조치방법
- 전력케이블 표지시트는 차도에서 지표면 아래 30cm 깊이에 설치되어 있다.
- 즉시 굴착작업을 중지하고 해당 설비 관리자에게 연락 후 그 지시를 따른다.

※ 전력케이블 및 지중전선로 매설 깊이
- 전력케이블은 차도에서 지표면 아래 1.2~1.5m 깊이에 매설한다.
- 지중전선로는 차도 및 중량물의 압력을 받는 장소의 경우 최소 1.2m 이상 깊이에 매설한다.
- 지중전선로는 차도 및 중량물의 압력을 받는 장소 이외 기타 장소의 경우 최소 0.6m 이상 깊이에 매설한다.

## (2) 전기공사

1) 154kV 송전선로에 대한 안전거리는 160cm 이상이다.
2) ‘A’는 현수애자를 말한다. 현수애자란 가공전선을 지지하기 위한 것을 말하며, 전기적으로 절연하기 위해 사용된다.

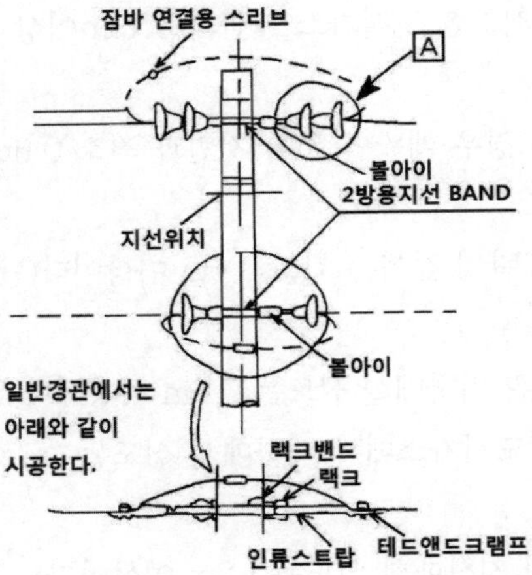

3) 고압 가공전선로 주상변압기를 설치 시 높이 'H'는 시가지에서 4.5m, 시가지 외에서 4m이다.

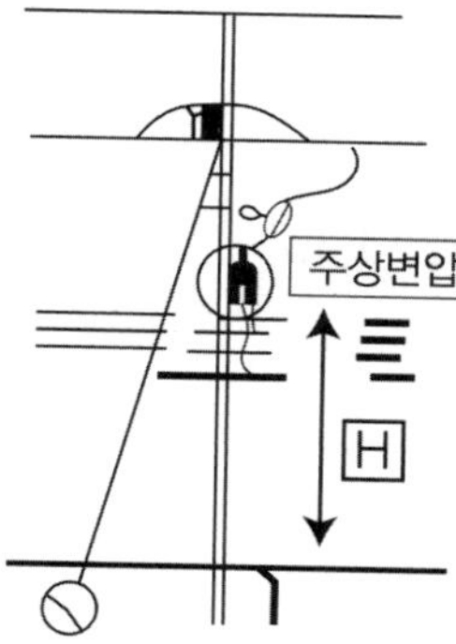


4) 접지 설비란 전기기기로 인한 감전 사고를 방지하기 위해 필요한 가장 중요한 설비를 말한다.

5) 한국전력공사

- 한국전력공사의 송전전로 전압은 154kV, 345kV를 사용한다.
- 한국전력공사 고객센터 및 전기고장 신고 전화번호는 123이다.

## (3) 가스 용접

1) 아세틸렌 가스용접의 특징

- 이동이 편리하다.
- 설비비가 저렴하다.
- 불꽃의 온도와 열효율이 낮다.
- 유해광선이 아크용접보다 적게 발생한다.

2) 아세틸렌가스 용기의 취급 방법

- 용기는 반드시 세워서 보관한다.
- 용기의 온도는 40℃ 이하로 한다.
- 전도 및 전락 방지를 위한 조치를 취한다.
- 충전용기와 빈 용기는 명확히 구분하여 각각 보관한다.

3) 고압가스 용기 색상

- 황색은 아세틸렌 용기의 색상이다.
- 청색은 이산화탄소 용기의 색상이다.
- 녹색은 산소 용기, 산소 호스(도관)의 색상이다.
- 적색은 수소 용기, 아세틸렌 호스(도관)의 색상이다.

4) 가스용접 간 안전사항

- 산소 누설 시험은 비눗물을 사용한다.
- 용접 가스를 들이 마시지 않도록 한다.
- 토치 끝으로 용접물의 위치를 바꾸면 안 된다.
- 토치에 점화시킬 때 아세틸렌 밸브를 먼저 열고 그다음 산소 밸브를 연다.

5) 전기용접 작업 간 주의사항

- 차광안경을 착용한 후 작업한다.
- 우천 시 옥외작업을 하지 않는다.
- 작업 진행 도중 신체를 노출시키지 않는다.
- 피복이 벗겨진 코드 선은 사용하지 않는다.
- 전기용접 작업은 반드시 앞치마를 사용해야 한다.
- 전기 용접기는 인체에 진동이나 충격이 없고, 습도가 높지 않고, 유해한 부식성 가스가 없는 곳에 설치한다.

# 기출문제

**01 도시가스 관련법상에서 공동주택 등외의 건축물 등에 가스를 공급하는 경우 정압기에서 가스사용자가 소유하거나 점유하고 있는 토지의 경계까지에 이르는 배관은?**

① 공급관　② 본관
③ 내관　④ 주관

해설

공급관 : 공동주택 등외의 건축물 등에 가스를 공급하는 경우 정압기에서 가스사용자가 소유하거나 점유하고 있는 토지의 경계까지에 이르는 배관

**02 도시가스 관련법상 배관의 구분에 속하지 않는 것은?**

① 본관　② 공급관
③ 내관　④ 가정관

해설

- 본관 : 도시가스 제조사업소의 부지 경계에서 정압까지 이르는 배관
- 공급관 : 정압기에서 가스사용자가 소유하고 토지의 경계까지(또는 건축물 외벽에 설치하는 계량기의 전단 밸브까지) 이르는 배관
- 내관 : 가스사용자가 소유하고 있는 토지의 경계에서 연소기까지 이러는 배관

**03 가스배관용 폴리에틸렌관의 특징이 아닌 것은?**

① 부식이 잘되지 않는다.
② 도시가스 고압관으로 사용된다.
③ 지하매설용으로 사용된다.
④ 일광, 열에 약하다.

해설

도시가스 저압관으로 사용된다.

**04 도로 굴착작업 중 매설된 전기설비의 접지선이 노출되어 일부가 손상되었을 때 조치방법으로 가장 적절한 것은?**

① 손상된 접지선은 임의로 철거한다.
② 접지선 단선은 사고와 무관하므로 그대로 되메운다.
③ 접지선 단선 시에는 시설관리자에게 연락 후 그 지시를 따른다.
④ 접지선 단선 시에는 철선 등으로 연결 후 되메운다.

해설

도로 굴착작업 중 접지선 단선 시에는 시설관리자에게 연락 후 그 지시를 따른다.

**05 도로 굴착 중 황색 도시가스 보호포가 나왔다. 이때 매설된 도시가스 배관의 압력은?**

① 보호포 색상은 배관압력과 관계없이 무조건 황색이다.
② 고압
③ 중압
④ 저압

해설

- 황색 : 저압(0.1MPa 미만)
- 적색 : 중압(0.1MPa 이상 1MPa 미만) 이상
- 지상배관은 가스압력과 관계없이 황색으로 표시한다.

**06 도시가스 배관 매설 시 라인마크는 배관길이 최소 몇 m마다 1개 이상 설치되어 있는가?**

① 30m　② 50m
③ 100m　④ 150m

정답 01 ①　02 ④　03 ②　04 ③　05 ④　06 ②

해설

도시가스 배관 매설 시 라인마크는 배관길이 최소 50m마다 1개 이상 설치한다.

**07 도시가스 관련법상 가스배관과의 수평거리 몇 cm 이내에서 파일 박기를 금지하도록 규정하였는가?**

① 30cm ② 60cm
③ 100cm ④ 120cm

해설

도시가스 관련법상 가스배관과의 수평거리 30cm 이내에서 파일 박기를 금지하도록 규정한다.

**08 도로 굴착자가 가스배관 매설 위치를 확인 시 인력으로 굴착을 실시해야 하는 범위는?**

① 가스배관의 보호판이 식별되었을 때
② 가스배관의 주위 0.3m 이내
③ 가스배관의 주위 0.5m 이내
④ 가스배관의 주위 1m 이내

해설

가스배관의 주위 1m 이내는 인력으로 굴착을 실시한다.

**09 굴착 시 도로 폭이 8m 이상일 경우 도시 가스 배관 지하매설 심도는?**

① 1.2m 이상
② 1.4m 이상
③ 1.8m 이상
④ 2.0m 이상

해설

도로 폭이 8m 이상 도로의 경우 도시가스배관 지하매설 심도는 1.2m 이상이다.

**10 굴착작업 중 줄파기 작업에서 줄파기 1일 시공량 결정은?**

① 공사시방서에 명시된 일정에 맞추어 결정
② 공사관리 감독기관에 보고한 날짜에 맞추어 결정
③ 시공속도가 가장 느린 천공작업에 맞추어 결정
④ 시공속도가 가장 빠른 천공작업에 맞추어 결정

해설

줄파기 1일 시공량은 시공속도가 가장 느린 천공작업에 맞추어 결정한다.

**11 고압전선로 주변에서 작업할 때 전선로와 건설기계의 안전 이격 거리에 대한 설명으로 틀린 것은?**

① 전압에는 관계없이 일정하다.
② 애자수가 많을수록 멀어진다.
③ 전선이 굵을수록 멀어진다.
④ 전압이 높을수록 멀어진다.

해설

전압이 높을수록, 애자수가 많을수록, 전선이 굵을수록 안전 이격 거리는 멀어진다.

**12 154kV 가공 송전선로 주변에서 작업할 때에 대한 설명으로 옳은 것은?**

① 전력설비는 공공 재산이므로 사고가 발생하면 복구 공사비를 배상하지 않는다.
② 전력선은 피복으로 절연되어 있어 크레인 등이 접촉해도 단선되지 않으면 사고는 발생하지 않는다.
③ 1회선은 3가닥으로 이루어져 있으며, 1가닥 절단 시에도 전력공급을 계속한다.

정답 07 ① 08 ④ 09 ① 10 ③ 11 ① 12 ④

④ 건설장비가 선로에 직접적으로 접촉하지 않고 근접만 하여도 사고가 발생할 수 있다.

해설

- 전력설비는 공공 재산이므로 사고가 발생하면 복구 공사비를 배상해야 한다.
- 전력선은 피복으로 절연되어 있어도 크레인 등이 접촉하면 사고 위험이 높다.
- 1회선은 3가닥으로 이루어져 있으며, 1가닥 절단 시 전력 공급을 중단한다.

**13 철탑의 완금(Arm)에 전선을 기계적으로 고정시키고 전기적으로 절연하기 위해 사용하는 것은?**

① 케이블

② 완철

③ 애자

④ 가공지선

해설

애자 : 철탑의 완금(Arm)에 전선을 기계적으로 고정시키고 전기적으로 절연하기 위해 사용하는 것

**14 전력케이블은 차도에서 지표면 아래 어느 정도 깊이에 매설되어 있는가?**

① 0.2~0.5m

② 1.2~1.5m

③ 30cm 이상

④ 60cm 이상

해설

전력케이블은 차도에서 지표면 아래 1.2~1.5m 깊이에 매설되어 있다.

**15 다음 그림에서 H와 같은 지중 전선로 차도 부분의 매설 깊이는 얼마인가?**

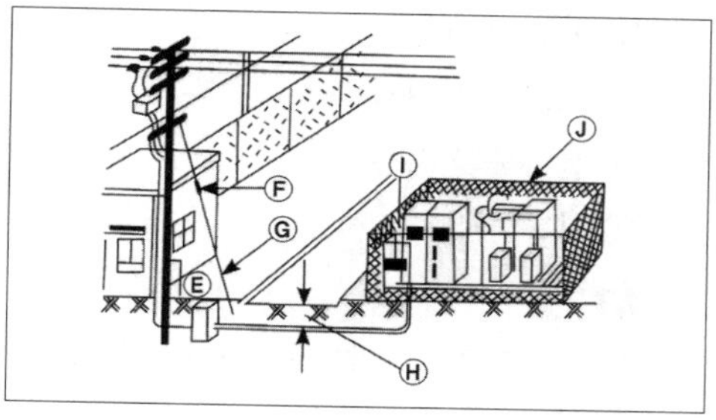


① 최소 1.2m 이상

② 최소 1.8m 이상

③ 최소 2.0m 이상

④ 최소 2.4m 이상

해설

지중 전선로 차도 부분의 매설 깊이는 최소 1.2m 이상이다.

**16 한국전력공사의 송전선로 전압은?**

① 0.345kV ② 3.45kV

③ 34.5kV ④ 345kV

해설

한국전력공사의 송전전로 전압은 154kV, 345kV를 사용한다.

**17 한국전력공사 고객센터 및 전기고장 신고 전화번호는?**

① 118 ② 123

③ 1301 ④ 1339

해설

한국전력공사 고객센터 및 전기고장 신고 전화번호는 123이다.

13 ③ 14 ② 15 ① 16 ④ 17 ②

18 산소 용기에서 산소의 누출 여부를 가장 쉽고 안전하게 점검하는 방법은?

① 비눗물 사용
② 소음으로 점검
③ 전기불꽃 사용
④ 기름 사용

해설

산소의 누출 여부는 비눗물을 사용하여 쉽고 안전하게 점검한다.

19 가스장치의 누출 여부 및 부위를 정확하게 확인하는 방법은?

① 비눗물 사용
② 냄새로 감지
③ 분말 소화기 사용
④ 소리로 감지

해설

비눗물을 사용하여 가스장치의 누출 여부 및 부위를 정확하게 확인한다.

20 아세틸렌가스 용기의 취급 방법에 대한 설명으로 틀린 것은?

① 전도, 전락 방지 조치를 할 것
② 충전용기와 빈 용기는 명확히 구분하여 각각 보관할 것
③ 용기의 온도는 60℃로 유지할 것
④ 용기는 반드시 세워서 보관할 것

해설

용기의 온도는 40℃ 이하로 할 것

21 아세틸렌 가스용접의 특징에 대한 설명으로 옳은 것은?

① 불꽃의 온도와 열효율이 낮다.
② 이동이 불가하다.
③ 유해광선이 아크용접보다 많이 발생한다.
④ 설비비가 비싸다.

해설

- 이동이 편리하다.
- 유해광선이 아크용접보다 적게 발생한다.
- 설비비가 저렴하다.

22 가스 용접기에서 아세틸렌 용기의 색상은?

① 황색 ② 청색
③ 녹색 ④ 적색

해설

- 청색 : 이산화탄소 용기의 색상
- 녹색 : 산소 용기 또는 산소 호스(도관)의 색상
- 적색 : 아세틸렌 호스(도관) 또는 수소 용기의 색상

23 가스 용접기에서 사용되는 아세틸렌 호스를 구별하는 색상은?

① 녹색 ② 적색
③ 청색 ④ 황색

해설

- 녹색 : 산소 용기 또는 산소 호스(도관)의 색상
- 청색 : 이산화탄소 용기의 색상
- 황색 : 아세틸렌 용기의 색상

정답 18 ① 19 ① 20 ③ 21 ① 22 ① 23 ②

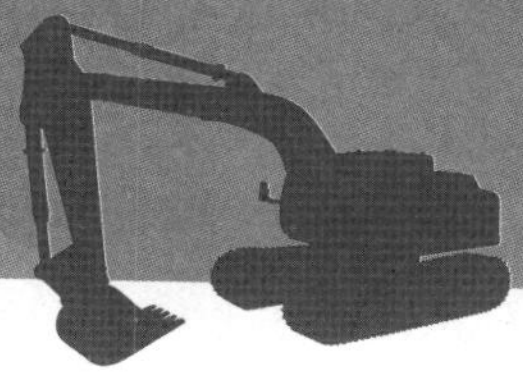

## 4 안전·보건 표지

### (1) 안전 및 보건표지의 종류와 형태

1) 금지표지는 기본모형은 빨간색, 바탕은 흰색, 부호 및 그림은 검은색으로 표기한다.

| | | | |
|---|---|---|---|
|  |  |  |  |
| 사용금지 | 출입금지 | 화기금지 | 금연 |
|  |  |  |  |
| 탑승금지 | 보행금지 | 물체이동금지 | 차량통행금지 |

2) 안내표지는 바탕은 녹색, 부호 및 그림은 흰색으로 표기한다.

| | | | |
|---|---|---|---|
|  |  | 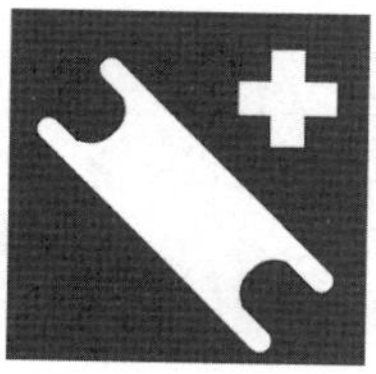 |  |
| 응급구호 표지 | 녹십자 표지 | 들것 | 비상용 기구 |
|  |  |  | 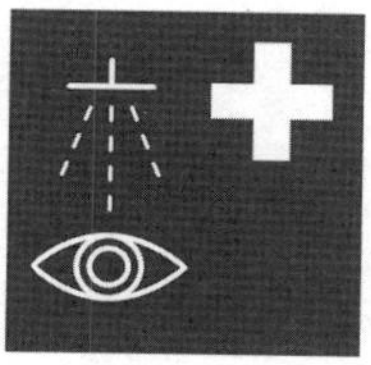 |
| 좌측 비상구 | 우측 비상구 | 비상구 | 세안장치 |

3) 경고표지는 기본모형은 검은색 · 빨간색, 바탕은 노란색 · 무색, 부호 및 그림은 검은색으로 표기한다.

| | | | |
|---|---|---|---|
|  |  |  |  |
| 부식성물질 경고 | 방사성물질 경고 | 저온경고 | 고온경고 |
|  |  |  |  |
| 몸균형상실 경고 | 매달린물체 경고 | 고압전기 경고 | 레이저광선 경고 |
|  |  |  |  |
| 산화성물질 경고 | 인화성물질 경고 | 낙하물 경고 | 위험장소 경고 |
|  |  | |  |
| 급성독성물질 경고 | 발암성 · 생식독성 · 전신독성 · 변이원성 · 호흡기 과민성 물질 경고 | | 폭발성물질 경고 |

4) 지시표지는 바탕은 파란색, 그림은 흰색으로 표기한다.

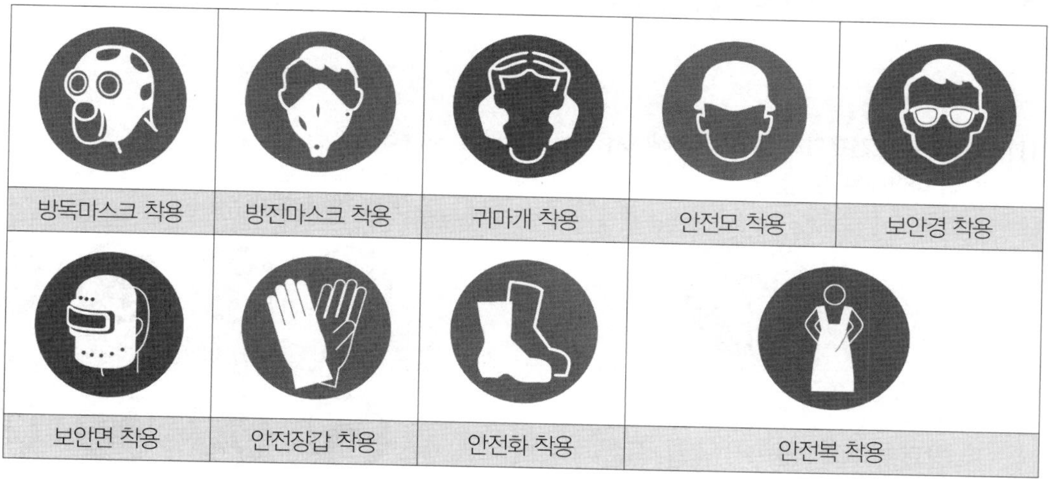


### (2) 안전 및 보건표지의 색상과 용도

안전 및 보건표지의 색상은 빨간색, 노란색, 파란색, 녹색, 흰색, 보라색으로 분류된다. 빨간색은 경고·금지 용도, 노란색은 경고·주의 용도, 녹색은 안내 용도, 파란색은 지시 용도이다. 보라색은 방사능 표시에 사용되며, 흰색과 검정색은 보조색으로 사용된다.

| 색상 | 용도 | 표시장소 |
|---|---|---|
| 빨간색 | 경고 | 화학물질 취급 장소에서 유해 및 위험 경고 |
| | 금지 | 정지신호, 소화설비 및 그 장소, 유해행위 금지 |
| 노란색 | 경고·주의 | 화학물질 취급 장소에서 유해 및 위험 경고 외 위험경고, 주의표지, 기계방호 |
| 녹색 | 안내 | 사람 및 차량의 통행표시, 비상구 및 피난소 |
| 파란색 | 지시 | 특정행위 지시, 사실 고지 |
| 보라색 | – | 방사능 등 표시 |
| 흰색 | | 녹색 또는 파란색의 보조색 |
| 검정색 | | 문자 및 빨간색 또는 노란색의 보조색 |

# 기출문제

01 **안전 및 보건표지의 종류와 형태에서 다음 그림이 나타내는 표시는?**

① 방독 마스크 착용
② 방진 마스크 착용
③ 안전모 착용
④ 보안면 착용

해설

지시표지는 바탕은 파란색, 그림은 흰색으로 표기한다.

| | | | | |
|---|---|---|---|---|
|  |  |  |  |  |
| 방독마스크 착용 | 방진마스크 착용 | 귀마개 착용 | 안전모 착용 | 보안경 착용 |
|  |  |  |  | |
| 보안면 착용 | 안전장갑 착용 | 안전화 착용 | 안전복 착용 | |

02 **안전 및 보건표지의 종류 및 형태에서 다음 그림과 같은 표지는?**

① 사용금지 ② 화기금지
③ 금연 ④ 인화성물질 경고

해설

금지표지는 기본모형은 빨간색, 바탕은 흰색, 부호 및 그림은 검은색으로 표기한다.

| | | | |
|---|---|---|---|
|  |  |  |  |
| 사용금지 | 출입금지 | 화기금지 | 금연 |
|  |  |  |  |
| 탑승금지 | 보행금지 | 물체이동금지 | 차량통행금지 |

03 **안전 및 보건표지의 종류와 형태에서 다음 그림이 나타내는 표시는?**

① 비상용 기구 ② 들것
③ 녹십자 표지 ④ 비상구

해설

안내표지는 바탕은 녹색, 부호 및 그림은 흰 색으로 표기한다.

| | | | |
|---|---|---|---|
|  |  |  |  |
| 응급구호 표지 | 녹십자 표지 | 들것 | 비상용 기구 |
|  |  |  |  |
| 좌측 비상구 | 우측 비상구 | 비상구 | 세안장치 |

정답 01 ② 02 ② 03 ③

**04 안전 및 보건표지의 종류와 형태에서 다음 그림이 나타내는 표시는?**

① 인화성물질 경고
② 산화성물질 경고
③ 매달린 물체 경고
④ 위험장소 경고

해설

경고표지는 기본모형은 검은색 · 빨간색, 바탕은 노란색 · 무색, 부호 및 그림은 검은색으로 표기한다.

| | | | |
|---|---|---|---|
|  |  |  |  |
| 부식성물질 경고 | 방사성물질 경고 | 저온경고 | 고온경고 |
|  |  |  |  |
| 몸균형상실 경고 | 매달린물체 경고 | 고압전기 경고 | 레이저광선 경고 |
|  |  |  |  |
| 산화성물질 경고 | 인화성물질 경고 | 낙하물 경고 | 위험장소 경고 |
|  |  | |  |
| 급성 독성물질 경고 | 발암성 · 생식독성 · 전신독성 · 변이원성 · 호흡기 과민성 물질 경고 | | 폭발성물질 경고 |

**05 안전 및 보건표지에서 색채와 용도가 잘못 짝지어진 것은?**

① 빨간색 : 방화표시
② 노란색 : 추락 · 충돌 주의표시
③ 보라색 : 안전지도 표시
④ 녹색 : 비상구 표시

해설

보라색 : 방사능 표시

**06 안전 및 보건표지에서 색채와 용도가 잘못 짝지어진 것은?**

① 녹색–안내
② 파란색–지시
③ 빨간색–경고, 금지
④ 노란색–위험

해설

노란색 : 경고

**07 안전 및 보건표지의 색상 중 "금지"에 대한 색상은?**

① 파란색　② 노란색
③ 빨간색　④ 검정색

해설

빨간색은 경고, 금지에 대한 색상이다.

**08 산업안전보건에서 안전표지의 종류가 아닌 것은?**

① 위험표지　② 경고표지
③ 지시표지　④ 금지표지

해설

- 안내표지 : 바탕은 녹색, 부호 및 그림은 흰색
- 경고표지 : 기본모형은 검은색 · 빨간색, 바탕은 노란색 · 무색, 부호 및 그림은 검은색
- 지시표지 : 바탕은 파란색, 그림은 흰색
- 금지표지 : 기본모형은 빨간색, 바탕은 흰색, 부호 및 그림은 검은색

04 ①　05 ③　06 ④　07 ③　08 ①

PART
02

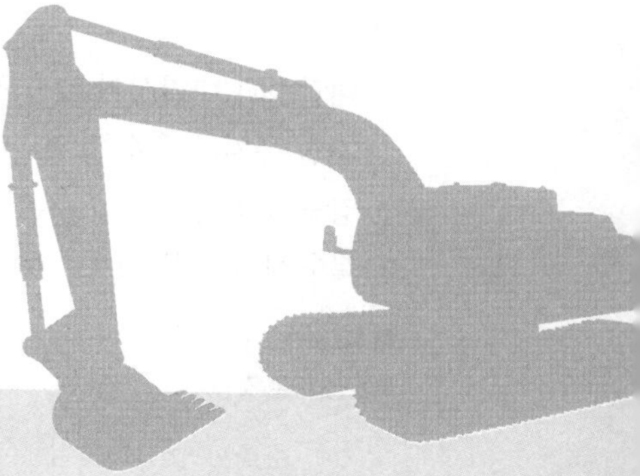

# CBT 실전모의고사 1~10회

# CBT 실전모의고사 제1회

**01 실린더 헤드 개스킷에 대한 구비조건이 아닌 것은?**

① 내압성과 내열성이 있을 것
② 기밀 유지가 우수할 것
③ 강도가 적당할 것
④ 복원성이 적을 것

해설

복원성이 클 것

**02 엔진에서 윤활유를 사용하는 목적이 아닌 것은?**

① 발화성을 좋게 한다.
② 밀봉작용을 한다.
③ 마찰을 적게 한다.
④ 냉각작용을 한다.

해설

윤활유를 사용하는 목적은 밀봉작용, 감마작용, 냉각작용, 방청작용, 세정작용을 위함이다.

**03 디젤 엔진에서 연료라인에 공기가 유입되었을 때 발생하는 현상으로 맞는 것은?**

① 디젤노크가 발생한다.
② 연료 분사량이 증가한다.
③ 엔진 부조 현상이 발생된다.
④ 분사압력이 상승한다.

해설

연료라인 내 공기가 유입되면 연료공급이 원활하지 못하여 엔진이 부조하거나 시동이 꺼질 수 있다.

**04 엔진에서 팬벨트의 장력이 과대할 때 발생하는 현상은?**

① 엔진 과냉
② 발전기 베어링 손상
③ 엔진 과열
④ 발전기 충전량 부족

해설

팬벨트 장력이 과대하면 발전기 베어링이 손상된다.

**05 경유의 중요한 성질이 아닌 것은?**

① 옥탄가 ② 세탄가
③ 착화성 ④ 비중

해설

옥탄가 : 가솔린(휘발유)의 노킹현상을 일으키지 않는 정도를 나타내는 수치를 말한다.

**06 작동 중인 엔진에서 공기 청정기가 막혔을 때 발생하는 현상은?**

① 배기가스 색이 무색이고 엔진 출력과 관계없다.
② 배기가스 색이 검은색이고 엔진 출력이 감소한다.
③ 배기가스 색이 청백색이고 엔진 출력이 증가된다.
④ 배기가스 색이 흰색이고 엔진 출력은 정상이다.

해설

공기 청정기가 막히면 배기가스 색이 검은색이고 엔진 출력이 감소한다.

정답 01 ④ 02 ① 03 ③ 04 ② 05 ① 06 ②

## 07 엔진오일의 구비조건이 아닌 것은?

① 기포 발생과 카본 생성에 대한 저항력이 클 것
② 인화점과 발화점이 높을 것
③ 점도와 비중이 적당할 것
④ 응고점이 높을 것

해설

응고점이 낮을 것

## 08 디젤 엔진의 연소실 형식 중 연료소비율이 낮으며 연소압력이 가장 높은 것은?

① 공기실식
② 직접분사식
③ 와류실식
④ 예연소실식

해설

- 공기실식 : 직접분사식 다음으로 시동이 쉽기 때문에 예열플러그 없이도 냉간시 시동이 용이하다.
- 와류실식 : 분사노즐 가까이에 와류실을 갖는 형식으로 직접분사식과 예연소실의 중간 정도이며, 직접분사식에 비해 공기 이용률이 높다.
- 예연소실식 : 피스톤과 실린더 헤드 사이에 주연소실이 있고 이외에 따로 부연소실을 갖는 형식으로 분사압력이 비교적 낮다.

## 09 엔진오일의 소비량이 많아지는 원인으로 가장 적절한 것은?

① 피스톤 링 마모
② 엔진 과냉
③ 워터펌프 파손
④ 오일 필터 불량

해설

피스톤 링이 마모되면 엔진오일의 소비량이 많아진다.

## 10 라디에이터 캡의 압력스프링 장력이 약해졌을 때 나타나는 현상은?

① 엔진 과열
② 출력 증가
③ 배압 발생
④ 엔진 과냉

해설

라디에이터 캡의 압력스프링 장력이 약해지면 냉각회로 내 증기압이 낮아져서 냉각수의 끓는점도 낮아진다. 따라서 냉각수가 더 빨리 끓음으로 인해 엔진이 과열된다.

## 11 커먼레일 엔진에서 연료분사 장치의 저압부에 속하지 않는 것은?

① 1차 연료펌프
② 연료필터
③ 커먼레일
④ 연료 스트레이너

해설

커먼레일은 고압부에 속한다. 연료탱크~고압펌프 입구는 저압부이고, 고압펌프 출구~인젝터는 고압부이다.

## 12 엔진 시동을 보조하는 장치가 아닌 것은?

① 히트 레인저
② 실린더의 감압장치
③ 흡입공기 예열장치
④ 과급장치

해설

과급장치는 엔진 출력을 증대시키는 장치이다.

07 ④ 08 ② 09 ① 10 ① 11 ③ 12 ④

13 **축전지의 자기 방전량에 대한 설명으로 틀린 것은?**

① 날짜가 경과할수록 자기 방전량은 커진다.
② 충전 후, 시간이 지날수록 자기 방전량의 비율은 점점 낮아진다.
③ 전해액의 온도가 높을수록 자기 방전량은 작아진다.
④ 전해액의 비중이 높을수록 자기 방전량은 커진다.

해설

전해액의 온도가 높을수록 자기 방전량은 커진다.

14 **다음 중 접촉저항이 발생할 확률이 가장 낮은 곳은?**

① 축전지 터미널
② 스위치 접점
③ 배선 커넥터
④ 배선 중간 지점

해설

배선 중간 지점에서 접촉저항이 발생할 확률이 가장 낮으며, 기계적 접촉부 및 이음부에서 접촉저항이 발생할 확률이 가장 높다.

15 **교류 발전기의 구성 부품이 아닌 것은?**

① 전류 조정기
② 슬립링
③ 다이오드
④ 스테이터 코일

해설

교류 발전기는 전압 조정기, 슬립링, 다이오드, 스테이터 코일로 구성된다.

16 **기동 전동기의 시험 항목에 해당하지 않는 것은?**

① 회전력 시험
② 중부하 시험
③ 무부하 시험
④ 저항 시험

해설

기동 전동기의 시험 항목은 회전력 시험, 무부하 시험, 저항 시험으로 분류된다.

17 **퓨즈에 대한 설명으로 틀린 것은?**

① 퓨즈는 얇은 구리선으로 대용해도 된다.
② 퓨즈 용량은 A로 표기한다.
③ 퓨즈는 정격용량을 사용한다.
④ 퓨즈 표면이 산화되면 단선되기 쉽다.

해설

퓨즈는 신품으로 교환한다.

18 **축전지 터미널에 부식이 발생했을 때 일어나는 현상이 아닌 것은?**

① 축전지 전압강하가 발생한다.
② 시동 스위치가 손상된다.
③ 기동 전동기의 토크가 약해진다.
④ 크랭킹이 잘되지 않는다.

해설

축전지 터미널 부식과 시동 스위치 손상은 관련이 없다.

19 **자동 변속기의 구성 부품이 아닌 것은?**

① 유압제어 장치
② 토크 컨버터
③ 유성기어 유닛
④ 싱크로메시 기구

해설

싱크로메시 기구는 수동 변속기의 구성부품이다.

정답 13 ③ 14 ④ 15 ① 16 ② 17 ① 18 ② 19 ④

20 타이어의 트레드에 대한 설명으로 틀린 것은?

① 트레드가 마모되면 열의 발산이 불량해진다.
② 트레드가 마모되면 지면과 접촉 면적이 커짐으로써 마찰력이 증대되어 제동성능은 좋아진다.
③ 타이어의 공기압이 높으면 트레드의 양단부보다 중앙부의 마모가 크다.
④ 트레드가 마모되면 구동력과 선회능력이 저하된다.

해설

트레드가 마모되면 지면과 접촉 면적이 커지나 마찰력이 감소하여 제동성능이 나빠진다.

21 추진축의 각도 변화를 일으키는 역할을 하는 것은?

① 슬립 이음 ② 자재 이음
③ 등속 이음 ④ 플랜지 이음

해설

자재 이음 : 추진축의 각도 변화를 일으키는 역할을 한다.

22 긴 내리막길을 내려갈 때 베이퍼 록 현상을 방지할 수 있는 운전방법은?

① 시동을 끄고 브레이크 페달을 밟으면서 내려간다.
② 변속레버를 중립으로 놓고 브레이크 페달을 밟으면서 내려간다.
③ 클러치를 차단하고 브레이크 페달을 계속 밟으면서 속도를 조절하며 내려간다.
④ 엔진 브레이크를 사용한다.

해설

긴 내리막길을 내려갈 때는 엔진 브레이크를 사용한다.

23 유압식 굴착기의 주행 동력으로 이용되는 것은?

① 유압 모터
② 변속기 동력
③ 전기 모터
④ 조향 장치

해설

유압 모터 : 유압식 굴착기의 주행 동력으로 이용된다.

24 굴착기의 주행레버를 한쪽으로 당겨 회전하는 방식은?

① 역회전 ② 정회전
③ 피벗턴 ④ 스핀턴

해설

피벗턴 : 주행레버 2개 중 1개만 조작하여 회전하는 방식을 말한다.

25 무한궤도식 굴착기의 하부 추진체 동력전달 순서를 바르게 나열한 것은?

① 엔진 → 유압펌프 → 컨트롤밸브 → 센터조인트 → 주행모터 → 트랙
② 엔진 → 유압펌프 → 센터조인트 → 컨트롤밸브 → 주행모터 → 트랙
③ 엔진 → 컨트롤밸브 → 유압펌프 → 센터조인트 → 주행모터 → 트랙
④ 엔진 → 컨트롤밸브 → 센터조인트 → 유압펌프 → 주행모터 → 트랙

해설

굴착기의 하부 추진체 동력전달 순서 : 엔진 → 유압펌프 → 컨트롤밸브 → 센터조인트 → 주행모터 → 트랙

20 ② 21 ② 22 ④ 23 ① 24 ③ 25 ①

26 **무한궤도식 건설기계에서 주행 구동체인의 장력 조정방법은?**

① 아이들러를 전 · 후진시켜 조정한다.
② 구동 스프로킷을 전 · 후진시켜 조정한다.
③ 드래그 링크를 전 · 후진시켜 조정한다.
④ 슬라이드 슈의 위치를 변화시켜 조정한다.

해설
아이들러를 전 · 후진시켜 주행 구동체인의 장력을 조정한다.

27 **무한궤도식 굴착기에서 트랙을 조정하기 위한 방법은?**

① 스프로킷을 이동시킨다.
② 상부롤러를 이동시킨다.
③ 하부롤러를 이동시킨다.
④ 아이들러를 이동시킨다.

해설
아이들러를 이동시켜 트랙을 조정한다.

28 **다음 [보기]에서 굴착기의 굴착작업과 직접적인 관계가 있는 조종레버를 모두 고른 것은?**

[보기]
ㄱ. 붐 제어레버
ㄴ. 버킷 제어레버
ㄷ. 암 제어레버
ㄹ. 스윙 제어레버

① ㄱ, ㄷ　② ㄱ, ㄹ
③ ㄱ, ㄴ, ㄷ　④ ㄱ, ㄷ, ㄹ

해설
스윙 제어레버 : 선회할 때 조종하는 레버를 말한다.

29 **타이어식 굴착기로 굴착작업을 할 때 앞으로 넘어지는 것을 방지해주는 장치는?**

① 붐
② 언더캐리지
③ 밸런스 웨이트
④ 블레이드

해설
밸런스 웨이트 : 굴착작업을 할 때 앞으로 넘어지는 것을 방지해주는 장치를 말한다.

30 **건설기계의 구조변경 검사신청은 변경일로부터 며칠 이내에 해야 하는가?**

① 5일　② 10일
③ 20일　④ 30일

해설
건설기계의 구조변경 검사신청은 변경일로부터 20일 이내에 해야 한다.

31 **다음 중 건설기계 등록번호표의 도색 기준으로 틀린 것은?**

① 영업용 : 주황색 판에 흰색 문자
② 자가용 : 녹색 판에 흰색 문자
③ 수입용 : 적색 판에 흰색 문자
④ 관용 : 흰색 판에 검은색 문자

해설
건설기계 등록번호표는 영업용(주황색 판에 흰색 문자), 자가용(녹색 판에 흰색 문자), 관용(흰색 판에 검은색 문자)으로 구분된다.

32 **도로교통법상 술에 취한 상태의 혈중알코올 농도는?**

① 0.01% 이상
② 0.02% 이상
③ 0.03% 이상
④ 0.08% 이상

정답 26 ① 27 ④ 28 ③ 29 ③ 30 ③ 31 ③ 32 ③

해설

술에 취한 상태의 혈중알코올농도 : 0.03% 이상

33 신호등 없는 교차로에서 좌회전하려는 버스와 교차로에 진입하여 직진하고 있는 건설기계가 있다. 이때 어느 차가 우선인가?

① 사람이 많이 탑승한 차
② 좌회전 차
③ 건설기계
④ 상황에 따라 달라짐

해설

교차로에 먼저 진입한 차가 우선이다.

34 도로교통법상 벌점의 누산 점수 초과로 인한 면허취소 기준 중 1년간 최소 누산 점수는?

① 121점 ② 201점
③ 271점 ④ 301점

해설

1년간 최소 누산 점수가 121점이면 면허취소 사유에 해당된다.

35 주 · 정차 금지구역이 아닌 장소는?

① 건널목 ② 횡단보도
③ 교차로 ④ 골목길

해설

주 · 정차 금지구역
- 건널목 가장자리 또는 횡단보도로부터 10m 이내
- 횡단보도
- 교차로 가장자리로부터 5m 이내
- 안전지대의 사방으로부터 각각 10m 이내

36 운전석에서 왼팔을 차체 밖으로 내밀어 45° 밑으로 펴서 상 · 하로 흔드는 수신호의 의미는?

① 후진신호
② 앞지르기신호
③ 서행신호
④ 정지신호

해설

- 후진신호 : 왼팔을 차체 밖으로 내밀어 45° 밑으로 펴서 손바닥을 뒤로 향하게 하여 앞 · 뒤로 흔든다.
- 앞지르기신호 : 왼팔을 차체 밖으로 내밀어 수평으로 펴서 앞 · 뒤로 흔든다.
- 정지신호 : 왼팔을 차체 밖으로 내밀어 45° 밑으로 편다.

37 건설기계의 조종 중 고의 또는 과실로 가스공급시설을 손괴하거나 가스공급시설의 기능에 장애를 입혀 가스의 공급을 방해한 경우에 면허효력정지 기간은?

① 면허효력정지 15일
② 면허효력정지 45일
③ 면허효력정지 180일
④ 면허효력정지 60일

해설

건설기계의 조종 중 고의 또는 과실로 가스공급시설을 손괴하거나 가스공급시설의 기능에 장애를 입혀 가스의 공급을 방해한 경우 : 면허효력정지 180일

38 정기검사 유효기간이 3년인 건설기계 종류는?

① 무한궤도식 굴착기
② 트럭적재식 콘크리트 펌프
③ 콘크리트 믹서 트럭
④ 덤프트럭

해설

- 굴착기(무한궤도식) : 3년
- 콘크리트 펌프(트럭적재식) : 1년
- 콘크리트 믹서 트럭 : 1년
- 덤프트럭 : 1년

33 ③ 34 ① 35 ④ 36 ③ 37 ③ 38 ①

39 **유압 회로에서 소음이 발생하는 원인이 아닌 것은?**

① 유압 저하
② 유압 회로 내 공기 유입
③ 캐비테이션 현상
④ 채터링 현상

해설
유압이 저하되면 오일 압력 경고등이 점등된다.

40 **유압 작동부에서 오일 누설 시 가장 먼저 점검해야 하는 곳은?**

① 플런저 ② 씰(Seal)
③ 밸브 ④ 기어

해설
오일 누설 시 씰(Seal)을 가장 먼저 점검해야 한다.

41 **유압장치의 고장원인이 아닌 것은?**

① 작동유가 과열된 경우
② 조립 및 접속이 불완전한 경우
③ 작동유에 이물질이 유입된 경우
④ 윤활성이 좋은 작동유를 사용한 경우

해설
윤활성이 나쁜 작동유를 사용하면 유압장치가 고장 난다.

42 **유압장치에서 드레인 배출기의 기호표시는?**

① 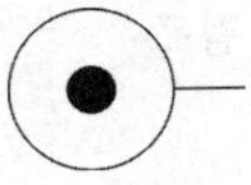
② 
③ 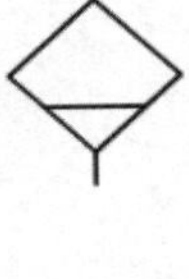
④ 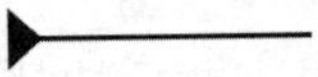

해설
• 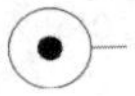 : 압력원
•  : 어큐뮬레이터
•  : 유압 동력원

43 **유압 모터의 용량을 나타내는 것은?**

① 체적
② 동력
③ 유압 작동부 압력당 토크
④ 입구 압력당 토크

해설
유압 모터의 용량은 입구 압력당 토크로 나타낸다.

44 **유압유의 점도가 너무 높을 때 나타나는 현상이 아닌 것은?**

① 동력손실이 증가하여 기계효율이 감소한다.
② 내부마찰이 증가하고 압력이 상승한다.
③ 오일 누설이 증가한다.
④ 유동저항이 커져 압력손실이 증가한다.

해설
유압유의 점도가 너무 낮으면 오일 누설이 증가한다.

45 **방향전환밸브(중립상태)에서 실린더가 외력으로부터 충격을 받았다. 이때 발생하는 고압을 릴리프(Relief) 시키는 밸브는?**

① 유량감지밸브
② 과부하(포트) 릴리프밸브
③ 메인릴리프밸브
④ 반전방지밸브

해설
과부하(포트) 릴리프밸브 : 방향전환밸브에서 실린더가 외력으로부터 충격을 받았을 때 발생하는 고압을 릴리프 시키는 밸브를 말한다.

정답 39 ① 40 ② 41 ④ 42 ③ 43 ④ 44 ③ 45 ②

**46 유압회로 내 유체의 흐르는 방향을 조절하는데 쓰이는 밸브는?**

① 유량제어밸브
② 유압 액추에이터
③ 방향제어밸브
④ 압력제어밸브

해설

방향제어밸브 : 유체의 흐르는 방향을 조절하는데 쓰이는 밸브를 말한다.

**47 연삭기를 안전하게 사용하는 방법이 아닌 것은?**

① 보안경과 방진마스크를 착용한다.
② 숫돌과 받침대 사이의 간격은 최대한 넓게 유지한다.
③ 숫돌의 측면 사용을 제한한다.
④ 숫돌 덮개를 설치한 후 작업한다.

해설

숫돌과 받침대 사이 간격은 3mm 이내로 유지한다.

**48 사고로 인한 재해가 가장 많이 발생하는 것은?**

① 피스톤
② 벨트, 풀리
③ 변속기
④ 기어

해설

벨트, 풀리는 사고로 인한 재해가 가장 많이 발생하는 부분이다.

**49 운반 및 하역 작업 시 착용하는 복장 및 보호구에 대한 설명으로 틀린 것은?**

① 위험물 취급 시 보호구를 착용한다.
② 항상 방독면, 방화 장갑을 착용한다.
③ 상의 작업복 소매가 손목에 밀착되게 한다.
④ 하의 작업복의 바지 끝 부분을 안전화 속에 넣거나 밀착되게 한다.

해설

• 필요시 방독면, 방화 장갑을 착용한다.

**50 다음 그림에서 H와 같은 지중 전선로 차도 부분의 매설 깊이는 최소 몇 m 이상인가?**

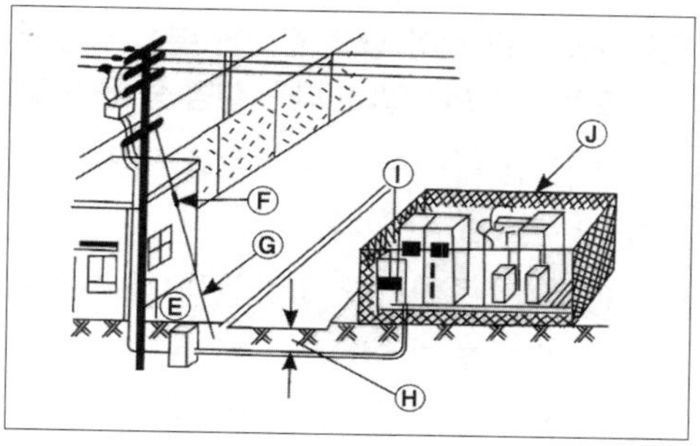


① 0.6m ② 1.2m
③ 1.5m ④ 2.0m

해설

지중 전선로 차도 부분의 매설 깊이는 최소 1.2m 이상이다.

**51 도시가스 보호판에 대한 설명으로 틀린 것은?**

① 굴착 시 배관을 보호해준다.
② 4mm 두께의 철판으로 되어있다.
③ 배관 직상부 30cm 위에 묻혀있다.
④ 가스 누출을 방지한다.

해설

도시가스 보호판은 굴착 시 배관을 보호하기 위해 4mm 두께의 철판으로 되어 있으며, 배관 직상부 30cm 위에 묻혀있다.

46 ③ 47 ② 48 ② 49 ② 50 ② 51 ④

**52 일반가연성 물질의 화재를 말하며, 물질이 연소한 후 재를 남기게 되는 일반적인 화재는?**

① A급 화재　② B급 화재
③ C급 화재　④ D급 화재

해설

- A급 화재 : 일반화재
- B급 화재 : 유류화재
- C급 화재 : 전기화재
- D급 화재 : 금속화재

**53 도로 중앙선이 황색 점선과 황색 실선의 복선으로 설치되어있다. 다음 설명 중 옳은 것은?**

① 점선 쪽에서만 중앙선을 넘어서 앞지르기를 할 수 있다.
② 실선 쪽에서만 중앙선을 넘어서 앞지르기를 할 수 있다.
③ 점선과 실선 관계없이 중앙선을 넘어서 앞지르기를 할 수 있다.
④ 점선과 실선 관계없이 중앙선을 넘어서 앞지르기를 할 수 없다.

해설

중앙선이 황색 점선과 황색 실선의 복선인 경우 점선 쪽에서만 중앙선을 넘어서 앞지르기를 할 수 있다.

**54 전기기기에 의한 감전 사고를 방지하기 위해 가장 중요한 설비는?**

① 방폭등 설비
② 고압계 설비
③ 대지 전위 상승 설비
④ 접지 설비

해설

접지 설비는 감전 사고를 방지하기 위해 가장 중요하다.

**55 다음 배전선로 그림에서 A의 명칭으로 올바른 것은?**

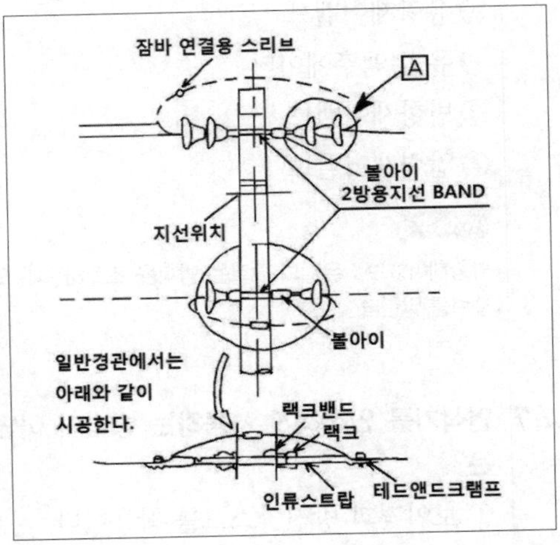


① 라인포스트애자(LPI)
② 현수애자
③ 변압기
④ 피뢰기

해설

현수애자 : 가공전선을 지지하기 위한 것을 말하며, 전기적으로 절연하기 위해 사용된다.

**56 안전제일 이념에 대한 설명으로 가장 적절한 것은?**

① 인간 존중
② 품질 향상
③ 생산성 향상
④ 재산 보호

해설

안전제일 이념은 인도주의가 바탕이 된 인간 존중이다.

**57 H빔 공사 시 가스 배관과의 최소 수평거리는?**

① 10cm　② 20cm
③ 30cm　④ 40cm

정답 52 ① 53 ① 54 ④ 55 ② 56 ① 57 ③

해설

H빔 공사 시 가스 배관과 최소 30cm의 수평거리를 유지한다.

**58 수공구 사용 시 재해의 원인이 아닌 것은?**

① 사용법 미 숙지
② 공구 점검 소홀
③ 잘못된 공구 선택
④ 규격에 맞는 공구 사용

해설

규격에 맞는 공구를 사용하면 재해를 방지할 수 있다.

**59 응급구호 표지의 바탕색으로 맞는 것은?**

① 노란색 ② 흰색
③ 녹색 ④ 파란색

해설

응급구호 표지(안내표지)
- 녹색 : 응급구호 표지(안내표지)의 바탕색을 말한다.
- 흰색 : 응급구호 표지(안내표지)의 부호 및 그림색을 말한다.

**60 산업안전보건법상 안전 및 보건표지의 종류와 형태에서 다음 그림이 나타내는 표시는?**

① 응급구호표지
② 들것
③ 비상용기구
④ 녹십자표지

해설

안내표지는 바탕은 녹색, 부호 및 그림은 흰색으로 표기한다.

| | | | |
|---|---|---|---|
|  |  |  |  |
| 응급구호 표지 | 녹십자 표지 | 들것 | 비상용 기구 |
|  |  |  |  |
| 좌측 비상구 | 우측 비상구 | 비상구 | 세안장치 |

58 ④ 59 ③ 60 ②

# CBT 실전모의고사 제2회

**01 엔진에서 밸브를 열고 닫는 장치는?**

① 피트먼암 ② 너클암
③ 로커암 ④ 스티어링암

해설

- 피트먼암 : 조향력을 드래그 링크나 릴레이 로드에 전달한다.
- 너클암 : 드래그링크 및 타이로드에 의해 작동할 때 조향 너클을 움직인다.
- 스티어링암 : 조향 움직임을 타이로드에서 스티어링 너클로 전달한다.

**02 흡·배기밸브의 구비조건이 아닌 것은?**

① 고온에 잘 견딜 것
② 내열성이 작을 것
③ 열팽창율이 작을 것
④ 열전도율이 좋을 것

해설

내열성이 클 것

**03 팬벨트에 대한 점검과정으로 틀린 것은?**

① 팬벨트는 풀리의 밑 부분에 접촉되어야 한다.
② 팬벨트 장력은 약 10kgf로 눌렀을 때 처짐량이 약 13~20mm 정도로 맞춘다.
③ 팬벨트가 너무 헐거우면 엔진이 과열될 수 있다.
④ 팬벨트 장력 조정은 발전기를 움직이면서 조정한다.

해설

팬벨트는 풀리의 윗부분에 접촉되어야 한다.

**04 디젤 엔진에서 직접분사식의 장점이 아닌 것은?**

① 구조가 간단하여 열효율이 높다.
② 연료 소비량이 적다.
③ 연료 누출 우려가 적다.
④ 냉각 손실이 적다.

해설

직접분사식의 장점은 연료 누출과 관계없다.

**05 디젤 엔진을 작동시킨 후 충분한 시간이 지났는데도 냉각수가 정상 온도로 상승하지 않았을 경우 고장 원인은?**

① 라디에이터 코어 막힘
② 워터펌프 고장
③ 냉각팬벨트 느슨함
④ 써모스탯이 열린 채로 고장

해설

써모스탯이 열린 채(왁스 팽창)로 고장나면 엔진 과랭 및 웜업이 지연되고, 닫힌 채(왁스 수축)로 고장나면 엔진이 과열된다.

**06 금속간의 마찰을 방지하며, 마찰계수를 저하시키기 위해 사용되는 첨가제는?**

① 유성 향상제
② 점도지수 향상제
③ 유동점 강하제
④ 방청제

해설

유성 향상제 : 금속간의 마찰을 방지하며, 마찰계수를 저하시키기 위해 사용되는 첨가제를 말한다.

정답 01 ③ 02 ② 03 ① 04 ③ 05 ④ 06 ①

**07 엔진 과열 시 발생 현상으로 가장 적절한 것은?**

① 밸브 개폐시기가 빨라진다.

② 흡 · 배기밸브의 열림량이 많아진다.

③ 실린더 헤드에 변형이 일어날 수 있다.

④ 연료가 응결될 수 있다.

해설

엔진이 과열되면 실린더 헤드가 변형될 수 있다.

**08 라디에이터 캡을 개방 시 냉각수에 오일이 섞여 있다. 이때 원인으로 가장 적절한 것은?**

① 실린더 블록이 과열됨

② 라디에이터가 불량함

③ 엔진의 윤활유량이 너무 많음

④ 수냉식 오일 쿨러가 파손됨

해설

수냉식 오일 쿨러가 파손되면 냉각수에 오일이 섞인다.

**09 다음 [보기]에서 소음기와 관련된 설명 중 옳은 것을 바르게 나열한 것은?**

[보기]

ㄱ. 카본이 많이 끼면 엔진이 과열될 수 있다.
ㄴ. 소음기가 손상되어 구멍이 나면 배기음이 커진다.
ㄷ. 카본이 쌓이면 엔진 출력이 저하한다.
ㄹ. 배기가스의 압력을 높여서 열효율을 상승시킨다.

① ㄱ, ㄴ, ㄹ　② ㄱ, ㄷ, ㄹ

③ ㄱ, ㄴ, ㄷ　④ ㄴ, ㄷ, ㄹ

해설

소음기는 배기가스 압력이 상승하는 원인이 될 수 있으며, 이로 인해 이론적으로 열효율을 저하시킨다.

**10 분사노즐 테스터기를 이용하여 측정하는 항목으로 맞는 것은?**

① 플런저 성능, 분포상태

② 분사량, 분포상태

③ 분사개시 압력, 분사속도

④ 분사개시 압력, 후적

해설

분사노즐 테스터기는 연료 분포상태, 분사개시 압력, 후적을 측정할 수 있다.

**11 엔진의 오일 여과방식이 아닌 것은?**

① 전류식　② 샨트식

③ 자력식　④ 분류식

해설

엔진의 오일 여과방식은 전류식, 샨트식, 분류식으로 분류된다.

**12 4행정 엔진에서 1사이클을 완료할 때 크랭크축은 몇 회전 하는가?**

① 1회전　② 2회전

③ 4회전　④ 6회전

해설

4행정 엔진에서 1사이클을 완료할 때 크랭크축은 2회전한다.

**13 축전지를 장시간 방전 상태로 두면 사용하지 못하게 된다. 그 원인은?**

① 극판에 녹이 발생하기 때문

② 극판이 영구 황산납이 되기 때문

③ 극판에 수소가 형성되기 때문

④ 극판에 산화납이 형성되기 때문

해설

축전지를 장시간 방전상태로 두면 극판이 영구 황산납이 된다.

07 ③　08 ④　09 ③　10 ④　11 ③　12 ②　13 ②

**14** **12V용 납산 축전지의 방전종지전압은?**

① 7.5V ② 10.5V
③ 12V ④ 14V

해설

12V용 납산 축전지의 방전종지전압은 10.5V이다.

**15** **축전지 2개를 직렬 연결한 경우 나타나는 현상은?**

① 전압이 증가한다.
② 사용 전류가 증가한다.
③ 비중이 증가한다.
④ 전압과 사용 전류가 동시에 증가한다.

해설

축전지를 직렬 연결하면 용량은 동일하고 전압은 증가하며, 병렬 연결하면 전압은 동일하고 용량은 증가한다. 이때 '증가'라는 것은 축전지 개수에 비례한다.

**16** **축전지 케이스와 커버를 청소할 때 사용하는 용액은?**

① 오일, 연료 ② 소다, 물
③ 소금, 물 ④ 비수, 물

해설

소다, 물 : 축전지 케이스와 커버를 청소할 때 사용하는 용액을 말한다.

**17** **교류 발전기의 구성부품이 아닌 것은?**

① 스테이터 코일
② 전기자 코일
③ 다이오드
④ 슬립링

해설

교류 발전기는 스테이터 코일, 로터 코일, 다이오드, 슬립링으로 구성된다.

**18** **20℃에서 축전지 전해액의 비중이 1.280이면 축전지 상태는 어떤 상태인가?**

① 완전 충전 상태
② 3/4 충전 상태
③ 1/3 충전 상태
④ 완전 방전 상태

해설

- 완전 충전 상태 : 1.260~1.280/20℃
- 3/4 충전 상태 : 1.210~1.230/20℃
- 1/3 충전 상태 : 1.160~1.180/20℃
- 완전 방전 상태 : 1.060~1.080/20℃

**19** **동력전달장치에서 클러치 디스크는 어떤 축의 스플라인에 장착되어 있는가?**

① 크랭크축
② 변속기 입력축
③ 추진축
④ 차동기어장치

해설

클러치 디스크는 변속기 입력축의 스플라인에 장착되어 있다.

**20** **타이어식 건설기계에서 앞바퀴 정렬의 역할이 아닌 것은?**

① 방향 안정성을 준다.
② 조향 휠의 조작력을 작게 해준다.
③ 브레이크의 수명을 연장시켜준다.
④ 타이어의 마모를 최소로 한다.

해설

- 앞바퀴 정렬과 브레이크의 수명은 관련이 없다.
- 타이어의 수명을 연장하는 데에는 도움이 된다.

정답 14 ② 15 ① 16 ② 17 ② 18 ① 19 ② 20 ③

**21 수동 변속기에서 변속 시 기어가 끌리는 소음이 발생하는 원인으로 가장 적절한 것은?**

① 변속기 출력축의 속도계 구동기어 마모
② 브레이크 라이닝 마모
③ 클러치 유격이 너무 클 때
④ 클러치 디스크 마모

해설

클러치 유격이 너무 크면 동력 차단이 불량해진다.

**22 수동 변속기에서 클러치 디스크의 비틀림 코일 스프링의 역할은 무엇인가?**

① 클러치 작동 시 충격을 흡수한다.
② 클러치 디스크가 플라이휠에 더욱 세게 부착되게 한다.
③ 압력판 마멸을 방지한다.
④ 클러치 토크를 증가시킨다.

해설

비틀림 코일 스프링(토션 스프링 또는 댐퍼 스프링) : 클러치 작동 시 충격을 흡수한다.

**23 굴착기에서 작업 시 안정화와 균형을 유지하기 위해 설치하는 구성부품은?**

① 붐
② 카운터 웨이트
③ 센터 조인트
④ 셔블

해설

카운터 웨이트 : 작업 시 안정화와 균형을 유지하기 위해 설치한다.

**24 굴착기의 기본 작업 사이클을 바르게 나열한 것은?**

① 선회 → 굴착 → 적재 → 선회 → 굴착 → 붐상승
② 선회 → 적재 → 굴착 → 적재 → 붐상승 → 선회
③ 굴착 → 붐상승 → 스윙 → 적재 → 스윙 → 굴착
④ 굴착 → 적재 → 붐상승 → 선회 → 굴착 → 선회

해설

굴착기의 기본 작업 사이클 : 굴착 → 붐상승 → 스윙 → 적재 → 스윙 → 굴착

**25 트랙이 자주 벗겨지는 원인으로 가장 적절한 것은?**

① 트랙 슈의 마모가 과다할 때
② 일반 객토에서 작업을 하였을 때
③ 트랙장력이 너무 팽팽할 때
④ 트랙장력이 너무 헐거울 때

해설

트랙장력이 너무 헐거우면 트랙이 자주 벗겨진다.

**26 굴착기에서 작업 장치가 아닌 것은?**

① 버킷　　② 암
③ 붐　　④ 마스트

해설

마스트 : 지게차의 작업 장치에 해당된다.

**27 굴착기에서 프론트 아이들러의 기능에 대한 설명으로 옳은 것은?**

① 동력을 트랙으로 전달하는 기능
② 트랙의 주행을 원활히 해주는 기능
③ 파손을 방지하고 주행을 원활히 해주는 기능
④ 트랙의 진로를 조정하면서 주행방향으로 트랙을 유도하는 기능

21 ③　22 ①　23 ②　24 ③　25 ④　26 ④　27 ④

해설

프론트 아이들러 : 트랙의 진로를 조정하면서 주행방향으로 트랙을 유도한다.

28 굴착기의 트랙 장력을 조정하는 방법으로 옳은 것은?

① 캐리어 롤러를 조정한다.
② 하부 롤러를 조정한다.
③ 트랙 조정용 심을 삽입한다.
④ 트랙 조정용 실린더에 그리스를 주입한다.

해설

트랙 조정용 실린더에 그리스를 주입한다.

29 굴착기에서 매 2,000시간마다 점검 및 정비해야 하는 항목은?

① 브레이크액 교환
② 엔진오일 교환
③ 냉각수 교환
④ 와셔액 교환

해설

매 2,000시간마다 점검 및 정비항목
- 유압유 교환
- 냉각수 교환
- 차동장치 오일 교환
- 작동유 탱크 오일 교환
- 액슬 케이스 오일 교환
- 트랜스퍼 케이스 오일 교환
- 탠덤 구동 케이스 오일 교환

30 굴착기 운전 및 작업 시 운전자가 관심 가져야 할 사항이 아닌 것은?

① 온도 게이지
② 장비 소음
③ 엔진 회전수 게이지
④ 작업속도 게이지

해설

굴착기 운전 및 작업 시 운전자는 온도 게이지, 엔진 회전수 게이지, 장비 소음에 관심 가져야 한다.

31 성능 불량 또는 사고가 자주 발생하는 건설기계의 안전성 등을 점검하는 검사는?

① 수시검사
② 구조변경검사
③ 신규등록검사
④ 정기검사

해설

수시검사 : 성능 불량 또는 사고가 자주 발생하는 건설기계의 안전성 등을 점검하는 검사를 말한다.

32 교차로에서 차마(車馬)의 정지선으로 옳은 것은?

① 백색 실선 ② 황색 점선
③ 황색 실선 ④ 백색 점선

해설

백색 실선 : 차마(車馬)의 정지선을 말한다.

33 도로교통법상에서 교통사고에 해당하지 않는 것은?

① 차고에서 적재 중 화물이 떨어져 사람이 부상당한 사고
② 도로주행 중 언덕길에서 추락하여 사람이 부상당한 사고
③ 도로주행 중 화물이 떨어져 사람이 부상당한 사고
④ 주행 중 브레이크 고장으로 도로변의 전신주를 충돌한 사고

해설

차고에서 적재 중 화물이 떨어져 사람이 부상당한 사고는 안전사고에 해당된다.

정답 28 ④ 29 ③ 30 ④ 31 ① 32 ① 33 ①

**34 도로교통법상에서 주차 금지장소가 아닌 곳은?**

① 화재경보기로부터 3m 이내인 곳
② 도로 공사 구역의 양쪽 가장자리로부터 5m 이내인 곳
③ 터널 안 및 다리 위
④ 상가 앞 도로의 5m 이내인 곳

해설

주차 금지장소
- 화재경보기로부터 3m 이내인 곳
- 도로 공사 구역의 양쪽 가장자리로부터 5m 이내인 곳
- 터널 안 및 다리 위
- 소방용 방화 물통으로부터 5m 이내인 곳
- 소방용 기계 및 기구가 설치된 곳으로부터 5m 이내인 곳
- 지방경찰청장이 지정한 곳

**35 편도 4차선 도로에서 4차선이 버스전용 차로일 때 건설기계의 주행차로는?**

① 1차선 ② 2차선
③ 3차선 ④ 4차선

해설

편도 4차선 도로에서 4차선이 버스전용차로일 때 건설기계의 주행차로는 3차선이다.

**36 승차인원 및 적재중량에 대해 안전기준을 초과하여 운행하고자 할 경우 누구에게 승인받아야 하는가?**

① 시 · 도지사
② 출발지를 관할하는 경찰서장
③ 국토교통부장관
④ 불가능함

해설

승차인원 및 적재중량에 대해 안전기준을 초과하여 운행하고자 할 때 출발지를 관할하는 경찰서장에게 승인받아야 한다.

**37 건설기계관리법상 건설기계의 형식신고를 하지 않아도 되는 경우는?**

① 건설기계를 연구 · 개발 목적으로 제작하려는 경우
② 건설기계를 사용목적으로 수입하려는 경우
③ 건설기계를 사용목적으로 조립하려는 경우
④ 건설기계를 사용목적으로 제작하려는 경우

해설

건설기계를 연구 · 개발 목적으로 제작하려는 경우 형식신고를 하지 않아도 된다.

**38 건설기계관리법상 기중기를 조종할 수 있는 면허는?**

① 기중기 면허
② 타워크레인 면허
③ 공기압축기 면허
④ 로더 면허

해설

2012년 5월 7일 이후 기중기 면허를 득한 자는 기중기만 조종할 수 있다.

**39 유압 모터의 특징이 아닌 것은?**

① 과부하에 대해 안전하다.
② 소형으로 강력한 힘을 낼 수 있다.
③ 무단변속이 용이하다.
④ 정 · 역회전 변화가 불가능하다.

해설

정 · 역회전 변화가 가능하다.

34 ④ 35 ③ 36 ② 37 ① 38 ① 39 ④

**40 기어식 유압 펌프의 특징이 아닌 것은?**

① 구조가 간단하다.
② 작동유의 오염에 비교적 강하다.
③ 플런저 펌프에 비해 효율이 낮다.
④ 가변 용량형 펌프로 적절하다.

해설
가변 용량형 펌프로 적절한 것은 플런저식 펌프, 베인식 펌프는 가변 용량형 펌프로 적절하다.

**41 유압 펌프에서 작동유 유출 여부에 대한 점검 사항이 아닌 것은?**

① 작동유 유출 여부를 점검한다.
② 하우징에 균열이 발생하면 패킹을 교환한다.
③ 정상 작동 온도에서 점검하는 것이 좋다.
④ 고정 볼트가 풀리면 추가로 조인다.

해설
하우징에 균열이 발생하면 유압 펌프 조립체를 교환한다.

**42 유압 기호의 표기방법에 대한 설명으로 틀린 것은?**

① 유압 기호는 정상상태 또는 중립상태를 표기한다.
② 유압 기호에는 흐름 방향을 표기한다.
③ 유압 기호에는 각 기기의 구조나 작용압력을 표기하지 않는다.
④ 유압 기호는 어떠한 경우에도 회전해서는 안 된다.

해설
유압 기호는 필요시 회전해도 된다.

**43 최대 압력을 설정하여 회로를 보호하는 밸브는?**

① 리듀싱 밸브
② 리타더 밸브
③ 릴리프 밸브
④ 릴레이 밸브

해설
릴리프 밸브 : 최대 압력을 설정하여 회로를 보호하는 밸브를 말한다.

**44 다음 유압 기호 표시는?**

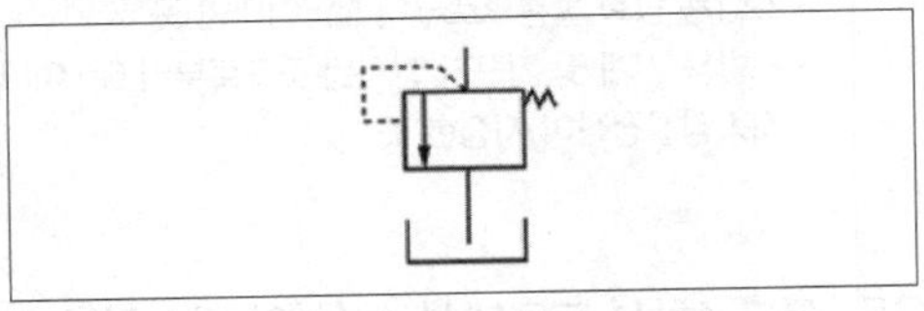

① 무부하 밸브
② 릴리프 밸브
③ 릴리프붙이 감압밸브
④ 감압 밸브

해설
• 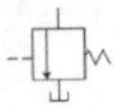 : 무부하 밸브 :
• 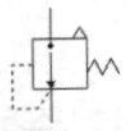 : 릴리프붙이 감압밸브
• 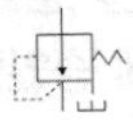 : 감압 밸브

**45 유압 계통에서 오일 누설의 원인이 아닌 것은?**

① 씰(Seal)의 마모
② 볼트의 풀림
③ 씰(Seal)의 찢어짐
④ 오일의 윤활성

해설
씰 마모, 볼트 풀림, 씰 찢어짐, 씰 파손되면 오일이 누설된다.

정답 40 ④ 41 ② 42 ④ 43 ③ 44 ② 45 ④

46 유압 회로의 속도제어 회로가 아닌 것은?

① 미터 아웃 회로
② 미터 인 회로
③ 오픈 센터 회로
④ 블리드 오프 회로

해설

오픈 센터 회로는 방향제어 회로에 해당된다.

47 벨트 취급 시 주의사항에 대한 설명으로 틀린 것은?

① 벨트에 기름이 묻지 않도록 한다.
② 벨트의 적절한 유격을 유지한다.
③ 벨트의 회전을 정지시킬 때 손으로 잡아서 정지시킨다.
④ 벨트의 회전이 완전히 멈춘 상태에서 벨트를 교환한다.

해설

벨트가 회전하는 도중 절대로 손으로 잡으면 안 된다.

48 도로상에 가스배관이 매설됨을 표시하는 라인마크에 대한 설명 중 틀린 것은?

① 도시가스라고 표기되어 있으며 화살표가 표시되어 있다.
② 직경이 약 9cm인 원형으로 된 동합금이나 황동주물로 되어 있다.
③ 청색 원형 마크로 되어 있고 화살표가 표시되어 있다.
④ 분기점에 T형 화살표가 표시되어 있고, 직선구간에 배관길이 50m 마다 1개 이상 설치되어 있다.

해설

황색 원형 마크로 되어 있고 화살표가 표시되어 있다.

49 작업복을 입는 이유로 가장 적절한 것은?

① 작업장의 질서를 확립하기 위해
② 작업자의 직책을 표시하기 위해
③ 복장을 통일하기 위해
④ 작업자의 몸을 보호하기 위해

해설

작업복은 각종 재해로부터 작업자의 몸을 보호하기 위해 입는다.

50 전기기구를 취급하여 작업 시 틀린 것은?

① 전기기구의 스위치 OFF 상태를 확인 후 플러그에 연결한다.
② 덮개를 씌우지 않은 이동 전등을 사용한다.
③ 퓨즈가 끊어져도 함부로 손대지 않는다.
④ 전원플러그를 끼울 때 사용전압을 확인한다.

해설

덮개를 씌운 이동 전등을 사용한다.

51 가스용접 작업 시 안전수칙에 대한 설명 중 틀린 것은?

① 산소용기는 약 40℃ 이하에서 보관한다.
② 산소용기를 운반할 때 충격을 가하지 않는다.
③ 산소용기는 화기로부터 일정 거리를 유지한다.
④ 올바르게 착용하면 안전도를 향상시킬 수 있다.

해설

안전모를 올바르게 착용하면 안전도가 향상된다.

46 ③ 47 ③ 48 ③ 49 ④ 50 ② 51 ④

**52 다음 [보기]에서 도시가스가 누출되었을 경우 가스 폭발 조건을 모두 고른 것은?**

> [보기]
> ㄱ. 누출된 가스 농도가 폭발 범위 내 있어야 한다.
> ㄴ. 누출된 가스에 점화원이 있어야 한다.
> ㄷ. 산소가 충분해야 한다.
> ㄹ. 가스 누출 압력이 $30kgf/cm^2$ 이상 되어야 한다.

① ㄱ ② ㄱ, ㄴ
③ ㄱ, ㄴ, ㄷ ④ ㄱ, ㄷ, ㄹ

해설

가스 폭발은 누출된 가스 농도가 폭발 범위 내 있어야 하며, 점화원, 산소가 있어야 한다.

**53 V벨트, 평면벨트 등에 사람이 직접 접촉하여 말려들거나 마찰의 위험이 있는 작장에서의 방호장치는?**

① 접근반응형 방호장치
② 감지형 방호장치
③ 격리형 방호장치
④ 위치제한형 방호장치

해설

- 접근반응형 방호장치 : 사람의 신체부위가 위험한계 인접거리 내로 들어오면 작동을 중지시키는 장치를 말한다.
- 감지형 방호장치 : 기계의 안전 한계치를 초과하면 자동으로 안전 한계치 내가 되도록 제어하거나 작동을 중지시키는 장치를 말한다.
- 위치제한형 방호장치 : 조작하는 두 손 중 어느 하나가 떨어지면 작동을 중지시키는 장치를 말한다.

**54 감전 및 전기화상의 우려가 있는 작업장에서 작업자가 가장 먼저 갖춰야할 것은?**

① 신호기 ② 보호구
③ 구급차 ④ 완강기

해설

감전 및 전기화상의 우려가 큰 작업장에서 작업자는 가장 먼저 보호구를 갖춘다.

**55 재해의 분류상 경상해란?**

① 응급 처치 이하의 상처로 작업에 종사하면서 치료를 받는 상해 정도
② 부상으로 인해 1일 이상 7일 이하의 노동 손실을 가져온 상해 정도
③ 부상으로 인해 8일 이상의 노동 상실을 가져온 상해 정도
④ 업무로 인해 목숨을 잃게 되는 경우

해설

- 무상해 사고 : 응급 처치 이하의 상처로 작업에 종사하면서 치료를 받는 상해 정도를 말한다.
- 중상해 : 부상으로 인해 8일 이상의 노동 상실을 가져온 상해 정도를 말한다.
- 사망 : 업무로 인해 목숨을 잃게 되는 경우를 말한다.

**56 도로 굴착작업 중 전력케이블 표지시트가 발견되었을 때 조치방법으로 가장 적절한 것은?**

① 전력케이블 표지시트를 걷어내고 계속 작업한다.
② 즉시 작업을 중지해야 하며, 해당설비 관리자에게 연락한 후 지시를 따른다.
③ 케이블 표지시트는 전력케이블과 관계없다.
④ 시설 관리자에게 연락하지 않고 조심히 작업한다.

해설

도로 굴착작업 중 전력케이블 표지시트가 발견되면 즉시 작업을 중지하고 해당설비 관리자에게 연락한 후 지시를 따른다.

정답 52 ③ 53 ③ 54 ② 55 ② 56 ②

57 다음 그림에서 H와 같은 지중 전선로 차도 부분의 매설 깊이는 얼마인가?

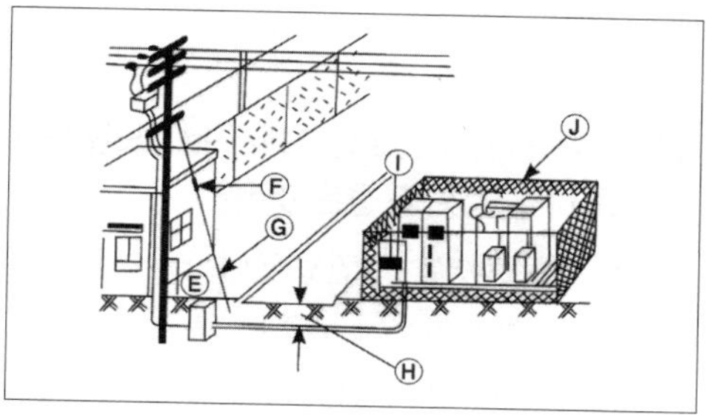


① 최소 0.6m 이상이다.
② 최소 0.8m 이상이다.
③ 최소 1m 이상이다.
④ 최소 1.2m 이상이다.

해설

지중 전선로 차도 부분의 매설 깊이는 최소 1.2m 이상이다.

58 유류화재 소화 시 소화기 이외의 소화재료로 가장 적합한 것은?

① 산소　　② 모래
③ 물　　④ 톱밥

해설

모래 : 유류화재 소화 시 소화기 이외의 소화재료로 가장 적합하다.

59 안전 및 보건표지의 종류와 형태에서 다음 그림이 나타내는 표시는?

① 안전복 착용　　② 안전화 착용
③ 귀마개 착용　　④ 방독면 착용

해설

지시표지는 바탕은 파란색, 그림은 흰색으로 표기한다.

| | | | | |
|---|---|---|---|---|
|  |  |  |  |  |
| 방독마스크 착용 | 방진마스크 착용 | 귀마개 착용 | 안전모 착용 | 보안경 착용 |
|  |  |  |  | |
| 보안면 착용 | 안전장갑 착용 | 안전화 착용 | 안전복 착용 | |

60 고압선 아래에서 건설기계에 의한 작업 중 지표에서부터 고압선까지의 거리를 측정하고자 한다. 이때 가장 적절한 방법은?

① 직접 올라가서 측정한다.
② 긴 각목을 이용하여 측정한다.
③ 메마른 긴 나무를 활용하여 측정한다.
④ 관할 산전사업소에 협조하여 측정한다.

해설

고압선 아래에서 건설기계에 의한 작업 중 지표에서부터 고압선까지의 거리는 관할 산전사업소에 협조하여 측정한다.

57 ④　58 ②　59 ③　60 ④

# CBT 실전모의고사 제3회

**01 디젤노크가 발생하였을 때 엔진에 미치는 영향으로 틀린 것은?**

① 엔진이 과열된다.
② 엔진 출력이 감소한다.
③ 엔진의 흡기효율이 저하된다.
④ 엔진 회전수가 상승한다.

해설
디젤노크가 발생하면 엔진 회전수가 불안정하다.

**02 엔진 부동액으로 사용할 수 없는 것은?**

① 알코올 ② 에틸렌글리콜
③ 메탄 ④ 글리세린

해설
엔진 부동액으로 알코올, 에틸렌글리콜, 글리세린을 많이 사용한다.

**03 디젤 엔진에만 장착되어 있는 부품은?**

① 발전기 ② 오일펌프
③ 분사펌프 ④ 워터펌프

해설
분사펌프는 디젤 엔진에만 장착되어 있다.

**04 엔진이 과열되는 원인이 아닌 것은?**

① 냉각수 부족
② 엔진오일 과다
③ 라디에이터 코어 막힘
④ 냉각회로 내 물때 과다

해설
엔진오일이 과소하면 엔진이 과열된다.

**05 디젤 엔진의 연료탱크에서 분사노즐까지 순서를 나열한 것 중 옳은 것은?**

① 연료탱크 → 연료필터 → 연료공급펌프 → 분사펌프 → 분사노즐
② 연료탱크 → 연료필터 → 분사펌프 → 연료공급펌프 → 분사노즐
③ 연료탱크 → 연료공급펌프 → 분사펌프 → 연료필터 → 분사노즐
④ 연료탱크 → 연료공급펌프 → 연료필터 → 분사펌프 → 분사노즐

해설
디젤 엔진의 연료계통 순서 : 연료탱크 → 연료공급펌프 → 연료필터 → 분사펌프 → 분사노즐

**06 디젤 엔진과 관련 없는 항목은?**

① 세탄가 ② 착화
③ 점화 ④ 예열플러그

해설
점화 : 가솔린 엔진과 관련 있다.

**07 다음 [보기]에서 피스톤과 실린더 벽 사이의 간극이 클 때 미치는 영향으로 모두 맞는 것은?**

[보기]
ㄱ. 마찰열에 의해 소결되기 쉽다.
ㄴ. 블로바이(Blow by)에 의해 실린더 압축압력이 낮아진다.
ㄷ. 피스톤링의 기능 저하로 오일이 연소실에 유입되어 오일 소비량이 증가한다.
ㄹ. 피스톤 슬랩 현상이 발생되며 엔진 출력이 감소한다.

정답 01 ④ 02 ③ 03 ③ 04 ② 05 ④ 06 ③ 07 ②

① ㄷ, ㄹ ② ㄴ, ㄷ, ㄹ
③ ㄱ, ㄴ, ㄷ ④ ㄱ, ㄴ, ㄷ, ㄹ

해설

피스톤과 실린더 벽 사이의 간극이 작으면 마찰열에 의해 소결되기 쉽다.

**08 실린더의 감압장치에 대한 설명으로 맞는 것은?**

① 연료손실을 감소시키는 것
② 시동을 도와주는 장치
③ 출력을 증가시키는 것
④ 화염전파 속도를 빨리해 주는 것

해설

실린더 감압장치 : 흡기밸브 또는 배기밸브를 강제로 열어 실린더 압축압력을 감소시켜 시동을 도와주는 장치를 말한다.

**09 디젤노크의 방지대책으로 가장 적절한 것은?**

① 압축비를 높게 한다.
② 착화지연기간을 길게 한다.
③ 연소실 벽의 온도를 낮게 한다.
④ 흡기압력 및 흡기온도를 낮게 한다.

해설

- 착화지연기간을 짧게 한다.
- 연소실 벽의 온도를 높게 한다.
- 흡기압력 및 흡기온도를 높게 한다.

**10 디젤 엔진의 분사펌프에서 거버너의 역할은?**

① 변속단 제어
② 엔진 회전수 제어
③ 연료 분사시기 제어
④ 연료 분사량 제어

해설

거버너 : 연료 분사량을 제어한다.

**11 엔진오일이 공급되지 않는 곳은?**

① 플라이휠 ② 피스톤로드
③ 피스톤 ④ 피스톤링

해설

플라이휠은 엔진 외부에 위치하며, 엔진오일이 공급되지 않는다.

**12 라디에이터 캡을 열었더니 냉각수에 기름이 떠 올라 있을 경우 고장 원인은?**

① 실린더 헤드 개스킷 파손
② 워터펌프 마모
③ 수온조절기 고장
④ 라디에이터 코어 막힘

해설

실린더 헤드 개스킷이 파손되면 냉각수에 기름이 떠있다.

**13 건설기계장비의 시동이 불가한 상태이다. 이때 시동장치의 점검으로 적절하지 않은 것은?**

① 축전지의 (+) 케이블 접촉상태 점검
② 발전기의 성능 점검
③ 마그네틱 스위치 점검
④ 기동 전동기의 고장 여부 점검

해설

발전기는 시동이 아니고 충전장치에 해당된다.

**14 축전지 충전이 불량한 원인은?**

① 전해액 온도가 낮을 때
② 발전기 용량이 클 때
③ 레귤레이터가 고장일 때
④ 팬벨트 장력이 클 때

해설

레귤레이터가 고장 나면 과충전 및 충전이 불량해진다.

08 ② 09 ① 10 ④ 11 ① 12 ① 13 ② 14 ③

**15 시동장치에서 스타트 릴레이에 대한 설명으로 틀린 것은?**

① 충분한 전류를 공급하여 엔진 크랭킹을 원활하게 한다.
② 축전지 충전을 용이하게 한다.
③ 시동을 용이하게 한다.
④ 시동스위치를 보호한다.

해설
스타트 릴레이는 시동장치로 축전지 충전과는 관련 없다.

**16 대기압(1atm), 20℃ 조건에서 축전지 전해액의 비중이 1.280이다. 이때는 어떤 상태인가?**

① 완전 방전 상태
② 1/3 충전 상태
③ 3/4 충전 상태
④ 완전 충전 상태

해설
- 완전 방전 상태 : 1.060~1.080/20℃
- 1/3 충전 상태 : 1.160~1.180/20℃
- 3/4 충전 상태 : 1.210~1.230/20℃

**17 교류 발전기에서 정류 다이오드의 역할은?**

① 전류를 조정하고 교류를 정류하는 역할을 한다.
② 여자전류를 조정하고 역류를 방지하는 역할을 한다.
③ 전압을 조정하고 교류를 정류하는 역할을 한다.
④ 교류를 정류하고 역류를 방지하는 역할을 한다.

해설
정류 다이오드 : 교류를 정류하고 역류를 방지하는 역할을 한다.

**18 축전지 충전 방법의 종류가 아닌 것은?**

① 정저항 충전
② 정전류 충전
③ 정전압 충전
④ 단계전류 충전

해설
충전방법은 정전류 충전, 정전압 충전, 단계전류 충전으로 분류된다.

**19 동력전달장치 중 차동기어장치에 대한 설명으로 틀린 것은?**

① 선회 시 외측 차륜의 회전속도를 빠르게 한다.
② 선회 시 좌·우 구동 차륜의 회전속도를 다르게 한다.
③ 엔진의 회전력을 증대시켜 구동 차륜에 전달한다.
④ 노면 저항이 작은 구동 차륜의 회전속도를 빠르게 한다.

해설
변속기 및 종감속기어는 엔진의 회전력을 증대시켜 구동 차륜에 전달한다.

**20 수동 변속기에서 클러치의 구성부품이 아닌 것은?**

① 클러치 디스크
② 어저스팅 암
③ 릴리스 레버
④ 클러치 부스터

해설
어저스팅 암 : 현가장치의 구성부품에 해당된다.

정답 15 ② 16 ④ 17 ④ 18 ① 19 ③ 20 ②

**21 자동 변속기에서 토크 컨버터의 구성요소가 아닌 것은?**

① 터빈 ② 스테이터
③ 펌프 ④ 가이드링

해설

가이드 링 : 유체 클러치의 구성부품이며, 유체 클러치 내에서 유체 충돌을 방지한다.

**22 토인에 대한 설명으로 틀린 것은?**

① 토인은 직진성을 좋게 하고 조향력을 가볍게 한다.
② 토인은 반드시 직진상태에서 측정한다.
③ 토인 조정이 불량하면 타이어가 편마모된다.
④ 토인은 좌 · 우 앞바퀴의 간격이 앞측보다 뒤측이 좁다.

해설

토인은 좌 · 우 앞바퀴의 간격이 뒤측 보다 앞측이 좁다.

**23 링크, 하부 롤러 등 트랙 부품이 조기에 마모되는 원인은?**

① 겨울철에 작업 시
② 트랙 장력이 너무 팽팽할 시
③ 일반 객토에서 작업 시
④ 트랙 장력이 너무 헐거울 시

해설

트랙 장력이 너무 팽팽하면 링크, 하부롤러 등 트랙 부품이 조기에 마모된다.

**24 굴착기의 규격을 표시하는 방법으로 옳은 것은?**

① 버킷의 산적용량($m^3$)
② 최대 굴착 깊이(m)
③ 엔진의 최대출력(PS/rpm)
④ 작업 가능상태의 중량(ton)

해설

굴착기의 규격은 버킷의 산적용량($m^3$)으로 표시한다.

**25 무한궤도식 건설기계에서 스프로킷의 이상 마모를 방지하기 위해 조정하는 것은?**

① 트랙 장력
② 아이들러 위치
③ 슈 간격
④ 롤러 간격

해설

트랙 장력을 조정하여 스프로킷의 이상 마모를 방지한다.

**26 유압식 굴착기에서 센터 조인트의 기능은?**

① 전 · 후륜의 중앙에 있는 차동장치를 말한다.
② 물체가 원운동을 하고 있을 때 물체에 작용하는 원심력으로 원의 중심에서 멀어지는 기능을 한다.
③ 스티어링 링키지의 하나로 차체의 중앙 고정축 주위에 움직이는 암을 말한다.
④ 상부 회전체의 오일을 하부 주행모터에 공급하는 기능을 한다.

해설

센터 조인트 : 상부 회전체의 오일을 하부주행모터에 공급하는 기능을 한다.

**27 무한궤도식 굴착기에서 상부 롤러의 기능은?**

① 기동륜 지지
② 트랙 지지
③ 리코일 스프링 지지
④ 전부유동륜 지지

해설

상부 롤러 : 트랙을 지지하는 기능을 한다.

21 ④ 22 ④ 23 ② 24 ① 25 ① 26 ④ 27 ②

28 크롤러형 굴착기에서 상부 회전체의 회전에 영향을 미치지 않고 주행모터에 작동유를 공급하는 장치는?

① 컨트롤 밸브
② 언로더 밸브
③ 센터 조인트
④ 사축형 유압모터

해설
센터 조인트 : 상부 회전체의 회전에 영향을 미치지 않고 주행모터에 작동유를 공급하는 장치를 말한다.

29 트레일러에 굴착기를 적재하여 수송하는 경우 붐이 어느 방향으로 향해야 적절한가?

① 방향 관계없음 ② 앞쪽
③ 뒤쪽 ④ 옆쪽

해설
트레일러에 굴착기를 적재하여 수송하는 경우 붐이 뒤쪽으로 향하게 한다.

30 굴착기에서 스윙 기능이 불량한 원인이 아닌 것은?

① 터닝 조인트 불량
② 스윙모터 내부 손상
③ 컨트롤 밸브 스풀 불량
④ 릴리프 밸브 설정압력 저하

해설
터닝 조인트(센터 조인트) : 상부 회전체의 회전에 영향을 미치지 않고 주행모터에 작동유를 공급해주는 장치를 말한다.

31 건설기계 조종사 면허의 효력정지 사유가 발생한 경우 면허효력 정기기간은?

① 6개월 이내 ② 1년 이내
③ 3년 이내 ④ 5년 이내

해설
면허 효력정지 사유가 발생한 경우 1년 이내로 면허효력이 정지된다.

32 술에 취한 상태 기준의 혈중알코올농도는?

① 0.02% 이상
② 0.03% 이상
③ 0.08% 이상
④ 0.12% 이상

해설
술에 취한 상태 기준의 혈중알코올농도 : 0.03% 이상

33 앞지르기 금지장소가 아닌 것은?

① 다리 위, 경사로의 정상부근
② 급경사로의 오르막, 도로의 구부러진 곳
③ 앞지르기 금지표지 설치장소
④ 터널 안, 교차로

해설
앞지르기 금지장소
- 다리 위, 경사로의 정상부근
- 급경사로의 내리막, 도로의 구부러진 곳
- 앞지르기 금지표지 설치장소
- 터널 안, 교차로

34 최소 몇 km/h 이상 속도를 낼 수 있는 타이어식 굴착기에 좌석 안전띠를 설치해야 하는가?

① 30km/h
② 40km/h
③ 60km/h
④ 70km/h

해설
최소 30km/h 이상 속도를 낼 수 있는 타이어식 건설기계는 좌석 안전띠를 설치해야 한다.

정답 28 ③ 29 ③ 30 ① 31 ② 32 ② 33 ② 34 ①

**35 도로교통법에 위반되는 것은?**

① 노면이 얼어붙은 곳에서 최고속도의 20/100을 줄인 속도로 운행하였다.

② 소방용 방화 물통으로부터 6m 지점에 주차하였다.

③ 낮에 어두운 터널 속을 통과할 때 전조등을 켰다.

④ 밤에 교통이 빈번한 도로에서 전조등을 계속 하향했다.

해설

노면이 얼어붙은 곳은 최고속도의 50/100을 줄인 속도로 운행해야 위반되지 않는다.

**36 일시정지 표지판이 설치된 횡단보도에서 위반되는 경우는?**

① 횡단보도 직전에 정지하여 안전 확인 후 진행한 경우

② 경찰의 진행 신호에 따라 일시정지 하지 않고 진행한 경우

③ 연속적으로 진행하던 앞 차량을 따라 진행하다가 일시 정지한 경우

④ 보행자가 없어 그대로 진행한 경우

해설

일시정지 표지판이 설치된 횡단보도에서 보행자가 없어 그대로 진행한 경우 위반된다.

**37 건설기계 조종사 면허를 받지 않고 건설기계를 조종한 경우 벌칙은?**

① 1년 이하의 징역 또는 1천만 원 이하의 벌금

② 100만 원 이하의 벌금

③ 과태료 10만 원

④ 2년 이하의 징역 또는 2천만 원 이하의 벌금

해설

면허를 받지 않고 건설기계를 조종한 경우 1년 이하의 징역 또는 1천만 원 이하의 벌금에 해당된다.

**38 건설기계 대여업을 하고자 하는 경우 누구에게 등록해야 하는가?**

① 시 · 도지사

② 행정자치부장관

③ 고용노동부장관

④ 국토교통부장관

해설

건설기계 대여업을 하고자 하는 경우 시 · 도지사에게 등록해야 한다.

**39 유압유의 온도가 과도하게 높은 경우 발생현상으로 틀린 것은?**

① 각 부의 작동이 불량하다.

② 유압유의 산화작용을 초래한다.

③ 각 부의 작동이 원활하다.

④ 각 부에 마모가 발생한다.

해설

각 부의 작동이 불량하다.

**40 유압 모터의 단점이 아닌 것은?**

① 작동유에 이물질이 유입되지 않도록 관리해야 한다.

② 전동 모터에 비해 급정지가 어렵다.

③ 작동유가 누유되면 작업 성능이 나빠진다.

④ 작동유의 점도에 따라 사용이 제한될 수 있다.

해설

유압 모터의 장점 : 전동 모터에 비해 급정지가 쉽다.

35 ① 36 ④ 37 ① 38 ① 39 ③ 40 ②

## 41 유압 회로에서 오일 점도가 너무 낮을 경우 발생현상이 아닌 것은?

① 펌프 효율 감소
② 시동 저항 증가
③ 오일 압력 저하
④ 오일 누유 증가

해설

오일 점도가 너무 높을 경우 시동 저항이 증가한다.

## 42 유압 실린더의 피스톤에 가장 많이 사용되는 오일씰 형식은?

① G-링 형식 ② U-링 형식
③ O-링 ④ D-링 형식

해설

O-링 형식 : 유압 실린더의 피스톤에 가장 많이 사용되는 오일씰 형식을 말한다.

## 43 다음 기호의 의미는?

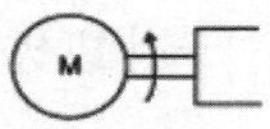


① 복동형 액추에이터
② 왕복형 액추에이터
③ 회전형 전기 액추에이터
④ 단동형 액추에이터

해설

회전형 전기 엑추에이터 : 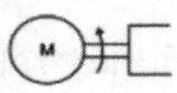


## 44 유압장치에서 작동 및 움직임이 발생하는 곳의 연결관으로 가장 적합한 것은?

① 강 파이프
② PVC 호스
③ 플렉시블 호스
④ 구리 파이프

해설

플렉시블 호스 : 작동 및 움직임이 발생하는 곳의 연결관으로 적합하다.

## 45 유압유의 육안 점검 시 정상적인 상태는?

① 흰색을 나타낸다.
② 기포가 있다.
③ 투명한 색채이며, 처음과 변화가 없다.
④ 어두운 색을 나타낸다.

해설

정상적인 유압유는 투명한 색채이며, 처음과 변화가 없다.

## 46 방향제어밸브에 대한 설명으로 틀린 것은?

① 액추에이터의 속도를 제어한다.
② 유체 흐름 방향을 제어한다.
③ 유압 실린더 및 유압 모터의 작동 방향을 변환한다.
④ 유체 흐름을 한쪽 방향으로 허용한다.

해설

액추에이터의 방향을 제어한다.

## 47 작업장에서 안전모를 착용하는 이유는?

① 작업자의 안전을 위해
② 작업자의 멋을 위해
③ 작업자의 단결을 위해
④ 작업자의 사기 진작을 위해

해설

안전모는 작업자의 안전을 위해 착용한다.

## 48 연삭기 작업 시 일어날 수 있는 사고가 아닌 것은?

① 비산하는 입자
② 연삭숫돌의 파손

정답 41 ② 42 ③ 43 ③ 44 ③ 45 ③ 46 ① 47 ① 48 ④

③ 작업자의 손이 말려 들어감

④ 작업자 발의 협착

해설

협착 : 기계의 움직이는 부분과 고정하는 부분 사이 또는 움직이는 부분에 신체의 일부분이 끼이거나 물리는 것을 말한다.

**49 도시가스가 공급되는 지역에서 지하차도 굴착 공사를 할 때 가스안전 영향평가를 작성하여 누구(또는 어느 기관)에게 제출해야 하는가?**

① 시장, 군수 또는 구청장

② 해당도시가스 사업자

③ 한국가스공사

④ 지하철공사

해설

도시가스가 공급되는 지역에서 지하차도 굴착공사를 할 때 가스안전 영향평가를 작성하여 시장, 군수 또는 구청장에게 제출해야 한다.

**50 공동주택 부지 내 도시가스 배관을 매설할 때 규정 심도는 몇 m 이상인가?**

① 0.6m ② 0.8m

③ 1m ④ 1.2m

해설

공동주택 부지 내 도시가스 배관을 매설할 때 규정 심도는 0.6m 이상이다.

**51 기중기로 중량의 화물을 위로 달아 올릴 때 주의사항으로 틀린 것은?**

① 화물의 중량을 확인한 후 제한하중 이하에서 작업한다.

② 매달린 화물이 불안정할 때는 즉시 작업을 중지한다.

③ 신호자의 신호에 따라 작업한다.

④ 신호 규정이 없으므로 작업자가 판단한다.

해설

신호자의 신호에 따라 작업하며, 작업자가 임의로 판단하지 않는다.

**52 전선로 주변에서의 굴착작업에 대한 설명으로 옳은 것은?**

① 전선로 주변에서는 어떠한 상황에서도 작업하면 안 된다.

② 버킷이 전선에 근접해도 된다.

③ 붐이 전선에 근접하지 않도록 한다.

④ 붐의 길이는 무시한다.

해설

전선로 주변에서 굴착 작업할 때 붐이 전선에 근접하지 않도록 한다.

**53 엔진이 정지한 상태에서 점검 가능한 항목은?**

① 엔진 소음

② 팬벨트 장력

③ 실린더 연소압력

④ 배출가스 색깔

해설

팬벨트 장력은 엔진이 정지한 상태에서 점검 가능하다.

**54 유류화재 발생 시 소화방법으로 가장 적절하지 못한 것은?**

① 모래를 사용한다.

② 물을 부어서 끈다.

③ ABC소화기를 사용한다.

④ B급 화재 소화기를 사용한다.

해설

일반화재 시 물을 부어서 끈다.

49 ① 50 ① 51 ④ 52 ③ 53 ② 54 ②

**55 크레인 인양 시 줄걸이 작업으로 옳은 것은?**

① 아래쪽에 있는 물체를 들어 올릴 때 위쪽에 물체가 있는 상태로 한다.
② 와이어로프 등은 크레인 훅을 편심 시켜 건다.
③ 매다는 각도는 60도 이상으로 한다.
④ 화물이 훅에 잘 걸려있는지 확인하고 작업한다.

해설

- 아래쪽에 있는 물체를 들어 올릴 때 위쪽에 물체가 없는 상태로 한다.
- 와이어로프 등은 크레인 훅 중심에 건다.
- 매다는 각도는 60도 이하로 한다.

**56 도시가스 배관을 지하에 매설 시 특수한 사정으로 규정에 의한 심도를 유지할 수 없어 보호관을 사용한다. 이때 보호관 외면이 지면과 최소 몇 m 이상의 깊이를 유지해야 하는가?**

① 0.3m ② 0.6m
③ 1.2m ④ 2.5m

해설

도시가스 배관을 지하에 매설 시 특수한 사정으로 규정에 의한 심도를 유지할 수 없어 보호관을 사용하는 경우 최소 0.3m 이상의 깊이를 유지해야 한다.

**57 보호구를 선택할 때 유의사항이 아닌 것은?**

① 사용 목적에 구애받지 않을 것
② 작업 행동에 방해되지 않을 것
③ 착용이 용이하고 크기 등 사용자에게 편리할 것
④ 보호 성능이 보장되고 보호구 성능기준에 적합할 것

해설

보호구는 사용 목적을 고려해야 한다.

**58 가스용접 시 안전사항으로 틀린 것은?**

① 토치 끝으로 용접물의 위치를 바꾸지 않는다.
② 용접가스를 마시지 않도록 한다.
③ 산소 밸브를 먼저 열고, 그 다음 아세틸렌 밸브를 연다.
④ 산소 누설 시험은 비눗물을 사용한다.

해설

아세틸렌 밸브를 먼저 열고, 그 다음 산소 밸브를 연다.

**59 안전 및 보건표지의 종류 및 형태에서 다음 그림이 나타내는 표시는?**

① 인화성물질 경고
② 급성독성물질 경고
③ 낙하물 경고
④ 위험장소 경고

해설

경고표지는 기본모형은 검은색 · 빨간색, 바탕은 노란색 · 무색, 부호 및 그림은 검은색으로 표기한다.

| | | | |
|---|---|---|---|
|  |  |  |  |
| 부식성물질 경고 | 방사성물질 경고 | 저온경고 | 고온경고 |
|  |  |  |  |
| 몸균형상실 경고 | 매달린물체 경고 | 고압전기 경고 | 레이저광선 경고 |
|  |  |  |  |
| 산화성물질 경고 | 인화성물질 경고 | 낙하물 경고 | 위험장소 경고 |

정답 55 ④ 56 ① 57 ① 58 ③ 59 ④

|  |  |  |
|---|---|---|
| 급성독성물질 경고 | 발암성 · 생식독성 · 전신독성 · 변이원성 · 호흡기 과민성 물질 경고 | 폭발성물질 경고 |

**60 다음 그림처럼 고압 가공전선로 주상변압기를 설치하고자 한다. 이때 높이 'H'는 시가지와 시가지 외에서 각각 몇 m가 적절한가?**

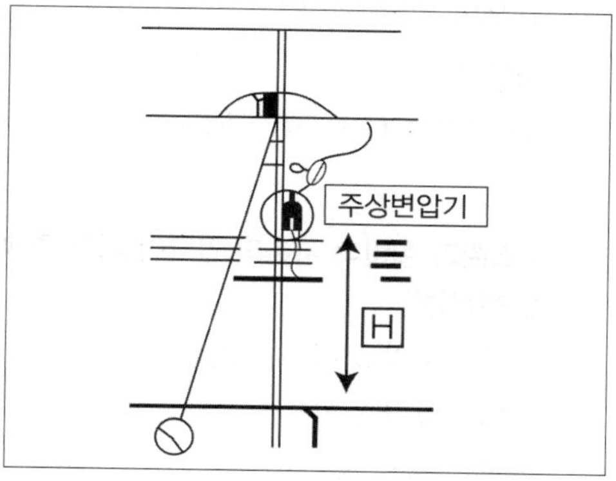


① 시가지 : 4.5m, 시가지 외 : 2.5m
② 시가지 : 4.5m, 시가지 외 : 4m
③ 시가지 : 5m, 시가지 외 : 5m
④ 시가지 : 5m, 시가지 외 : 5.5m

해설

고압 가공전선로 주상변압기는 시가지는 4.5m, 시가지 외는 4m 높이로 설치한다.

60 ②

# CBT 실전모의고사 제4회

**01 디젤 엔진을 정지시키는 방법으로 가장 적절한 것은?**

① 초크밸브를 닫는다.
② 기어를 넣는다.
③ 연료 공급을 중지한다.
④ 축전지의 전선을 단선시킨다.

해설

디젤 엔진은 연료 공급을 중지하여 정지시킨다.

**02 디젤 엔진에서 엔진 시동이 되지 않는다. 이때 원인은?**

① 크랭크축 회전수가 빠르다.
② 축전지가 방전되었다.
③ 가속 페달을 밟고 시동하였다.
④ 연료 공급압력이 높다.

해설

축전지가 방전되면 엔진 시동이 되지 않는다.

**03 액화천연가스(Liquefied Natural Gas)의 특징이 아닌 것은?**

① 액체 상태로 배관을 통해 공급됨
② 가연성물질로서 폭발 우려가 큼
③ 공기보다 가벼움
④ LNG라고 하며 메탄이 주성분임

해설

기체 상태로 배관을 통해 공급됨

**04 라디에이터에 연결된 보조탱크에 대한 설명으로 틀린 것은?**

① 장기간 냉각수 보충이 필요 없다.
② 냉각수 체적이 팽창하는 것을 흡수한다.
③ 냉각수 온도를 적절하게 조절한다.
④ 오버 플로우 되어도 증기만 방출된다.

해설

써모 스탯 : 냉각수 온도를 적절하게 조절한다.

**05 피스톤과 실린더 사이의 간극이 너무 클 때 발생 현상은?**

① 엔진오일 소비량 증가
② 압축압력 증가
③ 엔진 출력 증가
④ 실린더 벽 소결

해설

- 피스톤과 실린더 사이의 간극이 너무 크면 압축 압력이 감소한다.
- 피스톤과 실린더 사이의 간극이 너무 크면 엔진 출력이 감소한다.
- 피스톤과 실린더 사이의 간극이 너무 작으면 실린더 벽이 소결된다.

**06 피스톤과 실린더 사이에 유막을 형성하여 압축 및 연소 가스가 누설되지 않도록 기밀 유지하는 작용은?**

① 방청작용 ② 냉각작용
③ 밀봉작용 ④ 감마작용

해설

- 방청작용 : 오일이 금속 표면에 유막을 형성하여 수분 및 부식성 가스가 침투하는 것을 막는 작용을 말한다.

정답 01 ③ 02 ② 03 ① 04 ③ 05 ① 06 ③

• 냉각작용 : 오일이 마찰열을 흡수하여 오일 팬에서 방열하는 작용을 말한다.
• 감마작용 : 오일이 각 부의 마찰을 감소시켜 마모를 줄여주는 작용을 말한다.

**07 4행정 엔진의 사이클로 옳은 것은?**

① 흡입 → 압축 → 동력 → 배기
② 흡입 → 동력 → 압축 → 배기
③ 압축 → 흡입 → 동력 → 배기
④ 압축 → 동력 → 흡입 → 배기

해설

4행정 엔진 사이클 : 흡입 → 압축 → 동력 → 배기

**08 유압계 지침이 정상적으로 상승하지 않는다. 이때 원인이 아닌 것은?**

① 오일 펌프의 고장
② 오일 파이프의 파손
③ 연료 파이프의 파손
④ 유압계의 고장

해설

연료 파이프가 파손되면 연료계 지침이 정상적으로 상승하지 않는다.

**09 엔진 블록에서 실린더 벽의 마멸이 가장 큰 곳은?**

① 하사점 이하
② 하사점 부근
③ 중간 부분
④ 상사점 부근

해설

연소압력의 영향으로 실린더 상사점 부근이 가장 마멸이 크다.

**10 가솔린 엔진 대비 고속 디젤 엔진의 특징은?**

① 압축비가 낮다.
② 엔진 소음이 비교적 작다.
③ 열효율이 높으며, 연료 소비율이 낮다.
④ 단위 출력당 무게가 가볍다.

해설

• 가솔린 엔진은 압축비가 낮다.
• 가솔린 엔진은 엔진 소음이 비교적 작다.
• 가솔린 엔진은 단위 출력당 무게가 가볍다.

**11 디젤 엔진에 사용되는 여과장치가 아닌 것은?**

① 분사펌프 타이머
② 오일 스트레이너
③ 오일 필터
④ 에어크리너

해설

분사펌프 타이머는 디젤 엔진 연료장치의 구성부품에 해당된다.

**12 수랭식 냉각장치에서 냉각수의 순환방식이 아닌 것은?**

① 강제 순환식
② 밀봉 압력식
③ 진공 순환식
④ 자연 순환식

해설

냉각수 순환방식은 강제 순환식, 밀봉 압력식, 자연 순환식으로 분류된다.

**13 납산축전지를 오랜 시간 방전상태로 두면 사용하지 못한다. 그 원인은?**

① 극판에 녹이 발생하기 때문
② 극판에 수소가 형성되기 때문
③ 극판에 산화납이 형성되기 때문
④ 극판이 영구 황산납이 되기 때문

07 ① 08 ③ 09 ④ 10 ③ 11 ① 12 ③ 13 ④

해설

납산축전지를 오랜 시간 방전상태로 두면 극판이 영구 황산납이 되기 때문에 사용하지 못한다.

**14 전류의 자기작용을 응용한 장치는?**

① 축전지 ② 릴레이
③ 발전기 ④ 예열플러그

해설

자기작용 : 자장 내에서 운동하는 도체가 자력선과 쇄교할 때 도체에 전압이 유기되는 것을 말하며, 발전기, 점화코일의 원리에 해당된다.

**15 시동이 걸렸으나 시동스위치를 계속 연결했을 때 미치는 영향으로 가장 적절한 것은?**

① 엔진의 수명이 단축된다.
② 크랭크축 저널이 마모된다.
③ 기동 전동기의 수명이 단축된다.
④ 클러치 디스크가 마모된다.

해설

시동이 걸렸으나 시동스위치를 계속 연결하면 기동 전동기의 수명이 단축된다.

**16 납산축전지를 충전기로 충전 시 전해액의 온도가 상승하면 위험하다. 이때 몇 ℃를 넘으면 안 되는가?**

① 5℃ ② 10℃
③ 35℃ ④ 45℃

해설

전해액 온도는 약 45℃를 넘으면 안 된다.

**17 전압 조정기의 종류에 해당하지 않는 것은?**

① 카본파일식 ② 접점식
③ 저항식 ④ 트랜지스터식

해설

전압 조정기의 종류는 카본파일식, 접점식, 트랜지스터식으로 분류된다.

**18 교류 발전기에서 전류가 발생하는 곳은?**

① 스테이터 ② 전기자
③ 정류자 ④ 로터

해설

스테이터 : 교류 발전기에서 전류가 발생하는 곳을 말한다.

**19 브레이크 배력장치에 대한 설명으로 옳은 것은?**

① 하이드로릭 피스톤의 체크볼 밀착이 불량하면 브레이크가 작동하지 않는다.
② 릴레이 밸브의 피스톤 컵이 불량해도 브레이크는 작동한다.
③ 릴레이 밸브의 다이어프램이 불량하면 브레이크가 작동하지 않는다.
④ 진공밸브에서 누설되면 브레이크가 전혀 작동하지 않는다.

해설

배력장치가 불량해도 기계적인 브레이크는 작동한다. 따라서, 릴레이 밸브의 피스톤 컵이 불량해도 브레이크는 작동한다.

**20 수동 변속기 타입의 건설기계를 운행하는 도중에 급가속 시켰더니 엔진 회전수는 상승하나 차속이 상승하지 않다. 이 때 원인으로 가장 적절한 것은?**

① 릴리스 포크의 마모가 과도하게 클 때
② 클러치 파일럿 베어링이 손상되었을 때
③ 클러치 디스크의 마모가 과도하게 클 때
④ 클러치 페달 유격이 과도하게 클 때

해설

클러치 디스크가 과도하게 마모되면 급가속 시켰더니 엔진 회전수는 상승하나 차속이 상승하지 않는다.

정답 14 ③ 15 ③ 16 ④ 17 ③ 18 ① 19 ② 20 ③

**21 브레이크 계통 내 베이퍼 록이 발생하는 원인이 아닌 것은?**

① 라이닝과 드럼의 간극 과대
② 드럼 과열
③ 지나친 브레이크 조작
④ 잔압 저하

해설

라이닝과 드럼의 간극 과소하면 베이퍼 록이 발생한다.

**22 자동 변속기가 과열되는 원인이 아닌 것은?**

① 지속적인 과부하 운전
② 메인 압력이 높음
③ 변속기 오일 쿨러가 막힘
④ 오일량이 많음

해설

자동 변속기의 오일량이 적으면 과열된다.

**23 크롤러형 건설기계에서 트랙 프레임 상부 롤러에 대한 설명으로 틀린 것은?**

① 트랙의 회전 위치를 바르게 유지한다.
② 트랙이 처지는 것을 방지한다.
③ 프론트 아이들러와 스프로킷 사이에 1~2개가 설치된다.
④ 주로 더블 플랜지형을 사용한다.

해설

주로 싱글 플랜지형을 사용한다.

**24 굴착기에서 붐의 자연 하강량이 많아졌다. 이때 원인이 아닌 것은?**

① 컨트롤 밸브의 스풀에서 누유가 많다.
② 유압 실린더의 내부에서 누출이 있다.
③ 유압이 과도하게 높아졌다.
④ 유압 실린더의 배관이 손상되었다.

해설

유압이 과도하게 낮아지면 붐의 자연 하강량이 많아진다.

**25 무한궤도식 건설장비의 트랙장치에서 트랙과 아이들러의 충격을 완화시키기 위한 것은?**

① 상부 롤러 ② 하부 롤러
③ 스프로킷 ④ 리코일 스프링

해설

리코일 스프링 : 트랙과 아이들러의 충격을 완화시키기 위한 것을 말한다.

**26 무한궤도식 굴착기의 하부 주행체 동력 전달 순서는?**

① 엔진 → 유압 펌프 → 센터 조인트 → 컨트롤 밸브 → 주행 모터 → 트랙
② 엔진 → 유압 펌프 → 컨트롤 밸브 → 센터 조인트 → 주행 모터 → 트랙
③ 엔진 → 컨트롤 밸브 → 유압 펌프 → 센터 조인트 → 주행 모터 → 트랙
④ 엔진 → 컨트롤 밸브 → 센터 조인트 → 유압 펌프 → 주행 모터 → 트랙

해설

하부 주행체의 동력전달 순서 : 엔진 → 유압 펌프 → 컨트롤 밸브 → 센터 조인트 → 주행 모터 → 트랙

**27 굴착기의 3대 주요 장치는?**

① 상부 동력장치, 중간 주행장치, 하부주행체
② 동력 주행체, 중간 회전체, 하부 주행체
③ 트랙 주행체, 중간 회전체, 하부 주행체
④ 작업 장치, 상부 회전체, 하부 주행체

해설

굴착기의 3대 주요 장치 : 작업 장치, 상부 회전체, 하부 주행체

21 ① 22 ④ 23 ④ 24 ③ 25 ④ 26 ② 27 ④

28 트레일러에 굴착기를 적재하는 방법이 아닌 것은?

① 10~15°의 경사대를 이용한다.

② 가급적 경사대를 이용한다.

③ 붐 및 버킷을 이용하여 차체를 들어 올려 적재할 수 있으나, 전복 위험에 주의한다.

④ 트레일러로 굴착기를 수송 시 반드시 앞쪽으로 한다.

해설

트레일러로 굴착기를 수송 시 반드시 뒤쪽으로 한다.

29 시 · 도지사는 건설기계의 검사 유효기간이 만료된 날로부터 몇 개월 이내에 소유자에게 최고해야 하는가?

① 1개월 ② 2개월

③ 3개월 ④ 6개월

해설

시 · 도지사는 건설기계의 검사 유효기간이 만료된 날로부터 3개월 이내에 소유자에게 최고해야 한다.

30 구조변경검사 또는 수시검사를 받지 않은 자에 대한 벌칙은?

① 1년 이하의 징역 또는 1천만 원 이하의 벌금

② 2년 이하의 징역 또는 1천만 원 이하의 벌금

③ 1백만 원 이하의 벌금

④ 2백만 원 이하의 벌금

해설

구조변경검사 또는 수시검사를 받지 않은 자는 1년 이하의 징역 또는 1천만 원 이하의 벌금에 해당된다.

31 건설기계 등록 시 전시 및 사변 등 국가 비상사태에는 얼마 이내에 등록해야 하는가?

① 3일 ② 5일

③ 7일 ④ 30일

해설

- 시 · 도지사로부터 등록번호표 제작 통지를 받은 건설기계 소유자는 3일 이내에 시 · 도지사에게 지정받은 등록번호표 제작자에게 등록번호표 제작을 신청한다.
- 등록번호표 제작 등의 신청을 받은 동록 번호표 제작자는 7일 이내에 제작 등을 한다.
- 등록사항 중 변경이 있을 시 변경이 있는 날로부터 30일 이내에 등록한다(단, 상속은 상속개시일로부터 3개월 이내, 국가비상사태는 5일 이내).

32 도로교통법상 안전표지의 종류가 아닌 것은?

① 보조표지

② 안심표지

③ 주의표지

④ 규제표지

해설

안전표지의 종류는 보조표지, 지시표지, 주의표지, 규제표지, 노면표지로 분류된다.

33 도로교통법상 주차금지 장소가 아닌 곳은?

① 소방용 기계기구가 설치된 곳으로부터 15m 이내

② 소방용 방화 물통으로부터 5m 이내

③ 화재경보기로부터 3m 이내

④ 터널 안

해설

주차금지 장소

- 소방용 기계기구가 설치된 곳으로부터 5m 이내
- 소방용 방화 물통으로부터 5m 이내
- 화재경보기로부터 3m 이내
- 터널 안, 다리 위
- 도로 공사구역의 양쪽 가장자리로부터 5m 이내인 곳
- 지방경찰청장이 지정한 곳

정답 28 ④ 29 ③ 30 ① 31 ② 32 ② 33 ①

34 **다음 교통안전 표지의 의미는?**

① 좌 · 우회전 표지
② 좌 · 우회전 금지표지
③ 일방통행 표지
④ 일방통행 금지표지

해설

| 교통안전표지의 종류 및 형태 | | | |
|---|---|---|---|
|  |  |  |  |
| 진입금지 | 최저속도 제한 | 최고속도 제한 | 차량중량 제한 |
|  |  |  | |
| 좌 · 우로 이중 굽은 도로 | 좌 · 우회전 | 회전형 교차로 | |

35 **앞지르기를 할 수 없는 경우는?**

① 앞차량이 양보 신호를 하고 있는 경우
② 앞차량이 우측으로 진로를 변경하고 있는 경우
③ 앞차량의 좌측에 다른 차가 나란히 진행하고 있는 경우
④ 앞차량이 그 앞차량과 안전거리를 확보하고 있는 경우

해설

앞차량의 좌측에 다른 차가 나란히 진행하고 있으면 앞지르기를 할 수 없다.

36 **건설기계 구조 변경 및 개조의 범위에 포함되지 않는 것은?**

① 충전장치 형식 변경
② 조종장치 형식 변경
③ 제동장치 형식 변경
④ 원동기 형식 변경

해설

건설기계 구조변경 및 개조 범위
- 조향장치, 조종장치, 제동장치, 원동기 형식변경
- 수상작업용 건설기계 선체 형식변경
- 건설기계 길이, 높이, 너비 형식변경

37 **건설기계 검사의 종류가 아닌 것은?**

① 예비검사
② 신규등록검사
③ 수시검사
④ 구조변경검사

해설

- 건설기계의 검사는 정기검사, 신규등록검사, 수시검사, 구조변경검사로 분류된다.

38 **다음 유압 기호의 의미는?**

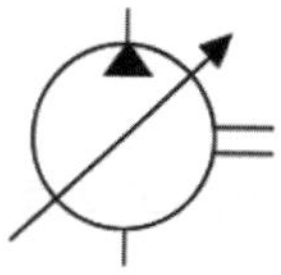

① 가변용량 유압펌프
② 오일 쿨러
③ 가변용량 유압모터
④ 오일 스트레이너

해설

- 가변용량 유압펌프

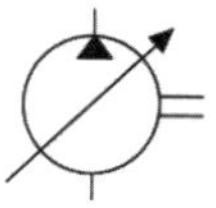

34 ① 35 ③ 36 ① 37 ① 38 ①

**39** **유압 실린더의 내부 구성부품이 아닌 것은?**

① 유압밴드 ② 실린더
③ 쿠션기구 ④ 피스톤

해설
유압 실린더의 내부는 유압씰, 실린더, 쿠션기구, 피스톤으로 구성된다.

**40** **유압 모터의 종류가 아닌 것은?**

① 베인모터 ② 기어모터
③ 직권형 모터 ④ 피스톤 모터

해설
유압 모터는 베인모터, 기어모터, 피스톤모터, 플런저 모터로 분류된다.

**41** **유압 모터에서 소음 및 진동이 발생하는 원인이 아닌 것은?**

① 고정볼트의 풀림
② 내품의 손상
③ 펌프의 최고 회전수 낮음
④ 작동유에 공기 유입

해설
펌프의 최고 회전수가 높아지면 소음 및 진동이 발생할 수 있다.

**42** **유압 엑추에이터의 작동 속도와 가장 관련 있는 항목은?**

① 압력 ② 온도
③ 유량 ④ 점도

해설
유량은 일의 속도와 관련 있으며, 압력은 일의 크기와 관련 있다.

**43** **압력제어밸브는 어느 위치에서 작동하는가?**

① 방향전환밸브와 펌프
② 펌프와 탱크
③ 실린더 내부
④ 방향전환밸브와 실린더

해설
압력제어밸브는 방향전환밸브와 펌프 사이에서 작동한다.

**44** **다음 중 중력에 의한 낙하를 방지하기 위해 회로에 배압을 유지하는 밸브는?**

① 카운터 밸런스 밸브
② 릴리프 밸브
③ 체크 밸브
④ 감압 밸브

해설
- 릴리프 밸브 : 유압이 규정압력보다 높아질 때 작동하여 회로를 보호하는 밸브를 말한다.
- 체크 밸브 : 잔압 유지 및 역류 방지하는 밸브를 말한다.
- 감압 밸브 : 1차 측압력과 관계없이 분기 회로에서 2차 측압력을 설정 압력까지 감압하는 밸브를 말한다.

**45** **유압조정밸브의 조정방법으로 옳은 것은?**

① 일반적으로 압력 조정 스크류를 조일수록 유압이 상승한다.
② 일반적으로 압력 조정 스크류를 풀수록 유압이 상승한다.
③ 압력조절밸브가 열릴수록 유압이 상승한다.
④ 밸브 스프링의 장력이 커질수록 유압이 감소한다.

해설
- 일반적으로 압력 조정 스크류를 풀수록 유압이 감소한다.
- 압력조절밸브가 열릴수록 유압이 감소한다.
- 밸브 스프링의 장력이 커질수록 유압이 상승한다.

정답 39 ① 40 ③ 41 ③ 42 ③ 43 ① 44 ① 45 ①

**46 유량을 제어하여 작업속도를 조절하는 방식이 아닌 것은?**

① 블리드 오프 회로
② 블리드 온 회로
③ 미터 인 회로
④ 미터 아웃 회로

해설

- 블리드 오프 회로 : 실린더 입구의 분기회로에 설치되어 있으며, 엑추에이터에 흐르는 유량의 일부를 탱크로 분기하는 회로를 말한다.
- 미터 인 회로 : 엑추에이터 입구 측 관로에 설치되어 있으며, 실린더로 유입하는 유량을 직접 제어하는 회로를 말한다.
- 미터 아웃 회로 : 엑추에이터 출구 측 관로에 설치되어 있으며, 실린더로부터 유출하는 유량을 직접 제어하는 회로를 말한다.

**47 도로 굴착 중 전력케이블 표지시트가 나왔다. 이때 조치사항은?**

① 표지시트를 그대로 덮어두고 인근 부위를 다시 굴착한다.
② 표지시트를 제거하고 보호판 또는 케이블이 확인될 때까지 계속 굴착한다.
③ 즉시 굴착을 중단 후 관련 기관에 연락한다.
④ 표지시트를 제거하고 계속 굴착한다.

해설

도로 굴착 중 전력케이블 표지시트가 나오면 즉시 굴착을 중단 후 관련 기관에 연락한다.

**48 도시가스 배관이 매설된 지점에서 가스배관 주위를 굴착하고자 한다. 이때 장비 작업을 금지하고 반드시 인력으로 굴착해야 하는 범위는?**

① 가스배관 좌 · 우 0.6m 이내
② 가스배관 좌 · 우 1m 이내
③ 가스배관 좌 · 우 2.4m 이내
④ 가스배관 좌 · 우 3m 이내

해설

도시가스 배관 좌 · 우 1m 이내는 반드시 인력으로 굴착한다.

**49 가스배관의 매설 표시인 라인마크에 대한 설명으로 틀린 것은?**

① 도시가스라고 표기되어 있으며, 화살표가 표시되어 있다.
② 직경이 약 9cm인 원형으로 된 동합금이나 황동주물로 되어있다.
③ 청색 원형 마크로 되어 있으며, 화살표가 표시되어 있다.
④ 분기점에는 T형 화살표가 표시되어 있으며, 직선구간에는 배관길이 50m마다 1개 이상 설치되어 있다.

해설

황색 원형 마크로 되어 있으며, 화살표가 표시되어 있다.

**50 추락 우려가 있는 작업장에서 가장 안전한 작업방법은?**

① 고정식 사다리 사용
② 이동식 사다리 사용
③ 일반 공구 사용
④ 로프 및 안전띠 사용

해설

추락 우려가 있는 작업장에서는 로프 및 안전띠를 사용한다.

**51 공구를 안전하게 사용하는 방법이 아닌 것은?**

① 사용 전 손잡이에 묻은 기름을 닦아낸다.
② 옆 작업자에게 공구를 던져서 전달하여 작업능률을 높인다.
③ 사용 후 제자리에 정리한다.
④ 끝이 뾰족한 공구를 주머니에 넣고 작업하면 안 된다.

46 ② 47 ③ 48 ② 49 ③ 50 ④ 51 ②

해설

공구를 던지지 않는다.

**52 산소나 산화재 등의 공급이 없어도 가열, 충격, 다른 화학물질과의 접촉 등에 의해 폭발할 수 있는 물질이 아닌 것은?**

① 니트로 화합물
② 니트로소 화합물
③ 질산에스테르류
④ 무기 화합물

해설

니트로 화합물, 니트로소 화합물, 질산에 스테르류, 유기과산화물은 산소나 산화재 등의 공급이 없어도 가열, 충격, 다른 화학물질과의 접촉 등에 의해 폭발할 수 있다.

**53 유해광선이 있는 작업장에서 착용해야 하는 보호구로 가장 적절한 것은?**

① 귀마개
② 보안경
③ 방진마스크
④ 안전모

해설

유해광선이 있는 작업장에서는 보안경을 착용한다.

**54 정전된 경우 전기로 작동하던 기계기구의 조치 방법으로 틀린 것은?**

① 안전을 위해 작업장을 정리해 놓는다.
② 퓨즈의 단선 여부를 검사한다.
③ 즉시 스위치를 끈다.
④ 다시 전기가 들어오는지 확인하기 위해 스위치를 켜둔다.

해설

정전된 경우 전기로 작동하던 기계기구의 스위치를 끈다.

**55 드라이버의 올바른 사용방법이 아닌 것은?**

① 전기 작업 시 금속으로 된 자루를 사용한다.
② 날 끝이 수평이어야 하며, 둥근 것은 사용하지 않는다.
③ 작은 공작물도 한손으로 잡지 않고 바이스로 고정한다.
④ 날 끝 홈의 폭과 깊이가 같아야 한다.

해설

전기 작업 시 비금속으로 된 자루를 사용한다.

**56 보안경을 반드시 착용해야 하는 작업이 아닌 것은?**

① 유해가스가 발생하는 곳에서 작업
② 하부 정비 작업
③ 전기 및 가스용접 작업
④ 철분이 날리는 곳에서 작업

해설

유해가스가 발생하는 곳에서 작업할 때는 마스크를 착용한다.

**57 유류화재 발생 시 소화방법이 아닌 것은?**

① ABC소화기를 사용한다.
② B급 화재 소화기를 사용한다.
③ 모래를 뿌린다.
④ 물을 뿌린다.

해설

일반화재 발생 시 물을 뿌린다.

정답 52 ④ 53 ② 54 ④ 55 ① 56 ① 57 ④

## 58 귀마개가 갖추어야 할 조건이 아닌 것은?

① 가벼운 귓병이 있어도 착용할 수 있을 것
② 안경, 안전모와 함께 착용할 수 없게 할 것
③ 내습 내유성을 가질 것
④ 적당한 세척에 견딜 수 있을 것

해설

안경, 안전모와 함께 착용할 수 있게 할 것

## 59 다음 그림에서 A의 명칭은?

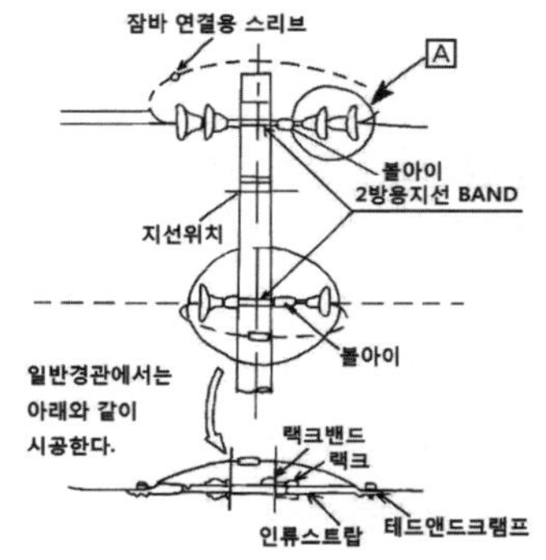


① 변압기
② 피뢰기
③ 라인포스트애자
④ 현수애자

해설

현수애자 : 가공전선을 지지하기 위한 것이며, 전기적으로 절연하기 위해 사용한다.

## 60 다음 그림이 나타내는 표시는?

① 인화성물질 경고
② 산화성물질 경고
③ 위험장소 경고
④ 낙하물 경고

해설

경고표지는 기본모형은 검은색 · 빨간색, 바탕은 노란색 · 무색, 부호 및 그림은 검은색으로 표기한다.

| | | | |
|---|---|---|---|
|  |  |  |  |
| 부식성물질 경고 | 방사성물질 경고 | 저온경고 | 고온경고 |
|  |  |  |  |
| 몸균형상실 경고 | 매달린물체 경고 | 고압전기 경고 | 레이저광선 경고 |
|  |  |  |  |
| 산화성물질 경고 | 인화성물질 경고 | 낙하물 경고 | 위험장소 경고 |
|  |  | |  |
| 급성독성물질 경고 | 발암성 · 생식독성 · 전신독성 · 변이원성 · 호흡기 과민성 물질 경고 | | 폭발성물질 경고 |

58 ② 59 ④ 60 ②

# CBT 실전모의고사 제5회

**01 엔진에서 밸브 오버랩을 두는 목적으로 가장 적절한 것은?**

① 연료소모 감소
② 압축압력 향상
③ 흡입효율 향상
④ 밸브개폐 원활

해설

밸브 오버랩 : 흡 · 배기 밸브가 동시에 열려있는 구간을 말하며, 흡입효율을 향상시킨다.

**02 엔진의 냉각수가 줄어든다. 이때 각 고장 원인 및 정비방법에 대한 설명으로 틀린 것은?**

① 히터 호스 불량 : 수리 및 호스 교환
② 써모 스탯 하우징 불량 : 하우징 교환
③ 워터펌프 불량 : 조정
④ 라디에이터 캡 불량 : 라디에이터 캡 교환

해설

워터펌프가 불량하면 교환한다.

**03 디젤노크의 방지 대책으로 옳은 것은?**

① 압축비를 높게 한다.
② 착화지연시간을 길게 한다.
③ 연소실 벽의 온도를 낮게 한다.
④ 흡기압력을 낮게 한다.

해설

- 착화지연시간을 짧게 한다.
- 연소실 벽의 온도를 높게 한다.
- 흡기압력을 높게 한다.

**04 디젤 엔진에서 피스톤 링의 작용이 아닌 것은?**

① 오일제어 작용
② 열전도 작용
③ 기밀 작용
④ 세척 작용

해설

피스톤 링의 3대 작용은 오일제어 작용, 열전도 작용, 기밀 작용으로 분류된다.

**05 디젤 엔진의 시동을 쉽게 하기 위한 방법으로 틀린 것은?**

① 시동 시 엔진 회전수를 낮춘다.
② 압축비를 높인다.
③ 흡기온도를 높인다.
④ 예열장치를 사용한다.

해설

시동 시 엔진 회전수를 높인다.

**06 엔진의 과열 원인이 아닌 것은?**

① 과도한 엔진 부하
② 냉각수 부족
③ 팬벨트 장력 과다
④ 물재킷 내 물때

해설

펜벨트 장력이 과소하면 엔진이 과열된다.

정답 01 ③ 02 ③ 03 ① 04 ④ 05 ① 06 ③

07 **작동 중인 엔진에서 공기청정기가 막혔을 때 발생현상은?**

① 배기가스 : 흰색, 엔진출력 : 정상
② 배기가스 : 무색, 엔진출력 : 무관
③ 배기가스 : 청백색, 엔진출력 : 증가
④ 배기가스 : 검은색, 엔진출력 : 감소

해설

작동 중인 엔진에서 공기청정기가 막히면 배기가스가 검은색이고, 엔진 출력이 감소한다.

08 **엔진 실린더 블록의 기름때를 세척할 수 있는 가장 좋은 용해액은?**

① 엔진오일 ② 솔벤트
③ 유압유 ④ 냉각수

해설

솔벤트 : 엔진 실린더 블록의 기름때를 세척할 수 있는 가장 좋은 용해액이다.

09 **오일의 점도지수가 높을수록 온도변화에 따른 점도의 변화는?**

① 점도변화가 작다.
② 점도변화가 크다.
③ 변화없다.
④ 온도와 점도관계는 무관하다.

해설

오일의 점도지수가 높을수록 온도변화에 대한 점도변화는 작다.

10 **다음 중 가솔린 엔진에는 없으며, 디젤엔진에만 있는 구성부품은?**

① 인젝터 ② 오일펌프
③ 연료펌프 ④ 인젝션 펌프

해설

인젝션 펌프 : 연료 분사펌프를 말하며, 디젤 엔진에만 있다.

11 **라디에이터에 물이 가득 차 있어도 엔진이 과열하는 원인은?**

① 라디에이터 냉각팬 불량
② 사계절용 부동액 사용
③ 써모 스탯이 열린 채로 고장
④ 팬벨트 장력 과다

해설

라디에이터의 냉각팬이 불량하면 라디에이터에 물이 가득 차 있어도 엔진이 과열된다.

12 **엔진 회전수를 나타낼 때 RPM의 의미는?**

① 1초당 엔진 회전수
② 1분당 엔진 회전수
③ 1시간 엔진 회전수
④ 1초당 엔진 회전수

해설

RPM(Revolution Per Minute) : 1분당 엔진 회전수를 의미한다.

13 **축전지의 충전 및 방전작용과 가장 관련 있는 것은?**

① 물리작용 ② 화학작용
③ 전기작용 ④ 발열작용

해설

축전지의 충전 및 방전작용은 화학작용과 가장 관련 있다.

14 **기동 전동기의 시험 항목에 해당하지 않는 것은?**

① 회전력 시험
② 무부하 시험
③ 중부하 시험
④ 부하 시험

해설

기동 전동기의 시험항목은 회전력 시험, 무부하 시험, 부하 시험(저항시험)으로 분류된다.

07 ④ 08 ② 09 ① 10 ④ 11 ① 12② 13 ② 14 ③

## 15 전조등이 한 쪽만 점등된다. 이때 고장 원인이 아닌 것은?

① 전구 접지 불량
② 전조등 스위치 불량
③ 전구 불량
④ 한쪽 회로 퓨즈 단선

해설

전조등 스위치가 불량하면 양쪽 전조등 모두 점등되지 않는다.

## 16 시동이 걸렸어도 계속 점화스위치를 "Start"로 할 때 미치는 영향은?

① 크랭크축 저널베어링이 마멸된다.
② 기동 전동기의 내구성이 약해진다.
③ 캠축이 마멸된다.
④ 클러치 디스크가 마멸된다.

해설

시동이 걸렸어도 계속 점화스위치를 "Start"로 두면 기동 전동기의 내구성이 약해진다.

## 17 AC 발전기에서 전류가 발생하는 곳은?

① 레귤레이터
② 아마추어
③ 스테이터
④ 로터

해설

스테이터 : AC 발전기에서 전류가 발생하는 곳이다.

## 18 축전지를 병렬로 연결했을 때 전압 또는 전류의 변화는?

① 전압이 낮아진다.
② 전압이 증가한다.
③ 전류가 낮아진다.
④ 전류가 증가한다.

해설

축전지를 병렬로 연결하면 전압은 동일, 용량(전류)은 증가하며, 직렬로 연결하면 용량(전류)은 동일, 전압은 증가한다. 이 때 '증가' 라는 것은 축전지 개수에 비례한다.

## 19 클러치 디스크의 토션 스프링에 대한 설명으로 옳은 것은?

① 클러치 작용 시 회전충격을 흡수한다.
② 압력판의 마모를 방지한다.
③ 클러치 디스크의 마모를 방지한다.
④ 클러치 디스크의 밀착을 돕는다.

해설

토션 스프링 : 클러치 작용 시 회전충격을 흡수한다.

## 20 캠버에 대한 설명이 아닌 것은?

① 스티어링 핸들의 조작을 가볍게 한다.
② 앞차축의 휨을 적게 한다.
③ 토우와도 관련 있다.
④ 조향 시 바퀴의 복원력을 발생시킨다.

해설

캐스터, 킹핀 경사각 : 조향 시 바퀴의 복원력을 발생시킨다.

## 21 토크 컨버터 내 스테이터의 기능은?

① 클러치 디스크의 마찰력을 감소시킨다.
② 자동 변속기의 회전수를 떨어뜨려 견인력을 향상시킨다.
③ 토크 컨버터의 동력을 전달하거나 차단한다.
④ 자동 변속기의 오일 방향을 바꾸어 토크를 향상시킨다.

해설

스테이터 : 자동 변속기의 오일 방향을 바꾸어 토크를 향상시킨다.

정답 15 ② 16 ② 17 ③ 18 ④ 19 ① 20 ④ 21 ④

22 엔진 동력을 바퀴까지 전달할 때 최종적으로 감속작용을 하는 것은?

① 변속기
② 클러치
③ 파이널 드라이버 기어
④ 바퀴

해설

파이널 드라이브 기어 : 엔진 동력을 바퀴까지 전달할 때 최종적으로 감속작용을 한다.

23 굴착기의 작업장치에 해당되지 않는 것은?

① 힌지 버킷
② 브레이커
③ 유압 셔블
④ 이젝터 버킷

해설

힌지 버킷 : 지게차의 작업장치에 해당된다.

24 타이어식 굴착기와 무한궤도식 굴착기의 특징에 대한 설명으로 틀린 것은?

① 무한궤도식은 모래 및 습지에서 유용하다.
② 타이어식은 기동성이 우수하다.
③ 무한궤도식은 기복이 심한 곳에서 적합하지 않다.
④ 타이어식은 주행속도가 빠르다.

해설

무한궤도식은 기복이 심한 곳에서 적합하다.

25 무한궤도식 건설기계에서 트랙 장력을 조정하는 곳은?

① 주행모터
② 상부 롤러
③ 트랙 어저스터
④ 스프로킷

해설

트랙 어저스터 : 트랙 장력을 조정하는 곳을 말한다.

26 굴착기의 센터 조인트에 대한 설명으로 옳은 것은?

① 전륜 및 후륜의 가운데 있는 차동장치를 말한다.
② 물체가 원운동할 때 원심력으로 원의 중심으로부터 멀어지는 장치를 말한다.
③ 스티어링 링키지이며, 차체의 중앙 고정축 주위에 움직이는 암을 말한다.
④ 상부 회전체의 오일을 하부 주행모터에 공급하는 장치를 말한다.

해설

센터 조인트(터닝 조인트) : 상부 회전체의 오일을 하부 주행모터에 공급하는 장치를 말한다.

27 굴착기에서 매 1,000시간마다 점검 및 정비해야 하는 항목이 아닌 것은?

① 주행감속기 기어오일 교환
② 발전기, 기동 전동기 점검
③ 작동유 배수 및 여과기 교환
④ 선회 기어 케이스 오일 교환

해설

매 1,000시간마다 점검 및 정비항목
- 주행감속기 기어오일 교환
- 발전기, 기동 전동기 점검
- 작동유 흡입 여과기 교환
- 선회 기어 케이스 오일 교환
- 어큐뮬레이터 압력 점검
- 냉각계통 내부 세척

28 굴착기의 기본 작업 사이클은?

① 굴착 → 적재 → 붐상승 → 선회 → 굴착 → 선회
② 굴착 → 붐상승 → 스윙 → 적재 → 스윙 → 굴착
③ 선회 → 적재 → 굴착 → 적재 → 붐상승 → 선회

22 ③ 23 ① 24 ③ 25 ③ 26 ④ 27 ③ 28 ②

④ 선회 → 굴착 → 적재 → 선회 → 굴착 → 붐상승

해설

굴착기의 기본 작업 사이클 : 굴착 → 붐상승 → 스윙 → 적재 → 스윙 → 굴착

**29 미등록 건설기계의 임시운행 사유에 해당되지 않는 것은?**

① 등록신청 전에 공사를 위해 임시로 사용하는 경우
② 등록신청을 위해 등록지로 운행하는 경우
③ 신개발 건설기계를 시험 및 연구 목적으로 운행하는 경우
④ 수출 목적으로 선적지로 운행하는 경우

해설

건설기계의 임시운행 사유
- 등록신청을 위해 등록지로 운행하는 경우
- 신개발 건설기계를 시험 및 연구 목적으로 운행하는 경우
- 수출 목적으로 선적지로 운행하는 경우
- 확인검사를 위해 검사장소로 운행하는 경우
- 판매 또는 전시를 위해 일시적으로 운행하는 경우
- 수출을 위해 등록을 말소한 건설기계를 정비점검 하고자 운행하는 경우
- 신규등록검사를 받기 위해 검사장소로 운행하는 경우

**30 건설기계의 소유자는 어느 령이 정하는 바에 의해 건설기계를 등록해야 하는가?**

① 국무총리령
② 시 · 도지사령
③ 대통령령
④ 국토교통부장관령

해설

건설기계의 소유자는 대통령령이 정하는 바에 의해 건설기계를 등록해야 한다.

**31 다음 중 정기검사 유효기간이 다른 건설기계는?**

① 20년 초과된 덤프트럭
② 굴착기(타이어식)
③ 천공기
④ 기중기

해설

- 굴착기(타이어식) : 1년
- 로더(타이어식) : 2년(20년 이하), 1년(20년 초과)
- 지게차(1t 이상) : 2년(20년 이하), 1년(20년 초과)
- 덤프트럭 : 1년(20년 이하), 6개월(20년 초과)
- 기중기 : 1년
- 천공기 : 1년

**32 주 · 정차가 금지장소가 아닌 곳은?**

① 횡단보도
② 경사로 정상부근
③ 교차로
④ 건널목

해설

주 · 정차 · 횡단금지보장도소
- 교차로 가장자리로부터 5m 이내
- 건널목 가장자리 또는 횡단보도로부터 10m 이내
- 안전지대의 사방으로부터 각각 10m 이내

**33 교통안전표지의 종류로 옳은 것은?**

① 보조표지, 주의표지, 지시표지, 금지표지, 안내표지
② 통행표지, 주의표지, 안내표지, 규제표지, 보조표지
③ 교통표지, 주의표지, 경고표지, 규제표지, 안내표지
④ 보조표지, 주의표지, 지시표지, 규제표지, 노면표지

해설

교통안전표지는 보조표지, 주의표지, 지시표지, 규제표지, 노면표지로 분류된다.

정답 29 ① 30 ③ 31 ① 32 ② 33 ④

**34 다음 중 도로 중앙으로부터 좌측을 통행 할 수 있는 경우로 옳은 것은?**

① 일방통행 도로를 주행할 경우
② 편도 2차로 도로를 주행할 경우
③ 좌측 도로에 차가 많이 없을 경우
④ 중앙선 우측에 차가 많이 밀려있는 경우

해설

일방통행 도로는 도로 중앙으로부터 좌측을 통행할 수 있다.

**35 차량총중량이 2톤 미만인 자동차를 총중량이 그 3배 이상인 자동차로 견인하고자 한다. 이때 규정 속도는 얼마인가?**

① 20km/h 이내
② 30km/h 이내
③ 40km/h 이내
④ 80km/h 이내

해설

차량총중량이 2톤 미만인 자동차를 총중량이 그 3배 이상인 자동차로 견인할 때 30km/h 이내로 주행한다.

**36 긴급자동차의 우선통행에 대한 설명으로 틀린 것은?**

① 긴급 용무일 때는 제한속도 준수 및 앞지르기 금지, 끼어들기 금지 의무 등의 적용을 받지 않는다.
② 우선통행 특례의 적용을 받으려면 경광등을 켜고 경음기를 울려야 한다.
③ 긴급 용무일 때에만 우선통행 특례의 적용을 받는다.
④ 소방자동차, 구급자동차는 항상 우선통행 특례의 적용을 받는다.

해설

소방자동차, 구급자동차는 긴급 용무일 때에만 우선통행 특례의 적용을 받는다.

**37 건설기계 등록사항 시 건설기계 출처를 증명하는 서류가 아닌 것은?**

① 매수증서(관청으로부터 매수)
② 건설기계 대여업 신고증
③ 건설기계 제작증
④ 수입면장

해설

건설기계 등록 시 건설기계 출처를 증명하는 서류
- 매수증서(관청으로부터 매수)
- 건설기계 제원표
- 건설기계 제작증
- 수입면장
- 건설기계 소유자임을 증명하는 서류
- 보험 또는 공제 가입 증명 서류

**38 시 · 도지사가 수시검사를 명령할 때 건설기계 소유자에게 수시검사를 받아야할 날부터 며칠 이전에 명령서를 교부해야 하는가?**

① 3일　② 10일
③ 3개월　④ 6개월

해설

시 · 도지사가 수시검사를 명령할 때 건설기계 소유자에게 수시검사를 받아야 할 날부터 10일 이전에 명령서를 교부해야 한다.

**39 유량제어밸브가 아닌 것은?**

① 교축 밸브
② 급속배기 밸브
③ 속도제어 밸브
④ 체크 밸브

해설

체크 밸브 : 방향제어밸브에 해당된다.

34 ①　35 ②　36 ④　37 ②　38 ②　39 ④

40 **일반적인 엔진오일 탱크 내의 구성부품이 아닌 것은?**

① 압력조절기
② 배플
③ 스트레이너
④ 드레인 플러그

해설

압력조절기 : 일반적으로 연료라인 내의 구성부품에 해당된다.

41 **유압 실린더의 지지방식이 아닌 것은?**

① 니플 형식
② 플랜지 형식
③ 클레비스 형식
④ 푸드 형식

해설

유압 실린더의 지지방식은 플랜지형, 클레비스형, 푸드형, 트러니언형으로 분류된다.

42 **유압 실린더의 작동속도가 정상보다 느려졌다. 이때 원인으로 가정 적절한 것은?**

① 릴리프 밸브의 조정압력이 높다.
② 작동유의 점도지수가 높다.
③ 작동유의 점도가 낮다.
④ 회로 내 유량이 부족하다.

해설

회로 내 유량이 부족하면 유압 실린더의 작동속도가 정상보다 느려진다.

43 **유압회로에서 내구성이 강하고 움직임이 있는 곳에 적절한 호스는?**

① PVC 호스
② 강 파이프 호스
③ 플렉시블 호스
④ 구리 파이프 호스

해설

플렉시블 호스 : 내구성이 강하고 움직임이 있는 곳에 사용하기 적절하다.

44 **유압유의 점도가 높을 때 발생현상으로 틀린 것은?**

① 동력 손실이 커짐
② 열이 발생할 수 있음
③ 회로 내 마찰 손실이 커짐
④ 유압이 낮아짐

해설

유압유의 점도가 높아지면 유압이 높아진다.

45 **다음 중 유압회로의 한 방향의 흐름에 대해서는 설정된 배압을 형성시키고 반대방향의 흐름은 자유롭게 흐르도록 하며, 체크밸브가 내장되는 밸브는?**

① 언로드밸브
② 셔틀밸브
③ 교축밸브
④ 카운터밸런스밸브

해설

- 언로드밸브 : 일정 조건에서 펌프를 무부하로 하기위한 밸브를 말한다.
- 셔틀밸브 : 2개 이상의 입구와 1개 출구가 설치되어 출구가 최고압력 측 입구를 선택할 수 있는 밸브를 말한다.
- 교축밸브 : 통로의 단면적을 바꿔서 교축 작용으로 유량과 감압을 조절하는 밸브를 말한다.

46 **유압장치 취급 시 주의사항에 대한 설명으로 가장 적절하지 못한 것은?**

① 작동유에 이물질이 유입되지 않도록 관리한다.
② 오일량을 주 1회 정도 소량 보충한다.
③ 워밍업 후 작업하는 것이 좋다.
④ 작동유 부족 여부를 점검한다.

정답 40 ① 41 ① 42 ④ 43 ③ 44 ④ 45 ④ 46 ②

해설

오일량을 수시로 확인하여 규정량으로 맞춘다.

**47 작업장에서 정전된 경우 전기로 작동하던 기계의 조치방법으로 틀린 것은?**

① 안전을 위해 작업장을 미리 정리해둔다.
② 즉시 스위치를 끈다.
③ 전기가 다시 들어오는지 확인하기 위해 기계 스위치를 켜 둔다.
④ 퓨즈가 끊겼는지 확인한다.

해설

정전된 경우 전기로 작동하던 기계 스위치를 즉시 끈다.

**48 먼지가 많이 발생하는 작업장에서 착용해야 하는 마스크는?**

① 가스 마스크 ② 산소 마스크
③ 방진 마스크 ④ 방독 마스크

해설

방진 마스크 : 먼지가 많이 발생하는 작업장에서 착용한다.

**49 다음 중 벨트 전동장치에 내재된 위험요소가 아닌 것은?**

① 충격 ② 접촉
③ 말림 ④ 트랩

해설

벨트 전동장치에 내재된 위험요소는 접촉, 말림, 트랩으로 분류된다.

**50 굴착 시 공동주택 등의 부지 내 도시가스배관 지하매설 심도는?**

① 0.5m 이상 ② 0.6m 이상
③ 1.2m 이상 ④ 2.2m 이상

해설

공동주택 등의 부지 내 도시가스배관 지하매설 심도는 0.6m 이상이다.

**51 도로 굴착작업 중 '고압선 위험' 표지시트가 발견된 경우 옳은 것은?**

① 표지시트와 직각방향에 전력케이블이 묻혀있다.
② 표지시트 바로 밑에 전력케이블이 묻혀있다.
③ 표지시트 좌측에 전력케이블이 묻혀있다.
④ 표지시트 우측에 전력케이블이 묻혀있다.

해설

'고압선 위험' 표지시트 바로 밑에 전력케이블이 묻혀있다.

**52 지하매설 배관탐지장치로 확인된 지점 중 확인이 어려운 분기점, 곡선부, 장애물 우회지점의 안전한 굴착방법은?**

① 가이드 파이프를 설치하여 굴착한다.
② 절대 작업불가 구간으로 굴착할 수 없다.
③ 시험 굴착을 실시한다.
④ 가스배관의 좌 · 우측을 굴착한다.

해설

지하매설 배관탐지장치로 확인된 지점 중 확인이 어려운 분기점, 곡선부, 장애물 우회지점은 안전하게 시험 굴착을 실시한다.

**53 사고를 유발하는 직접적인 재해 원인은?**

① 불안전한 행동의 원인
② 기술적 원인
③ 장비적 원인
④ 작업관리의 원인

해설

불안전한 행동의 원인은 사고의 직접적인 재해 원인에 해당된다.

47 ③ 48 ③ 49 ① 50 ② 51 ② 52 ③ 53 ①

54 기중기 권상용 와이어로프 또는 달기 체인의 안전계수는?

① 3 이상　② 5 이상
③ 10 이상　④ 15 이상

해설

권상용 와이어로프 또는 달기 체인의 안전계수는 5 이상이다.

55 올바른 스패너 작업방법은?

① 조일 때는 앞으로 당기고 풀 때는 뒤로 민다.
② 스패너의 입이 너트 치수보다 약간 더 큰 것을 사용한다.
③ 스패너 사용 시 몸의 중심을 항상 옆으로 한다.
④ 조이고 풀 때는 항상 몸 앞으로 당긴다.

해설

스패너로 조이고 풀 때는 항상 몸 앞으로 당긴다.

56 운반 작업의 준수사항에 대한 설명으로 가장 적절한 것은?

① 인도, 통로와 가까운 장소는 최대한 빨리 이탈한다.
② 인력으로 운반 시 무리한 자세로 오랫동안 작업하지 않는다.
③ 장비를 사용하기보다 가능한 많은 인력을 활용한다.
④ 인력으로 운반 시 보조기구를 사용하되 몸에서 멀리 떨어뜨리고, 가슴 위치에서 하중이 걸리도록 한다.

해설

인력으로 운반 시 무리한 자세로 오랫동안 작업하지 않는다.

57 다음 중 도시가스 배관 주위에서 굴착 장비로 작업할 때 준수사항으로 옳은 것은?

① 가스배관 주위 30cm까지는 장비로 작업할 수 있다.
② 가스배관 좌 · 우 1m 이내에서는 장비 작업을 금하고 인력으로 작업한다.
③ 가스배관 주위 2m 이내에서는 어떤 장비도 작업할 수 없다.
④ 가스배관 주위 50cm까지는 사람이 직접 확인한다면 장비로 작업할 수 있다.

해설

- 가스배관 주위 1m까지는 장비로 작업할 수 있다.
- 가스배관 주위 1m 이내에서는 어떤 장비도 작업할 수 없다.
- 가스배관 주위 1m까지는 사람이 직접 확인한다면 장비로 작업할 수 있다.

58 154kV 가공 송전선로 주위에서 작업을 하고자 한다. 이때 옳은 것은?

① 전력선이 절연되어 있어 장비가 건드려도 단선되지 않는다면 사고가 발생하지 않는다.
② 장비가 선로에 직접적으로 접촉하지 않고 근접만 해도 사고가 발생할 수 있다.
③ 1회선은 3가닥으로 이루어져 있고 이 중 1가닥이 절단되더라도 전력공급은 계속한다.
④ 전력설비는 공공재산이므로 사고 발생 시 복구 공사비는 배상하지 않는다.

해설

- 전력선이 절연되어 있으나 장비가 건드리면 단선되지 않아도 사고가 발생할 수 있다.
- 1회선은 3가닥으로 이루어져 있고 이 중 1가닥이 절단되면 전력공급을 중단한다.
- 전력설비는 공공재산이나 사고 발생 시 그 원인에 따라 복구 공사비를 배상할 수 있다.

정답 54 ② 55 ④ 56 ② 57 ② 58 ②

59 **가스용기가 발생기와 분리되어 있는 아세틸렌 용접장치에서 안전기는 어디에 설치하는가?**

① 가스 용접기에 설치한다.
② 가스용기와 용접토치 사이에 설치한다.
③ 가스용기와 발생기 사이에 설치한다.
④ 발생기에 설치한다.

해설

가스용기가 발생기와 분리되어 있는 아세틸렌 용접장치에서 안전기는 가스용기와 발생기 사이에 설치한다.

60 **다음 그림이 나타내는 표시는?**

① 비상구
② 녹십자 표지
③ 응급구호 표지
④ 세안장치

해설

안내표지는 바탕은 녹색, 부호 및 그림은 흰색으로 표기한다.

| | | | |
|---|---|---|---|
|  |  |  |  |
| 응급구호 표지 | 녹십자 표지 | 들것 | 비상용 기구 |
|  |  |  | 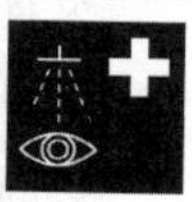 |
| 좌측 비상구 | 우측 비상구 | 비상구 | 세안장치 |

59 ③ 60 ③

# CBT 실전모의고사 제6회

**01 디젤 엔진에서 터보차저의 기능은?**

① 엔진 회전수를 제어하는 장치
② 엔진오일 온도를 제어하는 장치
③ 냉각수 유량을 제어하는 장치
④ 흡입 공기를 압축하여 실린더 내로 공급하는 장치

해설

터보차저 : 흡입 공기를 압축하여 실린더 내로 공급하는 장치를 말한다.

**02 4행정 기관의 윤활방식 중 피스톤 핀과 피스톤까지 윤활유를 압송하여 윤활하는 방식은?**

① 전 비산식
② 전 압송식
③ 비산 압송식
④ 전 진공식

해설

전 압송식 : 피스톤 핀과 피스톤까지 윤활유를 압송하여 윤활하는 방식을 말한다.

**03 엔진 냉각장치에서 라디에이터의 구비조건이 아닌 것은?**

① 가볍고 작으며 강도가 클 것
② 공기의 흐름 저항이 클 것
③ 냉각수의 흐름 저항이 작을 것
④ 단위 면적당 방열량이 클 것

해설

공기의 흐름 저항이 작을 것

**04 엔진오일 소비량이 많아지는 원인은?**

① 배기밸브 간극이 너무 작다.
② 오일압력이 너무 낮다.
③ 피스톤과 실린더 간의 간극이 너무 크다.
④ 오일펌프 기어 과대 마모

해설

피스톤과 실린더 간의 간극이 너무 크면 엔진오일 소비량이 많아진다.

**05 분사노즐의 종류가 아닌 것은?**

① 스로틀형
② 핀틀형
③ 싱글포인트형
④ 홀형

해설

- 분사노즐의 종류는 홀형, 핀틀형, 스로틀형으로 분류된다.
- 싱글포인트형은 주로 가솔린 엔진에 사용된다.

**06 커먼레일 디젤 엔진의 연료계통에서 출력요소에 해당하는 것은?**

① 인젝터
② 브레이크 스위치
③ 공기유량센서
④ 엔진 ECU

해설

인젝터는 출력요소에 해당된다.

정답 01 ④ 02 ② 03 ② 04 ③ 05 ③ 06 ①

**07 건설기계 정비 시 엔진 시동을 건 후 정상적인 운전이 가능한지 확인하기 위해 운전자가 가장 먼저 점검해야 할 것은?**

① 냉각수 온도 게이지
② 속도계
③ 오일 압력 게이지
④ 엔진 오일량

해설

오일 압력 게이지는 엔진 시동을 건 후 정상적인 운전이 가능한지 확인하기 위해 운전자가 가장 먼저 점검해야 한다.

**08 축전지 취급 시 유의사항에 대한 설명으로 옳은 것은?**

① 축전지의 방전이 지속될수록 전압과 전해액 비중 모두 낮아진다.
② 축전지를 보관 시 가능한 방전시키는 것이 좋다.
③ 축전지 2개를 직렬 연결할 경우 (+)와 (+)끼리, (−)와 (−)끼리 연결한다.
④ 축전지 용량을 크게 하기 위해서는 다른 축전지와 서로 직렬 연결한다.

해설

- 축전지를 보관 시 방전시키지 않는 것이 좋다.
- 축전지 2개를 병렬 연결할 경우 (+)와 (+)끼리, (−)와 (−)끼리 연결한다.
- 축전지 용량을 크게 하기 위해서는 다른 축전지와 서로 병렬 연결한다.

**09 기동 전동기의 토크가 발생하는 부분은 무엇인가?**

① 계자코일 ② 스위치
③ 조속기 ④ 발전기

해설

계자코일은 기동 전동기의 토크가 발생하는 부분이다.

**10 축전지의 자기방전 원인이 아닌 것은?**

① 음극판의 작용물질이 황산과 화학 반응하여 황산납이 되므로
② 전해액에 포함된 불순물이 국부전지를 형성하므로
③ 전해액 양이 많아짐에 따라 용량이 커지므로
④ 탈락한 극판 작용물질이 축전지 내부에 퇴적되므로

해설

축전지 용량은 극판 수, 넓이, 두께, 전해액 양에 비례하므로 보기 ③의 내용은 맞으나 이것이 축전지 자기방전의 원인은 아니다.

**11 12V 80A 축전지 2개를 병렬로 연결하면 전압과 전류는 어떻게 되는가?**

① 12V 80A
② 12V 160A
③ 24V 80A
④ 24V 160A

해설

축전지를 병렬연결하면 전압은 동일하고 용량은 증가한다.

**12 교류 발전기의 특징이 아닌 것은?**

① 소형, 경량이며 속도변화에 따른 적용 범위가 넓음
② 저속에서도 충전이 가능
③ 다이오드를 사용하기 때문에 정류 특성이 좋음
④ 정류자를 사용

해설

정류자는 기동 전동기에서 사용된다.

07 ③ 08 ① 09 ① 10 ③ 11 ② 12 ④

**13 축전지의 용량은 어떻게 결정되는가?**

① 극판의 수, 발전기의 충전 능력에 따라 결정된다.

② 극판의 수, 셀의 수, 발전기의 충전 능력에 따라 결정된다.

③ 극판의 수, 극판의 크기, 셀의 수에 따라 결정된다.

④ 극판의 수, 극판의 크기, 황산의 양에 따라 결정된다.

해설

축전지의 용량은 극판의 수, 극판의 크기, 황산의 양에 따라 결정된다.

**14 조향핸들의 유격이 커지는 원인이 아닌 것은?**

① 조향기어 및 링키지 조정 불량

② 피트먼 암의 헐거움

③ 앞차륜 베어링 과다 마모

④ 타이어 공기압 과다

해설

타이어 공기압은 조향핸들의 조작력과 관련이 있으며, 타이어 공기압이 작아질수록 조향핸들의 조작력이 커진다.

**15 수동 변속기가 장착된 건설기계에서 클러치 페달에 유격을 두는 이유는?**

① 클러치의 미끄럼을 방지하기 위해

② 제동 성능을 향상시키기 위해

③ 클러치 용량을 증가시키기 위해

④ 엔진 출력을 증가시키기 위해

해설

클러치 페달 유격은 클러치의 미끄럼을 방지하기 위해 둔다.

**16 토크 컨버터의 구성부품이 아닌 것은?**

① 터빈 ② 펌프

③ 스테이터 ④ 플라이휠

해설

플라이휠 : 엔진의 구성부품이다.

**17 타이어에서 트레드 패턴과 관련 없는 것은?**

① 제동력

② 타이어의 배수 효과

③ 편평율

④ 구동력, 견인력

해설

편평율은 타이어 높이 및 단면 폭과 관련이 있다.

**18 도시가스 관련법상 가스배관과의 수평거리 몇 cm 이내에서 파일 박기를 금지하도록 규정하였는가?**

① 10cm ② 20cm

③ 30cm ④ 50cm

해설

가스배관과의 수평거리 30cm 이내에서는 파일 박기를 금지한다.

**19 소화 작업에 대한 설명으로 적절하지 않은 것은?**

① 카바이드 및 유류에는 물을 뿌린다.

② 배선 부근에 물을 뿌릴 경우 전기가 통하는지 여부를 확인 후에 한다.

③ 화재가 일어나면 화재 경보를 한다.

④ 가스 밸브를 잠그고 전기 스위치를 끈다.

해설

카바이드 및 유류에는 모래를 뿌린다.

정답 13 ④ 14 ④ 15 ① 16 ④ 17 ③ 18 ③ 19 ①

20 **안전 및 보건표지에서 색채와 용도가 잘못 짝지어진 것은?**

① 빨간색 : 방화표시
② 노란색 : 추락 · 충돌 주의표시
③ 녹색 : 비상구 표시
④ 보라색 : 안전지도 표시

해설

보라색 : 방사능 표시이다.

21 **ILO(국제노동기구)의 구분에 의한 근로불능 상해의 종류 중 응급조치상해는 얼마간 치료를 받은 다음부터 정상작업에 임할 수 있는 정도의 상해를 의미하는가?**

① 1일 미만
② 3일 미만
③ 5일 미만
④ 10일 미만

해설

응급조치상해
1일 미만간 치료를 받은 다음부터 정상작업에 임할 수 있는 정도의 상해를 말한다.

22 **일정 규모 이상의 지진이 발생한 후 크레인 작업을 하고자 할 때 사전에 크레인 각 부위를 점검해야 한다. 이때 지진의 규모는 어느 정도 이상인가?**

① 진도 1 이상
② 진도 2 이상
③ 약진 이상
④ 중진 이상

해설

중진 이상의 지진이 발생한 후 크레인 작업을 하고자 할 때 사전에 크레인 각 부위를 점검해야 한다.

23 **건설기계의 안전사항으로 틀린 것은?**

① 작업장의 바닥은 보행에 지장을 주지 않도록 청결하게 유지한다.
② 엔진, 발전기, 용접기 등 장비는 한 곳에 모아서 배치한다.
③ 회전부분(기어, 벨트, 체인) 등은 위험하므로 반드시 커버를 씌운다.
④ 작업장의 통로는 근로자가 안전하게 다닐 수 있도록 정리한다.

해설

엔진, 발전기, 용접기 등 장비는 한 곳에 모아서 배치하지 않는다.

24 **작업장에서 화물 운반 시 빈차, 짐차, 사람이 있다. 이때 통행의 우선순위는? (1순위 – 2순위 – 3순위 순으로 나열할 것)**

① 사람 – 빈차 – 짐차
② 짐차 – 빈차 – 사람
③ 사람 – 짐차 – 빈차
④ 빈차 – 짐차 – 사람

해설

통행의 우선순위는 짐차 – 빈차 – 사람순이다.

25 **방진 마스크를 착용해야 하는 작업장은?**

① 산소가 결핍되기 쉬운 작업장
② 소음이 심한 작업장
③ 분진이 많은 작업장
④ 온도가 낮은 작업장

해설

방진 마스크는 분진이 많은 작업장에서 착용한다.

20 ④ 21 ① 22 ④ 23 ② 24② 25 ③

## 26 가스 용접기에서 사용되는 아세틸렌 호스(도관)를 구별하는 색상은?

① 녹색 ② 적색
③ 청색 ④ 황색

해설

- 녹색 : 산소 용기 또는 산소 호스의 색상
- 청색 : 이산화탄소 용기의 색상
- 황색 : 아세틸렌 용기의 색상

## 27 도시가스 배관 매설 시 라인마크는 배관길이 최소 몇 m마다 1개 이상 설치되어 있는가?

① 50m ② 100m
③ 120m ④ 150m

해설

도시가스 배관 매설 시 라인마크는 배관길이 최소 50m마다 1개 이상 설치되어있다.

## 28 전기화재에 해당하는 것은?

① A급 화재 ② B급 화재
③ C급 화재 ④ D급 화재

해설

- A급 화재 : 일반화재
- B급 화재 : 유류화재
- D급 화재 : 금속화재

## 29 폭 4m 이상, 8m 미만인 도로에 일반 도시가스 배관을 매설할 때 지면과 도시가스 배관 상부와의 최소 이격 거리는 몇 m 이상인가?

① 0.5m ② 1m
③ 1.5m ④ 2.0m

해설

폭 4m 이상, 8m 미만인 도로에 일반 도시가스 배관을 매설할 때 지면과 도시가스 배관 상부는 최소 1m 이상 이격시킨다.

## 30 재해 발생 원인이 아닌 것은?

① 관리감독 소홀
② 올바르지 못한 작업방법
③ 작업장치 회전반경 내 출입금지
④ 방호장치의 기능 제거

해설

작업장치 회전반경 내 출입금지는 재해 방지 대책에 해당된다.

## 31 안전 및 보건표지의 종류와 형태에서 다음 그림이 나타내는 표시는?

① 방독 마스크 착용
② 방진 마스크 착용
③ 안전모 착용
④ 보안면 착용

해설

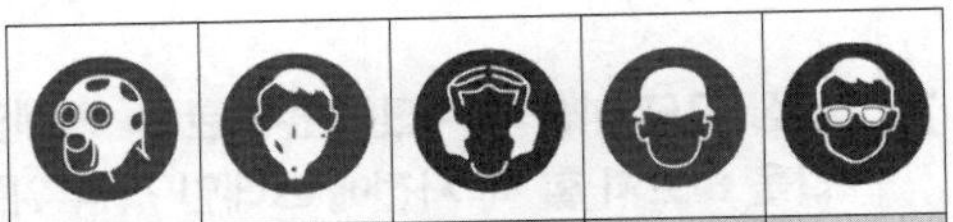

| 방독마스크 착용 | 방진마스크 착용 | 귀마개 착용 | 안전모 착용 | 보안경 착용 |
| --- | --- | --- | --- | --- |

| 보안면 착용 | 안전장갑 착용 | 안전화 착용 | 안전복 착용 |
| --- | --- | --- | --- |

정답 26 ② 27 ① 28 ③ 29 ② 30 ③ 31 ④

32 **시 · 도지사의 직권이나 소유자의 신청으로 건설기계의 등록을 말소할 수 있는 사유가 아닌 것은?**

① 건설기계를 수출하는 경우
② 건설기계를 도난당한 경우
③ 건설기계의 차대가 등록 시의 차대와 상이한 경우
④ 건설기계 정기검사에 불합격된 경우

해설

등록말소의 사유
- 건설기계를 폐기한 경우
- 건설기계를 수출하는 경우
- 건설기계를 도난당한 경우
- 연구 · 목적으로 사용하는 경우
- 부당한 방법으로 등록한 경우
- 건설기계안전기준에 적합하지 않는 경우
- 건설기계의 차대가 등록 시의 차대와 상한 경우
- 구조적 결함으로 건설기계를 판매 · 제작에게 반품한 경우
- 정기검사 유효기간이 만료된 날로부터 3월 이내에 시 · 도지사의 최고를 지정받고 정된 기한까지 정기검사를 받지 않은 경우
- 천재지변 등 이에 준하는 사고로 사용할 수 없게 되거나 멸실된 경우

33 **건설기계의 소유자가 건설기계를 등록하고자 할 때 등록신청은 누구에게 해야 하는가?**

① 검사대행자
② 전문 건설기계 정비업자
③ 국토교통부장관
④ 시 · 도지사

해설

건설기계 등록신청은 건설기계 소유자의 주소지 또는 건설기계 사용 본거지의 관할 시 · 도지사에게 한다.

34 **다음 신호 중에서 가장 우선적인 신호는?**

① 안전표시 지시
② 신호등 신호
③ 경찰관 수신호
④ 신호기 신호

해설

경찰관 수신호 : 가장 우선적인 신호이다.

35 **음주운전 측정 및 처벌기준에서 술에 취한 상태의 기준 혈중알코올농도는 몇 % 이상인가?**

① 0.03%
② 0.05%
③ 0.08%
④ 0.10%

해설

- 술에 취한 상태의 기준 혈중알코올농도 : 0.03% 이상
- 면허정지 : 0.03% 이상 0.08% 미만
- 면허취소 : 0.08% 이상(만취상태)

36 **통행의 우선순위가 바르게 나열된 것은?**

① 승합자동차 → 원동기장치 자전거 → 긴급자동차
② 건설기계 → 원동기장치 자전거 → 승용자동차
③ 긴급자동차 → 원동기장치 자전거 → 승용자동차
④ 긴급자동차 → 일반자동차 → 원동기 장치 자전거

해설

통행의 우선순위는 긴급자동차 → 일반자동차 → 원동기장치 자전거 순이다.

32 ④ 33 ④ 34 ③ 35 ① 36 ④

37 **도로교통법에 위반되는 경우는?**

① 노면이 얼어붙은 경우 최고속도의 50/100을 줄인 속도로 운행하였다.
② 눈이 20mm 미만으로 쌓인 경우 최고속도의 20/100을 줄인 속도로 운행하였다.
③ 눈이 20mm 이상으로 쌓인 경우 최고 속도의 20/100을 줄인 속도로 운행하였다.
④ 안개로 인해 가시거리가 100m 이내인 경우 최고속도의 50/100을 줄인 속도

해설
눈이 20mm 이상 쌓인 경우 최고속도의 50/100을 줄인 속도로 운행해야 한다.

38 **천공기의 정기검사 유효기간은?**

① 6개월 ② 1년
③ 2년 ④ 4년

해설
천공기의 정기검사 유효기간 : 1년

39 **유압 컨트롤 밸브 내에서 스풀 형식의 밸브가 사용되는 목적은?**

① 오일의 흐름 방향을 바꾸기 위해
② 회로 내의 압력을 상승시키기 위해
③ 펌프의 회전방향을 바꾸기 위해
④ 축압기의 압력을 바꾸기 위해

해설
스풀 밸브 : 축 방향으로 이동하여 오일의 흐름을 변환하는 밸브를 말한다.

40 **유압장치에서 오일탱크의 구비조건으로 틀린 것은?**

① 유면은 적정 위치 'F'에 가깝게 유지해야 한다.
② 탱크의 크기는 정지할 때 되돌아오는 오일량의 용량과 동일하게 한다.
③ 공기 및 이물질을 오일로부터 분리할 수 있어야 한다.
④ 발생한 열을 발산할 수 있어야 한다.

해설
탱크의 크기는 중력에 의해 되돌아오는 오일의 용량과 동일하게 한다.

41 **유압 모터의 종류에 해당하지 않는 것은?**

① 가변형
② 기어형
③ 베인형
④ 플런저형

해설
유압 모터는 기어형, 베인형, 플런저형, 피스톤형으로 분류된다.

42 **회전수가 일정할 때 펌프의 토출량이 바뀔 수 있는 것은?**

① 정용량형 베인펌프
② 프로펠러 펌프
③ 가변 용량형 피스톤 펌프
④ 기어펌프

해설
가변 용량형 피스톤 펌프는 회전수가 일정할 때 펌프의 토출량이 바뀔 수 있다.

정답 37 ③ 38 ② 39 ① 40 ② 41 ① 42 ③

## 43 오일 씰(Seal)의 종류 중에서 O-링의 구비조건으로 옳은 것은?

① 작동 시 마모가 클 것
② 오일의 입 · 출입이 가능할 것
③ 체결력이 작을 것
④ 압축변형이 작을 것

해설

- 작동 시 마모가 작을 것
- 오일의 입 · 출입이 없을 것
- 체결력이 클 것

## 44 다음 [보기]에서 유압 작동유가 갖추어야 할 조건을 모두 나열한 것은?

[보기]
a. 발화점이 높을 것
b. 밀도가 작을 것
c. 열팽창계수가 작을 것
d. 체적탄성계수가 작을 것
e. 압력에 대해 비압축성 일 것
f. 점도지수가 낮을 것

① a, b, c, e ② a, b, c, d
③ b, c, e, f ④ b, d, e, f

해설

- d. 체적탄성계수가 클 것
- f. 점도지수가 높을 것

## 45 굴착기의 3대 주요 장치를 바르게 나열한 것은?

① 상부 조정장치, 중간 동력장치, 하부주행체
② 동력 주행체, 중간 회전체, 하부 주행체
③ 트랙 주행체, 중간 회전체, 하부 주행체
④ 상부 회전체, 작업장치, 하부 주행체

해설

굴착기의 3대 주요 장치 : 상부 회전체, 작업장치, 하부 주행체로 분류된다.

## 46 굴착기의 기본 작업 사이클을 나열한 것으로 옳은 것은?

① 선회 → 굴착 → 적재 → 선회 → 굴착 → 붐상승
② 선회 → 적재 → 굴착 → 적재 → 붐상승 → 선회
③ 굴착 → 붐상승 → 스윙 → 적재 → 스윙 → 굴착
④ 굴착 → 적재 → 붐상승 → 선회 → 굴착 → 선회

해설

굴착기의 기본 작업 사이클
굴착 → 붐상승 → 스윙 → 적재 → 스윙 → 굴착

## 47 굴착기의 붐에 대한 설명으로 옳은 것은?

① 충격에 견딜 수 있도록 균열이 있어야 한다.
② 붐은 상부회전체의 앞쪽에 연결핀으로 설치되어 있다.
③ 트랙을 지지한다.
④ 버킷과 블레이드를 연결하는 구조이다.

해설

- 충격에 견딜 수 있도록 균열 및 절단된 곳이 없어야 한다.
- 암 및 버킷을 지지한다.
- 버킷과 붐을 연결하는 구조이다.

## 48 무한궤도식 굴착기의 하부 주행체 동력 전달 순서를 바르게 나열한 것은?

① 엔진 → 유압펌프 → 센터조인트 → 컨트롤밸브 → 주행모터 → 트랙
② 엔진 → 유압펌프 → 컨트롤밸브 → 센터조인트 → 주행모터 → 트랙
③ 엔진 → 컨트롤밸브 → 센터조인트 → 유압펌프 → 주행모터 → 트랙

43 ④ 44 ① 45 ④ 46 ③ 47 ② 48 ②

④ 엔진 → 컨트롤밸브 → 유압펌프 → 센터 조인트 → 주행모터 → 트랙

해설

굴착기의 하부 주행체 동력전달 순서
엔진 → 유압펌프 → 컨트롤밸브 → 센터조인트 → 주행모터 → 트랙

**49 굴착기의 버킷 기울기의 변화량에 대한 설명으로 옳은 것은?**

① 최대작업반경 상태에서 버킷 끝단 기울기의 변화량이 5분당 5° 이내이어야 한다.
② 최소작업반경 상태에서 버킷 끝단 기울기의 변화량이 5분당 5° 이내이어야 한다.
③ 최대작업반경 상태에서 버킷 끝단 기울기의 변화량이 10분당 5° 이내이어야 한다.
④ 최소작업반경 상태에서 버킷 끝단 기울기의 변화량이 10분당 5° 이내이어야 한다.

해설

굴착기의 버킷 기울기의 변화량 : 최대작업반경 상태에서 버킷 끝단 기울기의 변화량이 10분당 5° 이내이어야 한다.

**50 크롤러형 유압식 굴착기의 주행 동력으로 이용되는 것은?**

① 변속기 동력 ② 유압 모터
③ 차동장치 ④ 종감속기어

해설

유압 모터는 크롤러형 유압식 굴착기의 주행 동력으로 이용된다.

**51 크롤러형 굴착기에서 상부회전체의 회전에 영향을 미치지 않고 주행모터에 작동유를 공급해 주는 장치는?**

① 컨트롤 밸브
② 센터 조인트
③ 언로더 밸브
④ 사축형 유압모터

해설

센터 조인트 : 상부 회전체의 회전에 영향을 미치지 않고 주행모터에 작동유를 공급해주는 장치를 말한다.

**52 타이어식 굴착기의 좌 · 우 안정도에 대한 설명으로 옳은 것은?**

① 견고한 땅 위에서 차체중량 상태로 좌 · 우 15도까지 기울여도 넘어지지 않아야 한다.
② 견고한 땅 위에서 차체중량 상태로 좌 · 우 25도까지 기울여도 넘어지지 않아야 한다.
③ 견고한 땅 위에서 차체중량 상태로 좌 · 우 35도까지 기울여도 넘어지지 않아야 한다.
④ 견고한 땅 위에서 차체중량 상태로 좌 · 우 45도까지 기울여도 넘어지지 않아야 한다.

해설

견고한 땅 위에서 차체중량 상태로 좌우 25도까지 기울여도 넘어지지 않아야 한다.

**53 링크, 하부롤러 등 트랙 부품이 조기에 마모되는 원인은?**

① 겨울철에 작업 시
② 일반 객토에서 작업 시
③ 트랙 장력이 너무 헐거울 시
④ 트랙 장력이 너무 팽팽할 시

해설

트랙 장력이 너무 팽팽하면 트랙 부품이 조기에 마모된다.

정답 49 ③ 50 ② 51 ② 52 ② 53 ④

**54 무한궤도식 건설기계에서 리코일 스프링의 역할로 가장 적절한 것은?**

① 트랙의 벗겨짐 방지
② 블레이드에 걸리는 하중 방지
③ 클러치의 미끄러짐 방지
④ 주행 중 전면에서 트랙과 아이들러에 가해지는 충격 완화

해설

리코일 스프링 : 주행 중 전면에서 트랙과 아이들러에 가해지는 충격을 완화하는 장치를 말한다.

**55 굴착기에서 작업 시 안정화와 균형을 유지하기 위해 설치하는 장치는?**

① 카운터 웨이트 ② 붐
③ 센터 조인트 ④ 셔블

해설

카운터 웨이트 : 작업 시 안정화와 균형을 유지하기 위해 설치하는 장치를 말한다.

**56 굴착기에서 작업장치에 포함되지 않는 것은?**

① 브레이커 ② 힌지 버킷
③ 유압 셔블 ④ 이젝터 버킷

해설

힌지 버킷은 지게차의 작업장치이다.

**57 굴착기의 밸런스 웨이트에 대한 설명으로 옳은 것은?**

① 접지압을 상승시켜 주는 장치이다.
② 접지면적을 크게 해주는 장치이다.
③ 굴착작업을 할 때 앞으로 넘어지는 것을 방지해 주는 장치이다.
④ 굴착작업을 할 때 무거운 중량을 들기 위해 임의로 조정할 수 있는 장치이다.

해설

밸런스 웨이트 : 굴착작업을 할 때 앞으로 넘어지는 것을 방지해 주는 장치를 말한다.

**58 무한궤도식 건설기계에서 리코일 스프링을 이중 스프링으로 사용하는 이유는?**

① 스프링이 쉽게 빠지지 않게 하기 위해
② 큰 힘을 측정하기 위해
③ 강한 탄성을 얻기 위해
④ 서징 현상을 감소시키기 위해

해설

서징 현상을 감소시키기 위해 이중 스프링을 사용한다.

**59 굴착기에서 작업장치에 포함되지 않는 것은?**

① 훅 ② 붐
③ 암 ④ 마스트

해설

마스트는 지게차의 작업장치이다.

**60 굴착기에서 매 2,000시간마다 점검 및 정비해야 하는 항목이 아닌 것은?**

① 작동유 탱크 오일 교환
② 선회 구동 케이스 오일 교환
③ 액슬 케이스 오일 교환
④ 트랜스퍼 케이스 오일 교환

해설

매 2,000시간마다 점검 및 정비항목
- 유압유 교환
- 냉각수 교환
- 차동장치 오일 교환
- 작동유 탱크 오일 교환
- 액슬 케이스 오일 교환
- 트랜스퍼 케이스 오일 교환
- 탠덤 구동 케이스 오일 교환

54 ④ 55 ① 56 ② 57 ③ 58 ④ 59 ④ 60 ②

# CBT 실전모의고사 제7회

**01 엔진오일의 점도가 너무 높은 것을 사용했을 때 발생하는 현상은?**

① 점차 묽어지므로 경제적이다.

② 엔진 시동 시 필요 이상의 동력이 소모된다.

③ 좁은 틈새에 잘 침투하므로 충분한 주유가 된다.

④ 겨울철에 사용하기 좋다.

해설

엔진오일의 점도가 너무 높으면 엔진 시동 시 필요 이상의 동력이 소모된다.

**02 엔진 예열장치에서 코일형 예열플러그 대비 실드형 예열플러그에 대한 설명으로 틀린 것은?**

① 기계적 강도 및 가스에 의한 부식에 약하다.

② 예열플러그 하나가 단선되어도 나머지는 작동된다.

③ 각각의 예열플러그는 서로 병렬 연결되어 있다.

④ 열용량이 크고 발열량이 크다.

해설

코일형 예열플러그는 기계적 강도 및 가스에 의한 부식에 약하다.

**03 엔진에서 실화(Miss fire)가 발생했을 때 나타나는 현상으로 맞는 것은?**

① 엔진이 과랭된다.

② 연료소비량이 적어진다.

③ 엔진 출력이 상승한다.

④ 엔진 회전수가 불안정해진다.

해설

실화(Miss fire)의 발생현상

- 연소온도 및 배기가스 온도가 낮아진다.
- 엔진소비량이 많아진다.
- 엔진 출력이 감소한다.
- 엔진 회전수가 불안정해진다.

**04 엔진 냉각팬에 대한 설명으로 틀린 것은?**

① 전동팬은 냉각수의 온도에 따라 작동된다.

② 유체 커플링식은 냉각수 온도에 따라 작동한다.

③ 전동팬이 작동되지 않을 때 워터펌프도 회전하지 않는다.

④ 워터펌프는 전동팬의 작동과 관계없이 항상 회전한다.

해설

전동팬은 전기에너지로 작동하고, 워터펌프는 기계적 에너지로 구동되므로 동력의 측면에서 보면 전동팬 작동은 워터펌프 구동과 관련이 없다.

**05 디젤 엔진에서 감압장치의 기능은?**

① 크랭크축을 느리게 회전시키는 장치이다.

② 캠축을 원활히 회전시키는 장치이다.

③ 타이밍 기어를 원활하게 회전시키는 장치이다.

④ 흡기밸브 또는 배기밸브를 열어 엔진을 가볍게 회전시키는 장치이다.

해설

실린더 감압장치 : 흡기밸브 또는 배기밸브를 열어 엔진을 가볍게 회전시키는 장치를 말한다.

정답 01 ② 02 ① 03 ④ 04 ③ 05 ④

**06 4기통 엔진 대비 6기통 엔진의 장점이 아닌 것은?**

① 가속이 원활하고 신속하다.
② 저속회전이 용이하고 출력이 높다.
③ 구조가 복잡하여 제작비가 비싸다.
④ 엔진 진동이 적다.

해설

6기통 엔진의 단점은 구조가 복잡하여 제작비가 비싸다.

**07 건식 에어클리너의 장점이 아닌 것은?**

① 작은 입자의 먼지나 오물을 여과할 수 있다.
② 구조가 간단하고 여과망을 세척하여 사용할 수 있다.
③ 엔진 회전수가 변동되어도 안정된 공기 청정효율을 얻을 수 있다.
④ 분해 · 조립 및 설치가 간편하다.

해설

구조가 간단하고 여과망을 세척하여 사용할 수 있는 것은 습식 에어클리너이다.

**08 커먼레일 디젤 엔진의 공기유량센서(Air Flow Sensor, AFS)로 가장 많이 쓰이는 방식은?**

① 열막 방식
② 베인 방식
③ 칼만 와류 방식
④ 맵센서 방식

해설

열막식 공기유량센서 : 흡입 공기의 질량 유량을 직접 계측하는 방식을 말한다.

**09 엔진 시동을 위해 시동 키를 작동시켰지만 기동 전동기가 회전하지 않는다. 이때 점검해야 할 내용으로 가장 적절하지 못한 것은?**

① 인젝션 펌프의 연료차단 솔레노이드 점검
② 시동회로의 ST회로 연결 상태 점검
③ 축전지 방전상태 점검
④ 축전지 터미널 접촉상태 점검

해설

크랭킹은 되나 엔진 시동이 안 되면 인젝션 펌프의 연료차단 솔레노이드 점검한다.

**10 축전지의 용량만 증가시키는 방법은?**

① 병렬연결　② 직 · 병렬연결
③ 직렬연결　④ 논리회로연결

해설

축전지를 직렬연결하면 용량은 동일하고 전압은 증가한다. 또한, 병렬연결하면 전압은 동일하고 용량은 증가한다. 이때 '증가' 라는 것은 축전지 개수에 비례한다.

**11 축전지 케이스와 커버 세척에 가장 적절한 것은?**

① 물, 소금　② 물, 가솔린
③ 물, 소다　④ 물, 솔벤트

해설

물, 소다는 축전지 케이스와 커버 세척에 가장 적절하다.

**12 에어컨의 구성 부품 중에서 고압의 기체 냉매를 냉각시켜 액화시키는 작용을 하는 부품은?**

① 압축기　② 응축기
③ 팽창밸브　④ 증발기

해설

응축기 : 고압의 기체 냉매를 냉각시켜 액화시키는 작용을 하는 부품을 말한다.

06 ③　07 ②　08 ①　09 ①　10 ①　11 ③　12 ②

**13 직류 발전기와 비교하여 교류 발전기의 특징으로 틀린 것은?**

① 크기가 크고 무겁다.
② 전압 조정기만 필요하다.
③ 저속 발전 성능이 좋다.
④ 브러시 수명이 길다.

해설

직류 발전기는 크기가 크고 무겁다.

**14 다음 회로에서 퓨즈에는 몇 A가 흐르는가?**

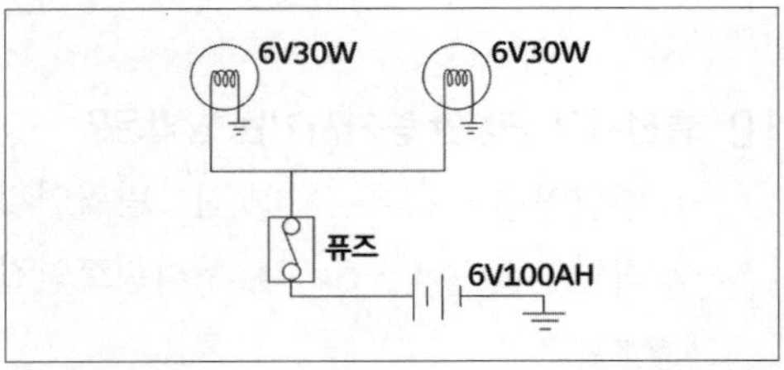


① 10A　　② 20A
③ 40A　　④ 60A

해설

30W + 30W
60W = 6V×χA,
χ = 10(A)

**15 클러치의 미끄러짐이 가장 현저하게 발생하는 시기는?**

① 공전 시　　② 저속 시
③ 고속 시　　④ 가속 시

해설

가속 시 클러치의 미끄러짐이 가장 현저하게 발생한다.

**16 타이어식 건설기계에서 조향바퀴의 얼라인먼트 종류가 아닌 것은?**

① 캐스터　　② 피트먼 암
③ 토인　　④ 캠버

해설

조향바퀴의 얼라인먼트 종류는 캐스터, 토우(토인, 토아웃), 캠버, 킹핀 경사각으로 분류된다.

**17 튜브 리스 방식 타이어(Tube less type tire)의 특징이 아닌 것은?**

① 고속 주행해도 발열이 적다.
② 타이어의 수명이 길다.
③ 못이 박혀도 공기가 잘 새지 않는다.
④ 타이어 펑크 수리가 간단하다.

해설

타이어의 수명이 짧다.

**18 플라이휠과 압력판 사이에 설치되어 있으며, 변속기 압력축을 통해 변속기로 동력을 전달하는 것은?**

① 릴리스 포크
② 릴리스 레버
③ 클러치 디스크
④ 프로펠러 샤프트

해설

클러치 디스크 : 플라이휠과 압력판 사이에 설치되어 있으며, 변속기 압력축을 통해 변속기로 동력을 전달하는 장치를 말한다.

**19 소화 설비를 설명한 내용 중 틀린 것은?**

① 분말 소화 설비는 미세한 분말소화제를 화염에 방사시켜 화재를 진화시킨다.
② 포말 소화 설비는 저온 압축한 질소가스를 방사시켜 화재를 진화시킨다.
③ 이산화탄소 소화 설비는 질식 작용에 의해 화염을 진화시킨다.
④ 물 분무 소화 설비는 연소물의 온도를 인화점 이하로 냉각시키는 효과가 있다.

정답 13 ① 14 ① 15 ④ 16 ② 17 ② 18 ③ 19 ②

해설

포말 소화 설비는 거품을 덮어서 공기를 차단하여 화재를 진화시킨다.

**20 연삭기를 안전하게 사용하는 방법이 아닌 것은?**

① 숫돌 덮개 설치 후 작업
② 숫돌 측면 사용 제한
③ 숫돌과 받침대와의 간격을 가능한 넓게 유지
④ 보안경과 방진마스크 사용

해설

숫돌과 받침대와의 간격을 3mm 이내로 유지

**21 연 1,000 근로시간당 근로손실 일수가 어느 정도 발생했는가에 대한 재해율 산출은?**

① 도수율
② 강도율
③ 천인율
④ 연천인율

해설

- 도수율 : 연 1,000,000 근로시간당 재해 발생 건수
- 천인율 : 근로자 1,000명당 발생하는 재해자 수의 비율
- 연천인율 : 연 근로자 1,000명당 발생하는 재해자 수

**22 렌치 작업 시 주위사항이 아닌 것은?**

① 높거나 좁은 위치에서는 몸의 자세를 안정되게 작업한다.
② 너트보다 큰 치수를 사용한다.
③ 렌치를 해머로 두드려서는 안 된다.
④ 렌치를 너트에 깊이 물린다.

해설

너트에 딱 맞는 치수를 사용한다.

**23 반드시 보호안경을 착용하고 작업할 때와 가장 거리가 먼 것은?**

① 차체에서 변속기를 탈거할 때
② 그라인더를 사용할 때
③ 정밀한 조종 작업을 할 때
④ 산소용접을 할 때

해설

정밀한 조종 작업을 할 때는 보호 안경을 벗고 작업한다.

**24 오픈 엔드 렌치보다 복스 렌치를 많이 사용하는 이유로 가장 적절한 것은?**

① 저렴하기 때문
② 가볍기 때문
③ 볼트 및 너트를 완전히 감싸므로 사용 중에 미끄러지지 않기 때문
④ 다양한 크기의 볼트 및 너트에 사용할 수 있기 때문

해설

복스 렌치는 볼트 및 너트를 완전히 감싸므로 사용 중에 미끄러지지 않는다.

**25 154kV 가공 송전선로 주변에서 작업할 때에 대한 설명으로 옳은 것은?**

① 사고가 발생하면 복구공사비는 전력설비가 공공 재산이므로 배상하지 않는다.
② 전력선은 피복으로 절연되어 있어 크레인 등이 접촉해도 단선되지 않으면 사고는 발생하지 않는다.
③ 1회선은 3가닥으로 이루어져 있으며, 1가닥 절단 시에도 전력공급을 계속한다.
④ 건설장비가 선로에 직접적으로 접촉하지 않고 근접만 하여도 사고가 발생할 수 있다.

20 ③ 21 ② 22 ② 23 ③ 24 ③ 25 ④

해설

154kV 가공 송전선로 주변에서 작업할 때 건설장비가 선로에 직접적으로 접촉하지 않고 근접만 하여도 사고가 발생할 수 있다.

**26 굴착 시 도로폭이 4m 이상 8m 미만일 경우 도시가스배관 지하매설 심도는?**

① 0.2m 이상
② 0.6m 이상
③ 1m 이상
④ 1.2m 이상

해설

도로폭이 4m 이상 8m 미만 도로의 경우 도시가스배관 지하매설 심도는 1m 이상이다.

**27 전기화재 발생 시 적절하지 못한 소화장비는?**

① $CO_2$ 소화기
② 모래
③ 분말 소화기
④ 물

해설

물은 일반화재 발생 시 사용한다.

**28 렌치 작업 시 옳지 못한 행동은?**

① 스패너는 조금씩 돌리며 사용할 것
② 파이프 렌치는 반드시 둥근 물체에만 사용할 것
③ 스패너는 앞으로 당기며 사용할 것
④ 스패너의 자루가 짧다고 느낄 때는 반드시 둥근 파이프로 연결할 것

해설

파이프 등과 같은 연장대를 연결하여 사용하면 안 된다.

**29 아세틸렌 가스용접의 특징에 대한 설명으로 옳은 것은?**

① 불꽃의 온도와 열효율이 낮다.
② 이동이 불가하다.
③ 유해광선이 아크용접보다 많이 발생한다.
④ 설비비가 비싸다.

해설

- 이동이 편리하다.
- 유해광선이 아크용접보다 적게 발생한다.
- 설비비가 저렴하다.

**30 운전 중인 엔진에서 화재가 발생하였다. 그 소화 작업으로 가장 먼저 취해야 할 안전한 방법은?**

① 점화원을 차단한다.
② 원인을 분석하고 모래를 뿌린다.
③ 엔진을 가소(加燒)하여 팬의 바람을 끈다.
④ 경찰에 신고한다.

해설

- 소화 작업으로 가장 먼저 점화원을 차단한다.
- 가소(加燒) : 물질에 열을 가하여 휘발성 성분을 없애는 일

**31 산소 용기에서 산소의 누출 여부를 가장 쉽고 안전하게 점검하는 방법은?**

① 기름 사용
② 소음으로 점검
③ 전기불꽃 사용
④ 비눗물 사용

해설

비눗물을 사용하여 산소의 누출 여부를 가장 쉽고 안전하게 점검한다.

정답 26 ③ 27 ④ 28 ④ 29 ① 30 ① 31 ④

## 32 가스배관용 폴리에틸렌관의 특징이 아닌 것은?

① 부식이 잘되지 않는다.
② 도시가스 고압관으로 사용된다.
③ 지하매설용으로 사용된다.
④ 일광, 열에 약하다.

해설

도시가스 저압관으로 사용된다.

## 33 안전 및 보건표지의 종류와 형태에서 다음 그림이 나타내는 표시는?

① 사용금지　② 차량통행금지
③ 보행금지　④ 직진금지

해설

금지표지의 기본모형은 빨간색, 바탕은 흰색, 부호 및 그림은 검은색이다.

## 34 한국전력공사의 송전선로 전압은?

① 0.345kV　② 3.45kV
③ 34.5kV　④ 345kV

해설

한국전력공사의 송전전로 전압은 154kV, 345kV를 사용한다.

## 35 건설기계 정비업의 종류로 맞는 것은?

① 전문건설기계정비업, 종합건설기계정비업, 부분건설기계정비업
② 전문건설기계정비업, 특수건설기계정비업, 부분건설기계정비업
③ 전문건설기계정비업, 특수건설기계정비업, 중기건설기계정비업
④ 전문건설기계정비업, 종합건설기계정비업, 장기건설기계정비업

해설

건설기계 정비업의 종류는 전문건설기계정비업, 종합건설기계정비업, 부분건설기계정비업으로 분류된다.

## 36 등록건설기계의 기종별 표시가 바르게 짝지어진 것은?

① 01– 롤러
② 02 – 기중기
③ 03 – 덤프트럭
④ 08– 모터 그레이더

해설

| 등록건설기계의 기종별 표시 | | | |
|---|---|---|---|
| 표시 | 기종 | 표시 | 기종 |
| 01 | 불도저 | 06 | 덤프트럭 |
| 02 | 굴착기 | 07 | 기중기 |
| 03 | 로더 | 08 | 모터 그레이더 |
| 04 | 지게차 | 09 | 롤러 |
| 05 | 스크레이퍼 | 10 | 노상 안정기 |

## 37 폭우로 가시거리가 100m 이내인 경우 또는 노면이 얼어붙은 경우 최고속도의 얼마를 줄인 속도로 운행해야 하는가?

① 10/100　② 30/100
③ 50/100　④ 70/100

해설

폭우로 가시거리가 100m 이내인 경우 또는 노면이 얼어붙은 경우 최고속도의 50/100 줄인 속도로 운행해야 한다.

32 ②　33 ①　34 ④　35 ①　36 ④　37 ③

**38** **도로교통법상에서 정의된 긴급자동차가 아닌 것은?**

① 위독환자의 수혈을 위한 혈액 운송차

② 학생운송 전용버스

③ 응급 전신 · 전화 수리공사에 사용되는 차

④ 긴급한 경찰업무수행에 사용되는 차

해설

도로교통법상에서 정의된 긴급자동차

- 위독환자의 수혈을 위한 혈액 운송 차
- 응급 전신 · 전화 수리공사에 사용되는 차
- 긴급한 경찰업무수행에 사용되는 차
- 국군이나 연합군 긴급차에 유도되고 있는 차

**39** **기중기의 정기검사 유효기간은?**

① 6개월

② 1년

③ 2년

④ 4년

해설

기중기의 정기검사 유효기간 : 1년

**40** **음주운전 측정 및 처벌기준에서 면허취소 수준의 기준 혈중알코올농도는 몇 % 이상인가?**

① 0.03%

② 0.08%

③ 0.10%

④ 0.12%

해설

- 술에 취한 상태의 기준 혈중알코올농도 : 0.03% 이상
- 면허정지 : 0.03% 이상 0.08% 미만
- 면허취소 : 0.08% 이상(만취상태)

**41** **유압장치의 불순물 및 금속가루를 제거하기 위한 장치로 바르게 나열된 것은?**

① 필터, 스트레이너

② 여과기, 어큐뮬레이터

③ 스크레이퍼, 필터

④ 어큐뮬레이터, 스트레이너

해설

필터, 스트레이너 : 불순물 및 금속가루를 제거하기 위한 장치를 말한다.

**42** **기어펌프의 회전수가 변했을 때 발생하는 현상으로 가장 적절할 것은?**

① 오일 흐름 방향이 변한다.

② 회전 경사판의 각도가 변한다.

③ 오일압력이 무조건 증가한다.

④ 유량이 변한다.

해설

기어펌프의 회전수가 변하면 유량이 변한다.

**43** **다음 [보기]에서 유압회로에 사용되는 3가지 종류의 제어밸브를 모두 나열한 것은?**

[보기]

a. 유량제어밸브
b. 압력제어밸브
c. 방향제어밸브
d. 속도제어밸브

① a, b, c　② a, b, d

③ a, c, d　④ b, c, d

해설

유압회로의 제어밸브 종류는 유량제어밸브, 압력제어밸브, 방향제어밸브로 분류된다.

정답 38 ② 39 ② 40 ② 41 ① 42 ④ 43 ①

**44** **방향전환밸브의 조작방식에서 레버 기호 표시는?**

① 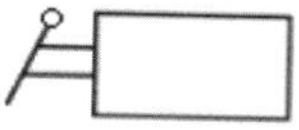

② 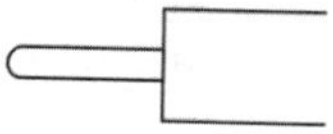

③ 

④ 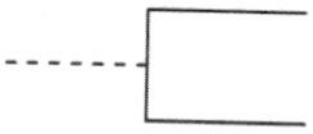

해설

- 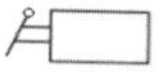 인력조작: 레버
- 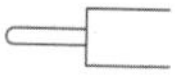 기계조작 : 플런저
- 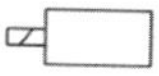 전자조작 : 단동솔레노이드
- 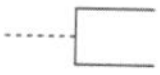 파일럿조작 : 직접작동

**45** **기중기에서 일반적으로 사용되고 있는 드럼 클러치의 형식은?**

① 내부 수축식
② 내부 확장식
③ 외부 수축식
④ 외부 확장식

해설

내부 확장식 : 일반적으로 사용되고 있는 드럼 클러치의 형식을 말한다.

**46** **와이어로프의 종류 중 안전율이 4.0이 아닌 것은?**

① 보조 로프
② 지지 로프
③ 권상용 와이어로프
④ 붐 신축용 로프

해설

권상용 와이어로프의 안전율은 5.0이다.

**47** **기중기에서 상부 회전체를 회전시키는 장치는?**

① 훅 해지장치
② 동력인출장치
③ 카운터 웨이트
④ 턴테이블

해설

- 훅 해지장치 : 줄걸이용 와이어로프의 이탈을 방지하는 안전장치를 말한다.
- 동력인출장치(PTO) : 엔진 동력을 유압으로 변환시켜 주는 장치를 말한다.
- 카운터 웨이트 : 기중기의 전도를 방지하는 장치를 말한다.

**48** **기중기 설치 시 주의사항에 대한 설명으로 틀린 것은?**

① 기중기 진입로를 마련한다.
② 바닥의 지지력을 점검한다.
③ 기중기의 수평 균형을 확인한다.
④ 화물의 무게 및 작업반경과 관계없이 수직으로 인양한다.

해설

화물의 무게 및 작업 반경을 고려하고 기중기의 정격하중을 확인 후 수직으로 인양한다.

**49** **아우트리거 설치 시 주의사항에 대한 설명으로 옳은 것은?**

① 차량의 수평과 관계없다.
② 접지판이 모두 지면과 밀착하도록 설치한다.
③ 아우트리거를 최소로 확장한다.
④ 지반이 약한 경우 그대로 작업한다.

해설

- 차량의 수평을 맞춘다.
- 아우트리거를 최대로 확장한다.
- 지반이 약한 경우 아웃트리거 아래쪽에 철판을 설치한다.

44 ①　45 ②　46 ③　47 ④　48 ④　49 ②

**50 다음 [보기]에서 기중기에 대한 설명으로 틀린 것을 모두 고른 것은?**

> [보기]
> ㄱ. 상부 회전체의 최대 회전각은 300°이다.
> ㄴ. 붐 각과 기중능력은 서로 반비례한다.
> ㄷ. 붐 길이와 작업 반경은 서로 비례한다.

① ㄱ, ㄴ ② ㄱ, ㄷ
③ ㄴ, ㄷ ④ ㄱ, ㄴ, ㄷ

해설
- 상부 회전체의 최대 회전각은 360°이다.
- 붐 각과 기중능력은 서로 비례한다.

**51 와이어로프가 엇갈려 겹쳐서 감기는 것을 방지하기 위해 두는 각도는?**

① 붐 최적각도
② 플리트 각도
③ 지브 각도
④ 틸팅 각도

해설
플리트(Fleet) 각도 : 와이어로프가 엇갈려 겹쳐서 감기는 것을 방지하기 위해 두는 각도를 말한다.

**52 인양 하중표에 대한 설명으로 옳은 것은?**

① 정하중을 적용한다.
② 인양높이, 인양톤수, 붐 길이가 명시되어 있다.
③ 아우트리거 최소폭 기준이다.
④ 각도별 하중능력을 나타낸다.

해설
- 작업반경, 인양톤수, 붐 길이가 명시되어 있다.
- 아우트리거 최대폭 기준이다.
- 거리별 하중능력을 나타낸다.

**53 기중기 선정 시 고려해야 하는 작업조건 중 가장 적절하지 못한 것은?**

① 토양의 영향
② 바람의 영향
③ 작업장 지반상태
④ 충격하중의 영향

해설
기중기 선정 시 고려해야 하는 작업조건
- 바람의 영향
- 작업장 경사도
- 작업장 지반상태
- 충격하중의 영향
- 동하중의 영향

**54 기중기의 선회장치 점검에 대한 설명으로 틀린 것은?**

① 상부 회전체의 볼트, 너트가 풀리지 않아야 한다.
② 선회장치 작동 시 이상소음이 없어야 한다.
③ 선회장치 작동 시 열이 많이 발생해야 한다.
④ 선회 프레임에 균열이 없어야 한다.

해설
선회장치 작동 시 열이 적게 발생해야 한다.

**55 기중기의 주요 검사항목이 아닌 것은?**

① 아우트리거
② 와이어로프
③ 예비연료통
④ 연장구조물

해설
기중기의 주요 검사 항목은 아우트리거, 와이어로프, 연장구조물, 드럼, 선회장치, 안전장치, 제어장치, 연장구조물 구동장치로 분류된다.

정답 50 ① 51 ② 52 ① 53 ① 54 ③ 55 ③

**56 기중기의 작업종료 시 안전수칙에 대한 설명으로 옳은 것은?**

① 붐은 그대로 둔다.
② 훅은 그대로 둔다.
③ 지반이 약한 곳에 주차한다.
④ 줄걸이 용구를 분리하여 보관한다.

해설
- 붐은 인입시킨다.
- 훅은 최대한 감아올리고 차량에 고정한다.
- 지반이 약한 곳에 주차하지 않는다.

**57 훅의 종류가 아닌 것은?**

① 지그 훅
② 파운드리 훅
③ 아이 훅
④ 생크 훅

해설
훅의 종류는 파운드리 훅, 스위벨 훅, 아이 훅, 생크 훅으로 분류된다.

**58 와이어로프의 구성요소가 아닌 것은?**

① 소선 ② 심강
③ 중공 ④ 심선

해설
와이어로프는 소선, 심강, 심선, 가닥으로 구성된다.

**59 줄걸이 용구 분리 시 주의사항에 대한 설명으로 틀린 것은?**

① 와이어로프를 잡아당겨 빼지 않는다.
② 훅을 4m 이상 권상한 상태로 둔다.
③ 줄걸이 용구는 분리하여 보관한다.
④ 직경이 큰 와이어로프는 잘 흔들린다.

해설
훅을 2m 이상 권상한 상태로 둔다.

**60 붐을 상승 · 하강시키는 역할을 하는 실린더는?**

① 마스터 실린더
② 데릭 실린더
③ 클러치 실린더
④ 메인 실린더

해설
데릭 실린더 : 붐을 상승 · 하강시키는 역할을 하는 실린더를 말한다.

56 ④ 57 ① 58 ③ 59 ② 60 ②

# CBT 실전모의고사 제8회

01 **디젤 엔진에서 엔진 부조가 발생하는 원인이 아닌 것은?**

① 연료 공급 불량
② 거버너 작동 불량
③ 발전기 고장
④ 분사시기 조정 불량

해설

발전기가 고장 나면 충전이 불량하다.

02 **엔진 냉각장치에서 밀봉 압력식 라디에이터 캡을 사용하는 목적은?**

① 압력밸브가 고장 났을 때
② 엔진 온도를 높일 때
③ 냉각수의 비등점을 높일 때
④ 엔진 온도를 낮출 때

해설

밀봉 압력식 라디에이터 캡은 냉각수의 비등점을 높이기 위해 사용된다.

03 **디젤 엔진에서 팬벨트의 장력이 과다할 때 발생하는 현상으로 가정 적절한 것은?**

① 엔진이 과랭된다.
② 엔진이 과열된다.
③ 축전지 충전 부족 현상이 발생한다.
④ 발전기 베어링이 손상될 우려가 있다.

해설

- 엔진 서모스탯이 열린 상태로 고장 나면 엔진이 과랭된다.
- 팬벨트의 장력이 과소하면 엔진이 과열된다.
- 팬벨트의 장력이 과소하면 축전지 충전 부족 현상이 발생한다.

04 **디젤 엔진에서 사용되는 공기 청정기에 대한 설명으로 틀린 것은?**

① 공기 청정기가 막히면 연소가 나빠진다.
② 공기 청정기가 막히면 엔진 출력이 감소한다.
③ 공기 청정기가 막히면 배기가스 색은 흑색이 된다.
④ 공기 청정기는 실린더 마멸과 관계없다.

해설

공기 청정기의 필터링이 불량하여 흡입공기 중의 이물질이 연소실로 유입되면 실린더 마멸이 발생할 수 있다.

05 **연소할 때 발생하는 질소산화물(NOx)의 생성 원인으로 가장 적절한 것은?**

① 높은 연소 온도
② 가속 불량
③ 흡입 공기 부족
④ 소염 경계층

해설

질소산화물(NOx)은 연소온도가 높고 공기 · 연료 혼합비가 희박할수록 많이 발생한다.

06 **과급기에 대한 설명으로 옳은 것은?**

① 실린더 내의 흡입 공기량을 증가시킨다.
② 연료 소비율을 증가시킨다.
③ 가솔린 엔진에만 설치된다.
④ 피스톤의 흡입력에 의해 임펠러가 회전한다.

해설

- 연료 소비율을 감소시킨다.
- 가솔린, 디젤 엔진에 설치된다.
- 배기가스 온도 및 압력에 의해 터빈이 회전한다.

정답 01 ③ 02 ③ 03 ④ 04 ④ 05 ① 06 ①

**07 피스톤의 측압을 받지 않는 스커트 부를 떼어 내어 경량화하여 고속엔진에 많이 사용하는 피스톤은?**

① 풀 스커트 피스톤
② 솔리드 피스톤
③ 슬리퍼 피스톤
④ 스피릿 스커트 피스톤

해설

- 풀 스커트 피스톤 : 피스톤 핀 아랫부분이 길고 그 둘레가 균일하게 생긴 피스톤을 말한다.
- 솔리드 피스톤 : 스커트부에 홈이 없고 통형으로 된 피스톤을 말한다.
- 스피릿 스커트 피스톤 : 스커트부에 단열용 가로 슬릿이나 탄력용 세로 슬릿이 나 있는 피스톤을 말한다.

**08 가솔린 엔진 대비 디젤 엔진의 장점이 아닌 것은?**

① 흡입행정 시 펌핑 손실을 줄일 수 있다.
② 열효율이 높다.
③ 마력당 중량이 크다.
④ 일산화탄소(CO) 배출량이 적다.

해설

디젤 엔진의 단점은 마력당 중량이 크다.

**09 디젤 엔진에서 디젤노크의 발생 원인으로 옳은 것은?**

① 착화지연기간이 짧을 때
② 흡입공기 온도가 높을 때
③ 연소실에 누적된 다량의 연료가 일시에 연소될 때
④ 연료에 공기가 유입되었을 때

해설

- 착화지연기간이 길 때
- 흡입공기 온도가 낮을 때
- 연료가 다량 공급되었을 때

**10 20℃에서 전해액 충전 시 비중과 충전 상태를 나열한 것으로 틀린 것은?**

① 1.150~1.170, 25%
② 1.190~1.210, 50%
③ 1.220~1.260, 85%
④ 1.260~1.280, 100%

해설

1.220~1.260, 80%

**11 좌 · 우측 전조등 회로의 연결 방법으로 옳은 것은?**

① 직 · 병렬 연결
② 병렬 연결
③ 단식 배선
④ 직렬 연결

해설

좌 · 우측 전조등 회로는 병렬로 연결되어 있다.

**12 축전지 용량을 나타내는 단위는?**

① Ω ② V
③ Ah ④ A

해설

Ah = A × h
- Ah : 축전지 용량 단위,
- A : 연속 방전 전류 단위,
- h : 방전 종지 전압까지 연속 방전 시간 단위

**13 건설기계장비에서 가장 큰 전류가 흐르는 부품은?**

① 발전기 로터
② 기동 전동기
③ 다이오드
④ 배전기

해설

기동 전동기는 가장 큰 전류가 흐른다.

07 ③ 08 ③ 09 ③ 10 ③ 11 ② 12 ③ 13 ②

**14 교류 발전기의 구성 부품이 아닌 것은?**

① 스테이터 코일

② 전류 조정기

③ 슬립링

④ 다이오드

해설

교류 발전기는 스테이터 코일, 전압 조정기, 슬립링, 다이오드로 구성된다.

**15 축전지 급속충전 시 유의사항에 대한 설명 중 틀린 것은?**

① 충전시간은 가능한 짧게 한다.

② 충전전류는 축전지 용량과 같게 한다.

③ 충전 중 가스가 많이 발생하면 충전을 중지한다.

④ 충전 중 전해액의 온도가 45℃가 넘지 않도록 한다.

해설

충전전류는 축전지 용량의 50%로 한다.

**16 파워스티어링 장치에서 조향핸들이 매우 무거워 조작하기 힘든 상태인 경우 그 원인으로 가장 적절한 것은?**

① 조향핸들 유격이 큼

② 조향펌프에 오일이 부족함

③ 바퀴가 습지에 있음

④ 볼 조인트의 교환시기가 초래함

해설

조향펌프에 오일이 부족하면 조향핸들이 매우 무거워 조작하기 힘들다.

**17 자동 변속기가 과열하는 원인으로 틀린 것은?**

① 자동 변속기 오일이 규정량보다 많다.

② 자동 변속기 오일쿨러가 막혔다.

③ 메인 압력이 높다.

④ 과부하 운전을 계속하였다.

해설

자동 변속기 오일이 규정량보다 적다.

**18 타이어의 뼈대가 되는 부분이며, 튜브의 공기압에 견디면서 일정한 체적을 유지하고 하중이나 충격에 변형되면서 완충 작용을 하고 내열성 고무로 밀착시킨 구조로 되어 있는 것은 무엇인가?**

① 카커스(Carcass)

② 트레드(Tread)

③ 브레이커(Breaker)

④ 비드(Bead)

해설

- 트레드(Tread) : 노면과 직접적으로 접촉하는 부분
- 브레이커(Breaker) : 트레드와 카커스의 중간에 위치한 코드 벨트
- 비드(Bead) : 카커스 코드 벨트의 양단이 감기는 철선

**19 조향핸들의 유격이 커지는 원인이 아닌 것은?**

① 앞 차륜 베어링 과대 마모

② 타이어 공기압 과소

③ 피트먼 암의 헐거움

④ 조향기어 및 링키지 조정 불량

해설

타이어 공기압은 조향핸들의 조작력과 관련이 있으며, 타이어 공기압이 작아질수록 조향핸들의 조작력이 커진다.

정답 14 ② 15 ② 16 ② 17 ① 18 ① 19 ②

**20 도로 굴착 중 황색 도시가스 보호포가 나왔다. 이때 매설된 도시가스 배관의 압력은?**

① 보호포 색상은 배관압력과 관계없이 무조건 황색이다.
② 고압
③ 중압
④ 저압

해설

저압(0.1MPa 미만) 배관은 황색으로 표시한다.

**21 사용한 공구를 정리하여 보관할 때 가장 옳은 것은?**

① 기름이 묻은 공구는 물로 깨끗이 씻어서 보관한다.
② 사용한 공구는 면 걸레로 깨끗이 닦아서 지정된 곳에 보관한다.
③ 사용한 공구는 녹슬지 않게 기름칠하여 작업대 위에 진열해 놓는다.
④ 사용한 공구는 종류별로 묶어서 보관한다.

해설

사용한 공구는 면 걸레로 깨끗이 닦아서 지정된 곳에 보관한다.

**22 가스장치의 누출 여부 및 부위를 정확하게 확인하는 방법은?**

① 소리로 감지
② 냄새로 감지
③ 분말 소화기 사용
④ 비눗물 사용

해설

비눗물을 사용하여 가스장치의 누출 여부 및 부위를 정확하게 확인한다.

**23 도로 굴착작업 중 매설된 전기설비의 접지선이 노출되어 일부가 손상되었을 때 조치방법으로 가장 적절한 것은?**

① 손상된 접지선은 임의로 철거한다.
② 접지선 단선은 사고와 무관하므로 그대로 되메운다.
③ 접지선 단선 시에는 시설관리자에게 연락 후 그 지시를 따른다.
④ 접지선 단선 시에는 철선 등으로 연결 후 되메운다.

해설

접지선 단선 시에는 시설관리자에게 연락 후 그 지시를 따른다.

**24 산업재해 조사의 목적에 대한 설명으로 옳은 것은?**

① 작업능률 향상과 근로기강 확립을 위해
② 재해 발생에 대한 통계를 작성하기 위해
③ 재해 유발자에 대한 처벌을 위해
④ 적절한 예방대책을 수립하기 위해

해설

산업재해 조사는 적절한 예방대책을 수립하기 위함이다.

**25 수공구의 올바른 사용방법으로 틀린 것은?**

① 공구를 청결하게 하여 보관할 것
② 공구를 취급 시 올바른 방법으로 사용 할 것
③ 공구는 사용 전 · 후로 오일을 발라 둘 것
④ 공구는 지정된 장소에 보관할 것

해설

공구는 사용 전 · 후로 면 걸레로 깨끗이 닦아둘 것

20 ④ 21 ② 22 ④ 23 ③ 24 ④ 25 ③

**26** **도시가스 관련법상 배관의 구분에 속하지 않는 것은?**

① 본관 ② 공급관
③ 내관 ④ 가정관

해설

- 본관 : 도시가스 제조사업소의 부지 경계에서 정압까지 이르는 배관을 말한다.
- 공급관 : 정압기에서 가스사용자가 소유하고 토지의 경계까지(또는 건축물 외벽에 설치하는 계량기의 전단 밸브까지) 이르는 배관을 말한다.
- 내관 : 가스사용자가 소유하고 있는 토지의 경계에서 연소기까지 이러는 배관을 말한다.

**27** **산업안전보건에서 안전표지의 종류가 아닌 것은?**

① 지시표지 ② 경고표지
③ 위험표지 ④ 금지표지

해설

안전표지의 종류는 지시표지, 경고표지, 안내표지, 금지표지로 분류된다.

**28** **스패너 사용 간 유의사항으로 틀린 것은?**

① 파이프 등의 연장대를 끼워서 사용한다.
② 보관 시 방청제를 바르고 건조한 곳에 보관한다.
③ 녹이 생긴 볼트 · 너트에는 오일을 넣어 스며들게 한 후 돌린다.
④ 지렛대용으로 사용하지 않는다.

해설

파이프 등의 연장대를 끼워서 사용하지 않는다.

**29** **작업장의 안전 관리에 대한 설명으로 틀린 것은?**

① 바닥은 폐유를 뿌려 먼지 등이 일어나지 않도록 한다.
② 작업대 사이, 또는 기계 사이의 통로는 안전을 위한 일정한 너비가 필요하다.
③ 전원 콘센트 및 스위치 등에 물을 뿌리지 않는다.
④ 항상 청결하게 유지한다.

해설

바닥에 유류가 묻지 않도록 하며, 먼지 등이 일어나지 않도록 한다.

**30** **토크렌치의 사용방법으로 가장 올바른 것은?**

① 왼손은 렌치 중간 지점을 잡고 돌리며 오른손은 지지점을 누르고 게이지 눈금을 확인한다.
② 오른손은 렌치 끝을 잡고 돌리며 왼손은 지지점을 누르고 게이지 눈금을 확인한다.
③ 렌치 끝을 한손으로 잡고 돌리면서 게이지 눈금을 확인한다.
④ 렌치 끝을 양손으로 잡고 돌리면서 게이지 눈금을 확인한다.

해설

오른손은 토크렌치 끝을 잡고 돌리며 왼손은 지지점을 누르고 게이지 눈금을 확인한다.

**31** **기계설비의 위험성 중 접선 물림점(Tangential point)과 가장 관련 없는 것은?**

① 커플링 ② 기어와 랙
③ 체인벨트 ④ V벨트

해설

- 커플링은 회전말림점에 해당된다. 회전말림점이란 회전 부위에 머리카락 등이 말려가는 위험점을 말한다.
- 접선물림점 : 회전 부위의 접선방향으로 물려 들어가는 위험점을 말한다.

정답 26 ④ 27 ③ 28 ① 29 ① 30 ② 31 ①

**32 소화 작업의 기본적인 요소에 대한 설명으로 틀린 것은?**

① 연료를 기화시킨다.
② 점화원을 제거한다.
③ 산소를 차단한다.
④ 가연물질을 제거한다.

해설
연료를 제거시킨다.

**33 특별표지판을 부착해야 하는 대형 건설기계에 포함되는 것은?**

① 최소회전반경이 10m인 건설기계
② 길이가 15m인 건설기계
③ 높이가 6m인 건설기계
④ 총중량이 30톤인 건설기계

해설
특별표지판을 부착하는 대형 건설기계
- 최소회전반경 12m 초과
- 길이 16.7m 초과
- 높이 4m 초과
- 총중량 40톤 초과
- 너비가 2.5m 초과
- 총중량 상태에서 축하중이 10톤 초과

**34 도로에서 파일 항타 및 굴착작업을 하는 도중에 지하에 매설된 전력케이블이 손상되었다. 이때 전력공급에 파급되는 영향으로 옳은 것은?**

① 케이블이 절단되어도 전력 공급하는데 이상 없다.
② 케이블을 보호하는 관이 손상되어도 전력 공급에 큰 차질이 없기 때문에 별다른 조치가 필요하지 않다.
③ 케이블은 외피 및 내부가 철 그물망 구조로 되어있으므로 절대로 절단되지 않는다.
④ 전력케이블에 충격 및 손상이 가해지면 즉각 전력공급이 차단되거나 일정 시간이 지나면 부식 등으로 인해 전력공급이 중단 될 수 있다.

해설
전력케이블에 충격 및 손상이 가해지면 즉각 전력공급이 차단되거나 일정 시간이 지나면 부식 등으로 인해 전력공급이 중단될 수 있다.

**35 폐기요청을 받은 건설기계를 폐기하지 않거나 등록번호표를 폐기하지 않은 자에 대한 벌칙은?**

① 1년 이하의 징역 또는 1천만 원 이하의 벌금
② 2년 이하의 징역 또는 2천만 원 이하의 벌금
③ 1백만 원 이하의 벌금
④ 2백만 원 이하의 벌금

해설
폐기요청을 받은 건설기계를 폐기하지 않거나 등록번호표를 폐기하지 않은 자 :1년 이하의 징역 또는 1천만 원 이하의 벌금

**36 도로교통법상에서 교차로의 가장자리 또는 도로의 모퉁이로부터 몇 m 이내의 장소에 주 · 정차를 해서는 안 되는가?**

① 5m
② 7m
③ 20m
④ 25m

해설
교차로의 가장자리 또는 도로의 모퉁이로부터 5m 이내의 장소에 주 · 정차를 해서는 안 된다.

32 ① 33 ③ 34 ④ 35 ① 36 ①

**37** **도로교통법상에서 올바른 정차방법에 대한 설명으로 맞는 것은?**

① 진행 방향과 평행하게 정차한다.
② 진행 방향과 비스듬하게 정차한다.
③ 도로의 좌측 가장자리에 정차한다.
④ 도로의 중앙에 정차한다.

해설

올바른 정차 방법
• 진행방향과 평행하게 정차한다.
• 도로의 우측 가장자리에 정차한다.

**38** **교차로 통행 방법에 대한 설명 중 틀린 것은?**

① 교차로에서는 앞지르기를 할 수 없다.
② 교차로에서는 정차하지 못한다.
③ 좌 · 우 회전 시 방향지시등으로 신호를 해야 한다.
④ 교차로에서는 반드시 경음기를 작동시킨다.

해설

경음기는 사고위험을 알릴 때 작동시킨다.

**39** **모든 차의 운전자가 서행해야 하는 장소에 포함되지 않는 곳은?**

① 도로가 구부러진 부근
② 편도 2차로 이상의 다리 위
③ 비탈길의 고갯마루 부근
④ 가파른 비탈길의 내리막

해설

모든 차의 운전자가 서행해야 하는 장소
• 도로가 구부러진 부근
• 가파른 비탈길의 내리막
• 비탈길의 고갯마루 부근
• 교통정리를 하고 있지 않은 교차로
• 지방경찰청장이 정한 곳

**40** **건설기계로 도로주행 시 교차로 전방 20m 지점에 이르렀을 때 신호등이 황색으로 바뀌었다. 운전자의 적절한 조치방법은?**

① 관계없이 계속 진행한다.
② 주위의 교통상황을 예의주시하면서 진행한다.
③ 정지할 준비를 하여 정지선에 정지한다.
④ 일시 정지하여 안전을 확인한 후 진행한다.

해설

교차로 전방 20m 지점에 이르렀을 때 신호등이 황색으로 바뀌면 정지할 준비를 하여 정지선에 정지한다.

**41** **유압유 내에 기포가 발생하는 원인으로 가장 적절한 것은?**

① 공기 유입
② 수분 유입
③ 유압유 누설
④ 유압유 열화

해설

유압유 내 공기가 유입되면 기포가 발생한다.

**42** **유압장치에 대한 설명으로 가장 적절한 것은?**

① 액체로 변환시키기 위해 기체를 압축시키는 장치
② 오일을 이용하여 전기를 발생시키는 장치
③ 유체의 압력에너지를 이용하여 기계적인 일을 하는 장치
④ 무거운 물체를 들어올리기 위해 기계적인 이점을 이용하는 장치

해설

유압장치 : 유체의 압력에너지를 이용하여 기계적인 일을 하는 장치를 말한다.

정답 37 ① 38 ④ 39 ② 40 ③ 41 ① 42 ③

43 **복동 실린더의 기호 표시는?**

① 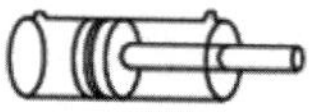
② 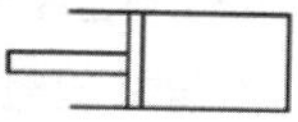
③ 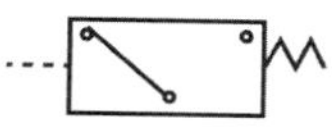
④ 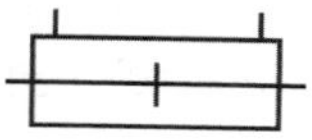

**해설**

- 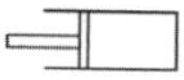 : 단동 실린더
- 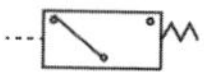 : 압력 스위치
- 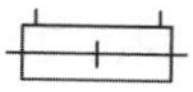 : 복동 실린더 양 로드형

44 **유압 펌프에서 작동유 누유 여부에 대한 점검 사항이 아닌 것은?**

① 운전자가 관심을 가지고 지속적으로 점검한다.
② 고정 볼트가 이완된 경우 추가 조임을 한다.
③ 정상 작동 온도로 난기 운전을 실시하여 점검하는 것이 좋다.
④ 하우징에 균열이 발생되면 패킹을 교환한다.

**해설**

하우징에 균열이 발생되면 유압펌프 조립체(또는 하우징)를 교환한다.

45 **무한궤도식 로더를 이용한 진흙 또는 수중 작업에 대한 설명으로 틀린 것은?**

① 작업 후 세차를 하고 각 베어링에 주유한다.
② 습지용 슈 사용 시 주행 장치의 베어링에 주유하지 않는다.
③ 작업 후 클러치 실과 기어 실의 드레인 플러그를 풀어서 수분이 유입되었는지 확인한다.
④ 작업 전 클러치 실과 기어 실의 드레인 플러그가 잘 조여졌는지 확인한다.

**해설**

습지용 슈 사용 시 주행 장치의 베어링에 주유한다.

46 **로더로 가능한 작업으로 가장 적절한 것은?**

① 트럭과 호퍼에 토사 적재 작업
② 백호 작업
③ 스노우 플로우 작업
④ 훅 작업

**해설**

- 백호 : 파워셔블의 버킷을 앞으로 끌어당겨 토사를 퍼 올리는데 사용된다.
- 스노우 플로우 : 공사용 차량 앞에 쟁기를 장착하여 도로에 쌓인 눈을 길가로 밀어내는데 사용된다.
- 훅 : 갈고리 모양으로 로프 등을 걸어서 중량물을 달아 올리는데 사용된다.

47 **로더의 동력전달 순서를 바르게 나열한 것은?**

① 엔진 → 토크 컨버터 → 유압 변속기 → 종감속장치 → 구동륜
② 엔진 → 토크 컨버터 → 종감속장치 → 유압 변속기 → 구동륜
③ 엔진 → 유압 변속기 → 종감속장치 → 토크 컨버터 → 구동륜
④ 엔진 → 종감속장치 → 유압 변속기 → 토크 컨버터 → 구동륜

**해설**

로더의 동력전달 순서 : 엔진 → 토크 컨버터 → 유압 변속기 → 종감속장치 → 구동륜

43 ①　44 ④　45 ②　46 ①　47 ①

**48 로더의 버킷 중 자갈 등을 거를 수 있게 그물처럼 뼈대로 된 버킷은?**

① 사이드 덤프 버킷

② 래크 블레이드 버킷

③ 스켈리턴 버킷

④ 채굴용 버킷

해설

스켈리턴 버킷 : 자갈 등을 거를 수 있게 그물처럼 뼈대로 된 버킷을 말한다.

**49 로더의 버킷 중 나무뿌리 뽑기 및 제초 작업 등 지반이 매우 단단한 땅을 굴착 할 때 적절한 버킷은?**

① 래크 블레이드 버킷

② 사이드 덤프 버킷

③ 암석용 버킷

④ 스켈리턴 버킷

해설

래크 블레이드 버킷 : 나무뿌리 뽑기 및 제초 작업 등 지반이 매우 단단한 땅을 굴착할 때 적절한 버킷을 말한다.

**50 로더를 이용한 토사 깎기 작업에 대한 설명으로 틀린 것은?**

① 특별한 상황 외에는 로더가 항상 평행이어야 한다.

② 붐을 약간 상승시키거나 버킷을 복귀 시켜서 깎이는 깊이를 조정한다.

③ 로더의 중량이 버킷과 같이 작용되도록 한다.

④ 버킷 각도는 약 35~45°로 기울여 깎기 시작한다.

해설

버킷 각도는 약 5°로 기울여 깎기 시작한다.

**51 로더를 이용한 작업 중에서 그레이딩 작업이란 어떤 작업을 말하는가?**

① 굴착 작업

② 적재 작업

③ 지면 고르기 작업

④ 깎아내기 작업

해설

그레이딩 작업은 지면 고르기 작업을 말한다.

**52 로더로 상차 작업 대상물 진입하는 방법이 아닌 것은?**

① P형　② I형

③ V형　④ T형

해설

로더의 상차 및 적재방법은 I형, V형, T형으로 분류된다.

**53 로더의 공기 압축기 내에서 순환되는 오일 종류는?**

① 엔진오일

② 자동변속기 오일

③ 기어오일

④ 파워스티어링 오일

해설

공기 압축기 내에는 엔진오일이 순환한다.

**54 로더를 이용하여 지면 굴착 작업을 하고자한다. 이때 버킷의 전방 틸팅 각도는 몇° 정도로 하는 것이 가장 좋은가?**

① 0~10°　② 30~40°

③ 45~55°　④ 60~90°

해설

로더로 지면 굴착 작업을 하고자 한다. 이때 버킷의 전방 틸팅 각도는 0~10° 정도로 하는 것이 가장 좋다.

정답 48 ③ 49 ① 50 ④ 51 ③ 52 ① 53 ① 54 ①

**55** **무한궤도식 로더 대비 타이어식 로더의 가장 큰 장점은?**

① 기동이 우수하다.

② 견인력이 우수하다.

③ 비포장도로에서의 작업이 우수하다.

④ 습지에서의 작업이 우수하다.

해설

타이어식 로더는 기동이 우수하다.

**56** **로더의 안전기준에 대한 설명으로 옳은 것은?**

① 버킷에 이젝터를 설치한 경우 후경각 기준은 적용하지 않는다.

② 로더의 전경각은 45° 이상, 후경각은 35° 이상이어야 한다.

③ 전방에 출입문이 설치된 로더의 경우 전경각은 25° 이상, 후경각은 35° 이상이어야 한다.

④ 로더의 유압배관은 작동 압력의 최소 2배 이상 견딜 수 있어야 한다.

해설

• 버킷에 이젝터를 설치한 경우 전경각 기준은 적용하지 않는다.

• 전방에 출입문이 설치된 로더의 경우 전경각은 35° 이상, 후경각은 25° 이상이어야 한다.

• 로더의 유압배관은 작동 압력의 최소 4배 이상 견딜 수 있어야 한다.

**57** **타이어식 로더를 트럭에 적재할 때 덤핑 클리어런스에 대한 설명으로 옳은 것은?**

① 덤핑 클리어런스는 후진 시 필요하다.

② 덤핑 클리어런스가 존재하면 안 된다.

③ 덤핑 클리어런스는 적재함보다 높아야한다.

④ 덤핑 클리어런스는 무조건 낮아야 한다.

해설

타이어식 로더를 트럭에 적재할 때 덤핑 클리어런스는 적재함보다 높아야 한다.

**58** **타이어식 로더를 운전할 때 주의할 사항이 아닌 것은?**

① 내리막길에서 클러치를 차단하거나 변속레버를 중립으로 한다.

② 버킷의 움직임과 지면의 부하에 맞춰 작업한다.

③ 새로 구축한 길 주변은 연약지반이므로 주의하여 작업한다.

④ 엔진 회전수와 지면의 상태를 고려하여 운전한다.

해설

내리막길에서 클러치를 차단하거나 변속레버를 중립으로 하지 않는다.

**59** **로더의 버킷을 지면에서 1m 정도 띄어놓고 잠시 후 다시 보니 버킷이 저절로 내려가 지면에 닿아있다. 이때 점검해야 할 항목으로 가장 적절한 것은?**

① 버킷 실린더 더스트 실

② 붐 실린더 피스톤 패킹

③ 암 실린더 백업링

④ 암 실린더 웨어링

해설

붐 실린더 피스톤 패킹이 불량하면 버킷이 저절로 내려간다.

55 ① 56 ② 57 ③ 58 ① 59 ②

**60 로더 작업 전 점검해야 할 사항 중 가장 적절하지 못한 것은?**

① 브레이크액 용량 및 수준이 정상인지 확인한다.
② 각종 등화장치가 정상적으로 작동하는지 확인한다.
③ 버킷의 허용하중을 확인한다.
④ 조종실 내부 청소가 잘 되어있는지 확인한다.

해설

조종실 내부에 안전벨트가 설치되어 있는지 점검한다.

정답 60 ④

# CBT 실전모의고사 제9회

**01 다음 중 디젤 엔진의 연료라인 순서가 바르게 나열된 것은?**

① 연료탱크 → 연료공급펌프 → 분사펌프 → 연료필터 → 분사노즐
② 연료탱크 → 연료공급펌프 → 연료필터 → 분사펌프 → 분사노즐
③ 연료탱크 → 연료필터 → 분사펌프 → 연료 공급펌프→분사노즐
④ 연료탱크 → 분사펌프 → 연료필터→연료 공급펌프→분사노즐

해설

디젤 엔진의 연료라인 순서 : 연료탱크 → 연료공급펌프 → 연료필터 → 분사펌프 → 분사노즐

**02 부동액의 구비조건이 아닌 것은?**

① 비등점이 물보다 낮을 것
② 물과 쉽게 혼합될 것
③ 침전물이 발생하지 않을 것
④ 부식성이 없을 것

해설

비등점이 물보다 높을 것

**03 오토 엔진 대비 디젤 엔진의 장점이 아닌 것은?**

① 연료소비율이 낮다.
② 열효율이 높다.
③ 가속성이 좋고 운전이 정숙하다.
④ 비교적 화재 위험이 적다.

해설

오토 엔진은 가속성이 좋고 운전이 정숙하다.

**04 피스톤 링의 작용이 아닌 것은?**

① 오일제어 작용
② 열전도 작용
③ 기밀 작용
④ 완전연소 억제 작용

해설

피스톤 링의 3대 작용은 오일제어 작용, 열전도 작용, 기밀 작용으로 분류된다.

**05 디젤 엔진에서 팬벨트 장력이 약할 때 발생하는 현상으로 옳은 것은?**

① 워터펌프 베어링이 조기에 마모된다.
② 발전기 출력이 저하될 수 있다.
③ 엔진이 부조한다.
④ 엔진이 과냉 된다.

해설

팬벨트 장력이 약하면 발전기 출력이 저하된다.

**06 디젤 엔진에서 분사노즐의 요구조건이 아닌 것은?**

① 연료를 미세한 안개 모양으로 분사하여 쉽게 착화하게 할 것
② 고온, 고압에서 장기간 사용할 수 있을 것
③ 분무를 연소실의 구석구석까지 뿌려지게 할 것
④ 연료의 분사 끝에서 후적이 발생할 것

해설

연료의 분사 끝에서 후적이 발생하지 않을 것

정답 01 ② 02 ① 03 ③ 04 ④ 05 ② 06 ④

**07 디젤 엔진의 진동이 심해지는 원인으로 틀린 것은?**

① 실린더 수가 많을수록
② 피스톤 및 커넥팅로드의 중량 차이가 클수록
③ 실린더 마모로 인해 각 기통별 실린더 안지름의 차이가 클수록
④ 연료 분사량 및 분사압력의 불균형이 클수록

해설

실린더 수가 적을수록 디젤 엔진의 진동이 심해진다.

**08 엔진에서 과급기의 장착 목적에 대한 설명으로 가장 적절한 것은?**

① 배기가스의 정화
② 냉각효율의 증대
③ 윤활성의 증대
④ 엔진 출력의 증대

해설

과급기는 체적효율을 향상시켜 엔진 출력 및 토크를 증가시킨다.

**09 엔진 시동회로에서 전력공급선의 전압 강하는 몇 V 이하이면 정상인가?**

① 0.2V ② 1.0V
③ 9.5V ④ 10.5V

해설

전력공급선의 전압강하는 0.2V 이하이면 정상이다.

**10 교류 발전기의 구성부품 중에서 교류를 직류로 변환하는 것은?**

① 로터 ② 다이오드
③ 콘덴서 ④ 스테이터

해설

다이오드 : 교류를 직류로 변환한다(정류작용).

**11 MF축전지가 아닌 일반 납산축전지를 관리할 경우 정기적으로 얼마마다 충전하는 것이 좋은가?**

① 약 15일 ② 약 30일
③ 약 45일 ④ 약 60일

해설

축전지의 자기 방전으로 인해 최소 약 15일에 한번 씩은 축전지를 차량에 장착하여 시동을 걸어 충전하거나 외부 충전기를 이용하여 충전해야 한다.

**12 납산축전지의 특징에 대한 설명으로 틀린 것은?**

① 양극판은 해면상납, 음극판은 과산화납을 사용하며 전해액은 묽은 황산을 이용한다.
② 시동 시 기동 전동기에 전원을 공급한다.
③ 발전기가 고장 시 일시적인 전원을 공급한다.
④ 발전기의 출력 및 부하의 불균형을 조정한다.

해설

양극판은 과산화납, 음극판은 해면상납을 사용하며 전해액은 묽은 황산을 이용한다.

**13 다음 중 퓨즈에 대한 설명으로 틀린 것은?**

① 퓨즈는 정격용량을 사용한다.
② 퓨즈가 끊어졌을 때 철사를 대용하여도 된다.
③ 퓨즈 용량은 암페어(A)로 표시한다.
④ 퓨즈의 표면이 산화되면 끊어지기 쉽다.

해설

퓨즈가 끊어졌을 때 규정용량의 신품 퓨즈로 교환한다.

정답 07 ① 08 ④ 09 ① 10 ② 11 ① 12 ① 13 ②

**14** **건설기계에서 주로 사용하는 기동 전동기의 형식은?**

① 교류 전동기
② 직류 분권식 전동기
③ 직류 직권식 전동기
④ 직류 복권식 전동기

해설
건설기계는 주로 직류 직권식 전동기를 사용한다.

**15** **토크 컨버터에서 토크가 최대값이 되는 점을 무엇이라 하는가?**

① 변속비
② 토크
③ 스톨 포인트
④ 종감속비

해설
스톨 포인트 : 토크 컨버터에서 토크가 최대값이 되는 점을 말한다.

**16** **긴 내리막을 내려갈 때 베이퍼록 현상을 방지하기위한 운전방법은?**

① 클러치를 차단하고 브레이크 페달을 밟고 내려간다.
② 엔진 브레이크를 사용한다.
③ 시동을 끄고 브레이크 페달을 밟고 내려간다.
④ 변속레버를 중립으로 놓고 브레이크 페달을 밟고 내려간다.

해설
긴 내리막길을 내려갈 때 엔진 브레이크를 사용하여 베이퍼 록 현상을 방지한다.

**17** **타이어식 건설기계에서 조향 차륜의 얼라인먼트 요소가 아닌 것은?**

① 캠버 ② 부스터
③ 토인 ④ 캐스터

해설
조향 차륜의 얼라인먼트는 캠버, 토우(토인, 토아웃), 캐스터로 분류된다.

**18** **건설기계 타이어의 트레드에 대한 설명 중 틀린 것은?**

① 트레드가 마모되면 열의 발산이 불량하게 된다.
② 트레드가 마모되면 지면과의 접촉 면적이 커짐으로써 마찰력이 증대되어 제동성능이 향상된다.
③ 트레드가 마모되면 구동력과 선회능력이 저하된다.
④ 타이어 공기압이 높으면 트레드의 양단부보다 중앙부의 마모가 크다.

해설
트레드가 마모되면 지면과의 접촉 면적이 다소 커지지만 마찰력이 저하되어 제동성능이 떨어진다.

**19** **한국전력공사 고객센터 및 전기고장 신고 전화번호는?**

① 118 ② 123
③ 1301 ④ 1339

해설
한국전력공사 고객센터 및 전기고장 신고 전화번호는 123이다.

14 ③ 15 ③ 16 ② 17 ② 18 ② 19 ②

**20 크레인 인양 작업 시 줄걸이 안전사항으로 틀린 것은?**

① 신호자는 운전자가 잘 볼 수 있는 안전한 위치에서 신호를 보낸다.
② 신호자는 기본적으로 1인이다.
③ 2인 이상의 고리 걸이 작업 시 상호 간에 소리를 내면서 한다.
④ 권상 작업 간 지면에 있는 보조자는 와이어로프를 손으로 꼭 잡아 화물이 흔들리지 않게 한다.

해설

권상 작업 간 와이어로프를 손으로 잡지 않는다.

**21 해머 작업에 대한 설명으로 틀린 것은?**

① 자루가 단단한 것을 사용한다.
② 장갑을 끼지 않는다.
③ 적절한 무게의 해머를 사용한다.
④ 처음부터 해머를 힘차게 때린다.

해설

처음에는 서서히 타격한다.

**22 도시가스 관련법상에서 공동주택 등의 건축물 등에 가스를 공급하는 경우 정압기에서 가스사용자가 소유하거나 점유하고 있는 토지의 경계까지에 이르는 배관은?**

① 본관 ② 공급관
③ 내관 ④ 주관

해설

공급관 : 공동주택 등의 건축물 등에 가스를 공급하는 경우 정압기에서 가스사용자가 소유하거나 점유하고 있는 토지의 경계까지에 이르는 배관을 말한다.

**23 도로 굴착자가 가스배관 매설위치를 확인 시 인력으로 굴착을 실시해야 하는 범위는?**

① 가스배관의 보호판이 식별되었을 때
② 가스배관의 주위 0.5m 이내
③ 가스배관의 주위 1m 이내
④ 가스배관의 주위 1.5m 이내

해설

가스배관의 주위 1m 이내는 인력으로 굴착한다.

**24 안전사고와 부상의 종류 중 재해의 분류상 경상해란 어느 정도의 상해를 말하는가?**

① 부상으로 인해 1일 이상 7일 이하의 노동 손실을 가져온 상해 정도
② 부상으로 인해 8일 이상의 노동 손실을 가져온 상해 정도
③ 응급처치 이하의 상처로 작업에 종사하면서 치료를 받는 상해 정도
④ 업무로 인해 목숨을 잃게 된 경우

해설

경상해 : 부상으로 인해 1일 이상 7일 이하의 노동 손실을 가져온 상해 정도를 말한다.

**25 사고의 직접적인 원인으로 가장 적합한 것은?**

① 불안전한 행동 및 상태
② 유전적인 요소
③ 성격 결함
④ 사회적 환경요인

해설

불안전한 행동 및 상태는 사고의 직접적인 원인이다.

**26 풀리(Pulley)에 벨트를 걸 때 어떤 상태에서 걸어야 하는가?**

① 회전이 정지한 상태
② 저속으로 회전상태

정답 20 ④ 21 ④ 22 ② 23 ③ 24 ① 25 ① 26 ①

③ 중속으로 회전상태

④ 고속으로 회전상태

해설

풀리(Pulley)에 벨트를 걸 때 회전이 정지한 상태에서 걸어야 한다.

**27 전력 케이블은 차도에서 지표면 아래 어느 정도 깊이에 매설되어 있는가?**

① 0.2~0.5m ② 1.2~1.5m

③ 30cm 이상 ④ 60cm 이상

해설

전력 케이블은 차도에서 지표면 아래 1.2~1.5m 깊이에 매설되어 있다.

**28 안전 및 보건표지의 종류 및 형태에서 다음 그림이 표시하는 것은?**

① 안전화 착용

② 안전복 착용

③ 안전장갑 착용

④ 방진 마스크 착용

해설

산업안전보건법상 안전 · 보건표지의 지시표지(9종)이다. 바탕은 파란색, 그림은 흰색이다.

| | | | | |
|---|---|---|---|---|
|  |  |  |  |  |
| 방독마스크 착용 | 방진마스크 착용 | 귀마개 착용 | 안전모 착용 | 보안경 착용 |
|  |  |  |  | |
| 보안면 착용 | 안전장갑 착용 | 안전화 착용 | 안전복 착용 | |

**29 전기화재에 해당하는 것은?**

① A급 화재

② B급 화재

③ C급 화재

④ D급 화재

해설

화재의 분류

- 일반화재(A급 화재)
- 유류화재(B급 화재)
- 전기화재(C급 화재)
- 금속화재(D급 화재)

**30 아세틸렌가스 용기의 취급 방법에 대한 설명으로 틀린 것은?**

① 전도, 전락 방지 조치를 할 것

② 충전용기와 빈 용기는 명확히 구분하여 각각 보관 할 것

③ 용기는 반드시 세워서 보관 할 것

④ 용기의 온도는 60℃로 유지 할 것

해설

용기의 온도는 40℃ 이하로 할 것

**31 건설기계의 정기검사 유효기간이 연장될 수 있는 경우의 설명으로 틀린 것은?**

① 해외 임대를 위해 일시 반출되는 경우 : 반출기간 이내

② 압류된 건설기계의 경우 : 압류기간 이내

③ 타워크레인 또는 천공기가 해체된 경우 : 해체 후 1개월 이내

④ 건설기계 대여업을 휴지한 경우 : 휴지기간 이내

해설

타워크레인 또는 천공기가 해체된 경우 : 해체되어 있는 기간 이내

27 ② 28 ③ 29 ③ 30 ④ 31 ③

32 **면허효력정지 기간이 가장 긴 경우는?**

① 고의 또는 과실로 가스공급시설을 손괴한 경우
② 고의 또는 과실이 아니나 1명에게 중상을 입힌 경우
③ 미등록된 건설기계를 사용하거나 운행한 경우
④ 건설기계조종사면허를 받지 않은 상태에서 건설기계를 조종한 경우

해설

- 건설기계의 조종 중 고의 또는 과실로 가스공급시설을 손괴하거나 가스공급시설의 기능에 장애를 입혀 가스의 공급을 방해한 경우 : 면허효력정지 180일
- 고의 또는 과실이 아니나 1명에게 중상을 입힌 경우 : 면허효력정지 15일
- 미등록된 건설기계를 사용하거나 운행한 경우 : 2년 이하의 징역 또는 2천만 원 이하의 벌금
- 건설기계조종사면허를 받지 않은 상태에서 건설기계를 조종한 경우 : 1년 이하의 징역 또는 1천만 원 이하의 벌금

33 **일시정지 안전 표지판이 설치된 횡단보도에서 위반되는 경우는?**

① 횡단보도 직전에 일시 정지하여 안전을 확인 후 통과하였다.
② 보행자가 보이지 않아 그대로 통과하였다.
③ 경찰공무원이 진행신호를 하여 일시정지 하고 않고 통과하였다.
④ 연속적으로 진행 중인 앞차의 뒤를 따라 진행할 때 일시 정지하였다.

해설

일시정지 안전 표지판이 설치된 횡단보도에서 보행자가 보이지 않아 그대로 통과하면 위반이다.

34 **건설기계를 조종하다가 1명에게 경상을 입힌 경우 면허처분 기준은?(단, 고의 또는 과실 아님)**

① 면허효력 정지 60일
② 면허효력 정지 15일
③ 면허효력 정지 45일
④ 면허효력 정지 5일

해설

고의 또는 과실 이외 기타 인명 피해를 입인 경우

- 경상 1명마다 면허효력 정지 5일
- 중상 1명마다 면허효력 정지 15일
- 사망 1명마다 면허효력 정지 45일

35 **건설기계의 소유자는 어느 령이 정하는 바에 의하여 건설기계 등록을 해야 하는가?**

① 국무총리령
② 대통령령
③ 시 · 도지사령
④ 국토교통부장관령

해설

건설기계의 소유자는 대통령령이 정하는 바에 의하여 건설기계 등록해야 한다.

36 **교통안전표지의 종류와 형태에서 다음 그림이 나타내는 표시는?**

① 진입금지
② 차량중량 제한
③ 최저속도 제한
④ 최고속도 제한

정답 32 ① 33 ② 34 ① 35 ② 36 ④

해설

| 교통안전표지의 종류 및 형태 | | | |
|---|---|---|---|
|  |  |  |  |
| 진입금지 | 최저속도 제한 | 최고속도 제한 | 차량중량 제한 |
|  |  |  | |
| 좌 · 우로 이중 굽은 도로 | 좌 · 우회전 | 회전형 교차로 | |

**37 차마(車馬)가 도로 이외의 장소에 출입하기 위해 보도를 횡단하려고 할 때 가장 적절한 통행 방법은?**

① 보행자가 있어도 차마(車馬)가 우선 출입한다.

② 보도 직전에서 일시 정지하여 보행자의 통행을 방해하지 않아야 한다.

③ 보행자 유 · 무에 관계없이 주행한다.

④ 보행자가 없으면 빨리 주행한다.

해설

차마(車馬)가 도로 이외의 장소에 출입하기 위해 보도를 횡단하려고 할 때 보도 직전에서 일시 정지하여 보행자의 통행을 방해하지 않아야 한다.

**38 다음 유압 기호 표시는?**

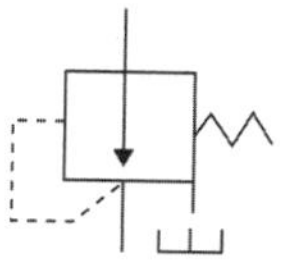

① 체크 밸브

② 무부하 밸브

③ 릴리프 밸브

④ 감압 밸브

해설

• 체크 밸브 : 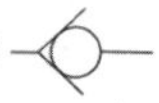

• 무부하 밸브 : 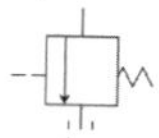

• 릴리프 밸브 : 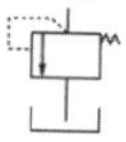

**39 유압 펌프에서 소음이 발생할 수 있는 원인이 아닌 것은?**

① 오일의 점도가 너무 높을 때

② 오일의 양이 적을 때

③ 펌프의 속도가 느릴 때

④ 오일 속에 공기가 유입될 때

해설

펌프의 속도가 과도하게 빠르면 소음이 발생한다.

**40 방향제어밸브에서 내부 누유에 영향을 미치는 요소가 아닌 것은?**

① 밸브 간극의 크기

② 흡입 여과기

③ 밸브 양단의 압력차

④ 관로의 유량

해설

방향제어밸브에서 내부 누유에 영향을 미치는 요소
• 밸브 간극의 크기
• 흡입 여과기
• 밸브 양단의 압력차
• 유압유의 점도

**41 유압유의 압력 에너지를 기계적 에너지로 변환시키는 작용을 하는 것은?**

① 유압펌프 ② 어큐뮬레이터

③ 액추에이터 ④ 유압밸브

해설

엑추에이터 : 유압유의 압력 에너지를 기계적 에너지로 변환시키는 작용을 한다.

37 ② 38 ④ 39 ③ 40 ④ 41 ③

## 42 유압회로에 흐르는 압력이 설정된 압력 이상으로 상승하는 것을 방지하기 위한 밸브는?

① 감압 밸브

② 릴리프 밸브

③ 시퀀스 밸브

④ 카운터 밸런스 밸브

해설

- 감압 밸브 : 1차측 압력과 관계없이 분기회로에서 2차측 압력을 설정압력까지 감압하는 밸브를 말한다.
- 시퀀스 밸브 : 2개 이상의 분기회로에서 유압 액추에이터의 작동순서를 제어하는 밸브를 말한다.
- 카운터 밸런스 밸브 : 중력으로 인해 낙하를 방지하기 위해 배압을 유지하는 밸브를 말한다.

## 43 유압유의 가장 중요한 성질은?

① 열효율 ② 온도

③ 습도 ④ 점도

해설

점도는 유압유의 가장 중요한 성질이다.

## 44 오일펌프의 종류가 아닌 것은?

① 베인펌프 ② 기어펌프

③ 압력펌프 ④ 플런저펌프

해설

오일펌프는 베인펌프, 기어펌프 플런저펌프로 분류된다.

## 45 트랙과 아이들러가 정확한 정렬 상태일 때 발생하는 마모현상이 아닌 것은?

① 트랙 롤러의 플랜지 4개가 같이 마모된다.

② 양쪽 링크의 양면이 같이 마모된다.

③ 아이들러 플랜지의 양면이 마모된다.

④ 아이들러의 바깥 플랜지만 마모된다.

해설

트랙을 구동할 때 아이들러가 바깥쪽으로 기울어지면 아이들러의 바깥 플랜지만 마모된다.

## 46 나무뿌리 뽑기, V형 배수로 작업, 제방 경사 작업 등에 사용하기에 가장 적절한 도저는?

① 레이크 도저 ② 틸트 도저

③ 앵글 도저 ④ U 도저

해설

틸트 도저 : 나무뿌리 뽑기, V형 배수로 작업, 제방 작업 등에 사용하기에 가장 적절하다.

## 47 불도저에서 트랙을 쉽게 분리할 수 있도록 설치한 장치는?

① 부싱 ② 링크

③ 마스터 핀 ④ 슈판

해설

마스터 핀 : 트랙을 쉽게 분리할 수 있도록 설치한 장치를 말한다.

## 48 불도저의 변속레버를 중립으로 두었는데도 불구하고 전 · 후진된다. 이때 원인으로 가장 적절한 것은?

① 유압펌프가 불량한 경우

② 컨트롤 밸브가 불량한 경우

③ 종감속기어가 불량한 경우

④ 차동기어가 불량한 경우

해설

컨트롤 밸브가 불량하면 불도저의 변속레버를 중립으로 두어도 전 · 후진된다.

## 49 도저에서 트랙의 주요 구성부품을 바르게 나열한 것은?

① 슈, 롤러, 링크, 핀

② 슈, 롤러, 링크, 동판

③ 슈, 핀, 링크, 부싱

④ 슈, 핀, 링크, 동판

해설

트랙의 주요 구성부품은 슈, 핀, 링크, 부싱으로 분류된다.

정답 42 ② 43 ④ 44 ③ 45 ④ 46 ② 47 ③ 48 ② 49 ③

**50 타이어식 불도저와 비교 시 무한궤도식 불도저의 장점이 아닌 것은?**

① 이동성이 좋다.
② 습지를 통과하기 편리하다.
③ 견인력이 우수하다.
④ 물이 있어도 작업이 편리하다.

해설

타이어식 불도저는 무한궤도식 불도저보다 이동성이 좋다.

**51 도저를 이용하여 댐 공사, 도로공사, 농경지 작업할 때 흙 및 자갈 등을 단거리 운반하는데 가장 적절한 도저의 작업장치는?**

① 리퍼
② 트랙
③ 블레이드
④ 트랙 아이들러

해설

블레이드 : 댐 공사, 도로공사, 농경지 작업할 때 흙 및 자갈 등을 단거리 운반하는데 가장 적절하다.

**52 다음 [보기]에서 불도저의 트랙 장력이 너무 클 때 마모가 가속되는 부분을 모두 나열한 것은?**

[보기]
ㄱ. 스프로킷 돌기
ㄴ. 스파이더
ㄷ. 부싱 내부 및 트랙 핀 마모
ㄹ. 부싱 외부 마모

① ㄱ, ㄷ, ㄹ ② ㄱ, ㄴ, ㄷ
③ ㄱ, ㄴ, ㄹ ④ ㄱ, ㄴ, ㄷ, ㄹ

해설

트랙 장력이 너무 크면 부싱 외부 마모, 부싱 내부 및 트랙 핀 마모, 스프로킷 돌기 마모가 가속된다.

**53 불도저의 종감속장치에서 감속비가 가장 큰 경우 사용하는 감속 기구로 가장 적절한 것은?**

① 웜 기어 기구
② 유성 기어 기구
③ 1단 감속 기구
④ 2단 감속 기구

해설

유성 기어 기구 : 감속비가 가장 큰 경우 사용된다.

**54 무한궤도식 도저의 트랙장치에서 하부롤러에 대한 설명으로 틀린 것은?**

① 트랙 프레임에 4~7개 정도가 설치된다.
② 트랙의 처짐을 방지하고 트랙의 회전위치를 바르게 유지한다.
③ 트랙의 회전 위치를 바르게 유지하는 역할을 한다.
④ 전체 중량을 트랙에 균일하게 분배하는 역할을 한다.

해설

상부 롤러 : 트랙의 처짐을 방지하고 트랙의 회전위치를 바르게 유지한다.

**55 무한궤도식 도저에서 하부 주행체의 트랙 프레임 종류가 아닌 것은?**

① 솔리드 스틸형
② 오픈 채널형
③ 박스형
④ 모노코크형

해설

하부 주행체의 트랙 프레임 종류는 박스형, 오픈 채널형, 솔리드 스틸형으로 분류된다.

50 ① 51 ③ 52 ① 53 ② 54 ② 55 ④

**56 불도저에 의한 완성 작업법에 대한 설명으로 틀린 것은?**

① 완성 작업은 토공판이 비어있는 것 보다 토사물을 가득 채우고 하는 것이 더 수월하다.

② 토공판을 내리기 전에 트랙의 완성면과 평행한 면 위에 있는지 여부를 점검한다.

③ 치밀한 완성일수록 고속으로 작업하고 거친 완성일수록 저속으로 작업한다.

④ 불도저는 거친 마무리 작업을 하기에 적절한 장비이다.

해설

치밀한 완성일수록 저속으로 작업하고 거친 완성일수록 고속으로 작업한다.

**57 앵글 도저를 이용하여 송토 작업을 하고 있다. 이때 블레이드에서 마찰저항이 가장 크게 작용하는 부위는 어디인가?**

① 블레이드에서 마찰저항이 가장 크게 작용하는 부위는 블레이드의 윗부분이다.

② 블레이드에서 마찰저항이 가장 크게 작용하는 부위는 블레이드의 아랫부분이다.

③ 블레이드에서 마찰저항이 가장 크게 작용하는 부위는 블레이드의 중앙이다.

④ 블레이드에서 마찰저항은 블레이드 전체에 동일하게 작용한다.

해설

블레이드의 아랫부분은 블레이드에서 마찰 저항이 가장 크게 작용하는 부위이다.

**58 불도저를 정지시킬 때 옳지 않은 것은?**

① 변속기 선택레버를 중립으로 한다.

② 삽날을 높이 상승시킨다.

③ 브레이크를 밟고 정지시킨다.

④ 엔진 회전수를 저속 공회전 상태로 한다.

해설

불도저를 정지시킬 때 삽날을 지면에 살짝 닿게 한다.

**59 불도저의 언더 캐리지(Undercarriage)에 해당되는 장치가 아닌 것은?**

① 트랙 ② 리퍼

③ 트랙 프레임 ④ 트랙 롤러

해설

리퍼 : 불도저의 작업장치에 해당된다.

**60 불도저를 정지시킬 때 옳지 않은 것은?**

① 변속기 선택레버를 중립으로 한다.

② 브레이크를 밟고 정지시킨다.

③ 삽날을 높이 상승시킨다.

④ 엔진 회전수를 저속 공회전 상태로 한다.

해설

불도저를 정지시킬 때 삽날을 지면에 살짝 닿게 한다.

정답 56 ③ 57 ② 58 ② 59 ② 60 ③

# CBT 실전모의고사 제10회

**01 디젤 엔진의 압축행정 시 흡 · 배기밸브의 여 · 닫힘 상태는?**

① 흡기밸브만 열려있다.
② 흡 · 배기밸브가 모두 닫혀있다.
③ 배기밸브만 열려있다.
④ 흡 · 배기밸브가 모두 열려있다.

해설

- 흡입행정 : 흡기밸브만 열려있다.
- 배기행정 : 배기밸브만 열려있다.
- 밸브 오버랩 : 흡 · 배기밸브가 모두 열려있다.

**02 혼합비가 희박할 때 엔진에 미치는 영향은?**

① 연소속도가 빨라짐
② 엔진 출력 저하
③ 시동성이 좋아짐
④ 저속 및 공회전

해설

혼합비가 희박하면 엔진 출력이 저하된다.

**03 엔진오일의 양을 점검할 때 게이지에 표시된 Low선과 Full선에 대한 설명으로 옳은 것은?**

① Low선 보다 아래에 있으면 좋다.
② Full선 보다 위에 있으면 좋다.
③ Low선과 Full선 사이에서 Low선에 가까이 있으면 좋다.
④ Low선과 Full선 사이에서 Full선에 가까이 있으면 좋다.

해설

엔진오일의 양은 Low선과 Full선 사이에 서 Full선에 가까이 있으면 좋다.

**04 디젤 엔진의 실린더 압축압력 측정방법으로 틀린 것은?**

① 축전지의 충전상태를 점검한다.
② 엔진을 정상온도로 웜업 시킨다.
③ 분사노즐은 모두 제거한다.
④ 습식시험을 먼저하고, 건식시험을 나중에 한다.

해설

건식시험을 먼저하고, 습식시험을 나중에 한다.

**05 디젤 엔진에서 흡입행정 시 흡입되는 것은?**

① 혼합기 ② 엔진오일
③ 공기 ④ 연료

해설

디젤 엔진은 흡입행정 시 공기만 흡입한 후, 압축행정을 거치면서 압축열로 인해 온도가 높아진 공기에 연료를 분사하여 착화시킨다.

**06 엔진 시동 시 기동 전동기의 솔레노이드 스위치가 작동하지 않고 기동 전동기도 작동하지 않는 원인은?**

① 전압 조정기 단선
② 점화 스위치 불량
③ 크랭크축 메인 베어링 고착
④ 오버 러닝 클러치 파손

해설

점화 스위치가 불량이면 기동 전동기의 솔레노이드 스위치 및 기동 전동기가 작동하지 않는다.

정답 01 ② 02 ② 03 ④ 04 ④ 05 ③ 06 ②

**07 건설기계에서 축전지 케이블을 탈거하고자 한다. 이때 가장 올바른 것은?**

① (+) 케이블을 먼저 탈거한다.
② 접지되어 있는 케이블을 먼저 탈거한다.
③ 절연되어 있는 케이블을 먼저 탈거한다.
④ 아무 케이블이나 먼저 탈거한다.

해설

축전지를 탈거할 때 접지되어 있는 케이블을 먼저 탈거한다.

**08 전기가 이동하지 않고 물질에 정지하고 있는 전기를 무엇이라고 하는가?**

① 정전기 ② 동전기
③ 교류전기 ④ 직류전기

해설

정전기 : 전기가 이동하지 않고 물질에 정지하고 있는 전기를 말한다.

**09 축전지에 대한 설명으로 옳은 것은?**

① 전해액이 감소한 경우 증류수를 보충하면 된다.
② 축전지 보관 시 되도록 방전시키는 것이 좋다.
③ 축전지 방전에 지속되면 전압은 낮아지고 전해액 비중은 높아진다.
④ 축전지 용량을 크게 하려면 별도의 축전지를 직렬로 연결한다.

해설

- 축전지 보관 시 되도록 충전시켜 놓는 것이 좋다.
- 축전지 방전에 지속되면 전압은 낮아지고 전해액 비중은 낮아진다.
- 축전지 용량을 크게 하려면 별도의 축전지를 병렬로 연결한다.

**10 기동 전동기의 토크가 약하거나 회전이 안 되는 원인이 아닌 것은?**

① 축전지 전압이 낮음
② 브러시가 정류자에 잘 밀착되어 있음
③ 터미널과 축전지 단자의 접촉 불량
④ 시동스위치 접촉 불량

해설

브러시가 정류자에 잘 밀착되어 있지 않으면 기동 전동기의 토크가 약하거나 회전이 안 된다.

**11 세미 실드빔 형식의 전조등이 장착된 건설기계에서 전조등이 점등되지 않는다. 이때 가장 적절한 조치방법은?**

① 전조등을 교환한다.
② 전구를 교환한다.
③ 렌즈를 교환한다.
④ 반사경을 교환한다.

해설

세미 실드빔 형식 : 전조등이 점등되지 않으면 전구를 교환한다.

**12 조향바퀴의 토인을 조정하는 곳은?**

① 타이로드 ② 조향핸들
③ 드래그링크 ④ 웜 기어

해설

토인 및 토아웃은 타이로드 길이로 조정한다.

**13 클러치 라이닝의 구비조건이 아닌 것은?**

① 내식성이 클 것
② 온도에 의한 변화가 적을 것
③ 적당한 마찰계수를 갖출 것
④ 내마멸성 및 내열성이 적을 것

해설

내마멸성 및 내열성이 클 것

정답 07 ② 08 ① 09 ① 10 ② 11 ② 12 ① 13 ④

**14** **벨트 취급 시 안전사항에 대한 설명 중 틀린 것은?**

① 고무벨트에는 기름이 묻지 않도록 한다.
② 회전을 완전히 멈춘 상태에서 벨트를 교환한다.
③ 벨트의 회전을 정지시킬 때 손으로 잡는다.
④ 적당한 벨트 장력을 유지시킨다.

해설

벨트가 회전할 때 절대로 손으로 잡지 않는다.

**15** **팬벨트를 교체할 때 엔진의 어떤 상태에서 작업해야 하는가?**

① 정지상태 ② 저속상태
③ 중속상태 ④ 고속상태

해설

팬벨트를 교체할 때 엔진 정지 상태에서 작업한다.

**16** **작업장 환경 개선과 가장 거리가 먼 것은?**

① 조명을 밝게 한다.
② 소음을 줄인다.
③ 채광을 좋게 한다.
④ 부품을 모두 신품으로 교환한다.

해설

노후 된 부품 또는 고장 난 부품을 신품으로 교환하면 작업장 환경이 개선된다.

**17** **화물 하중을 직접 지지하는 와이어로프의 안전계수는 몇 이상인가?**

① 3 이상 ② 5 이상
③ 10 이상 ④ 12 이상

해설

화물 하중을 직접 지지하는 와이어로프의 안전계수는 5 이상이다.

**18** **가스 용접기에서 아세틸렌 용기의 색상은?**

① 황색 ② 청색
③ 녹색 ④ 적색

해설

- 청색 : 이산화탄소 용기의 색상
- 녹색 : 산소 용기 또는 산소 호스의 색상
- 적색 : 수소 용기 또는 아세틸렌 호스의 색상

**19** **도시가스 관련법상 가스배관과의 수평거리 몇 cm 이내에서 파일 박기를 금지하도록 규정하였는가?**

① 약 10cm ② 약 20cm
③ 약 30cm ④ 약 50cm

해설

가스배관과의 수평거리 약 30cm 이내에서는 파일 박기를 금지한다.

**20** **장갑을 착용하면 안 되는 작업은?**

① 해머작업 ② 정비작업
③ 용접작업 ④ 청소작업

해설

해머작업은 맨손으로 해야 한다.

**21** **철탑의 완금에 전선을 기계적으로 고정시키고 전기적으로 절연하기 위해 사용하는 것은?**

① 케이블 ② 완철
③ 애자 ④ 가공지선

해설

애자 : 철탑의 완금에 전선을 기계적으로 고정시키고 전기적으로 절연하기 위해 사용된다.

14 ③ 15 ① 16 ④ 17 ② 18 ① 19 ③ 20 ① 21 ③

22 **크레인 작업 방법 중 적절하지 못한 것은?**

① 항상 수평방향으로 달아 올린다.
② 제한하중 이상의 것은 달아 올리지 않는다.
③ 경우에 따라서는 수직방향으로 달아 올린다.
④ 신호수의 신호에 따라 작업한다.

해설
경우에 따라서는 수평 또는 수직방향으로 달아 올린다.

23 **고압전선로 주변에서 작업할 때 전선로와 건설기계의 안전 이격거리에 대한 설명으로 틀린 것은?**

① 전압에는 관계없이 일정하다.
② 애자수가 많을수록 떨어진다.
③ 전선이 굵을수록 떨어진다.
④ 전압이 높을수록 떨어진다.

해설
전압에도 관계있으며, 전압이 높을수록 안전 이격거리가 멀어진다.

24 **굴착작업 중 줄파기 작업에서 줄파기 1일 시공량 결정은?**

① 공사시방서에 명시된 일정에 맞추어 결정
② 공사관리 감독기관에 보고한 날짜에 맞추어 결정
③ 시공속도가 가장 느린 천공작업에 맞추어 결정
④ 시공속도가 가장 빠른 천공작업에 맞추어 결정

해설
줄파기 1일 시공량은 시공속도가 가장 느린 천공작업에 맞추어 결정한다.

25 **안전 및 보건표지의 종류 및 형태에서 다음 그림과 같은 표지는?**

① 사용금지
② 화기금지
③ 차량통행금지
④ 인화성물질 경고

해설
금지표지는 기본모형은 빨간색, 바탕은 흰색, 부호 및 그림은 검은색으로 표기한다.

26 **안전 및 보건표지에서 색채와 용도가 잘못 연결된 것은?**

① 녹색 : 안내
② 노란색 : 위험
③ 빨간색 : 경고, 금지
④ 파란색 : 지시

해설
노란색 : 경고

정답 22 ① 23 ① 24 ③ 25 ③ 26 ②

27 다음 그림에서 H로 표시된 곳과 같은 지중 전선로 차도 부분의 매설 깊이는 최소 몇 m 상인가?

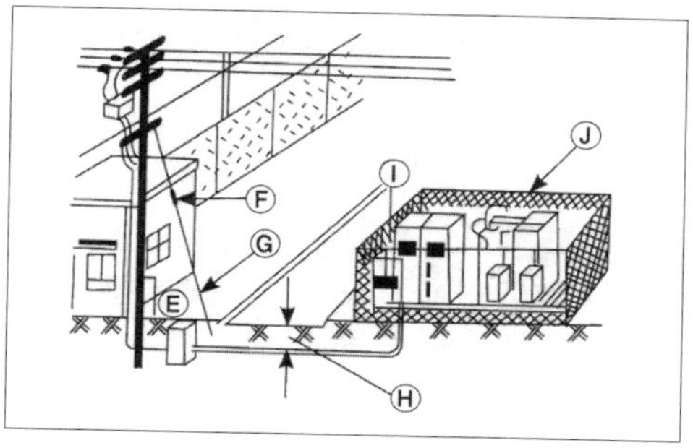


① 1.2m ② 1.8m
③ 2.0m ④ 2.5m

해설

지중 전선로 차도 부분의 매설 깊이는 최소 1.2m 이상이다.

28 미등록된 건설기계를 사용하거나 운행한 경우에 대한 벌칙은 무엇인가?

① 100만 원 이하의 벌금
② 2년 이하의 징역 또는 2천만 원 이하의 벌금
③ 300만 원 이하의 벌금
④ 1년 이하의 징역 또는 1천만 원 이하의 벌금

해설

미등록된 건설기계를 사용하거나 운행한 경우에는 2년 이하의 징역 또는 2천만 원 이하의 벌금을 적용한다.

29 관용 건설기계의 등록번호표 색깔은?

① 녹색 판에 백색 문자
② 주황색 판에 백색 문자
③ 청색 판에 백색 문자
④ 백색 판에 흑색 문자

해설

관용(등록번호 9001~9999) : 백색 판에 흑색 문자

30 20년 이하 덤프트럭의 정기검사 유효기간은?

① 6개월 ② 1년
③ 2년 ④ 3년

해설

20년 이하 덤프트럭의 정기검사 유효기간 : 1년

31 건설기계관리법상 자동차 1종 대형 면허만으로 조종이 불가한 건설기계는?

① 굴착기
② 천공기(트럭 적재식)
③ 콘크리트펌프
④ 콘크리트 믹서 트럭

해설

3톤 미만 굴착기는 1종 대형면허 또는 1종 보통면허가 있는 상태에서 12시간 교육을 이수해야 하며, 3톤 이상 굴착기는 굴착기 운전기능사가 필요하다.

32 최고속도가 15km/h 미만인 건설기계가 갖추지 않아도 되는 조명은?

① 제동등 ② 후부반사기
③ 전조등 ④ 번호등

해설

최고속도가 15km/h 미만인 건설기계는 제동등, 전조등, 후부반사기를 갖추어야하며, 특히 후부반사기는 반드시 갖춰야한다.

33 도로교통법상에서 일시정지 및 서행에 대한 설명으로 틀린 것은?

① 신호등이 없고 교통이 복잡한 교차로에서는 일시정지 해야 한다.
② 비탈길 고갯마루 부근에서는 서행해야 한다.
③ 도로가 구부러진 곳에서는 서행해야 한다.
④ 신호등이 없는 철길 건널목을 통과할 때에는 서행으로 통과해야 한다.

27 ① 28 ② 29 ④ 30 ② 31 ① 32 ④ 33 ④

해설

신호등이 없는 철길 건널목을 통과할 때에는 일시정지 하여 안전여부를 확인 후 통과해야 한다.

**34 다음 중 교차로 통행방법에 대한 설명으로 틀린 것은?**

① 교차로 내에는 차선이 없기 때문에 진행방향을 임의로 바꿀 수 있다.
② 좌회전 시 교차로 중심 안쪽으로 서행한다.
③ 교차로에서 우회전 시 서행한다.
④ 교차로에서 직진하려는 차는 이미 교차로에 진입하여 좌회전하고 있는 차의 진로를 방해할 수 없다.

해설

교차로 내에서는 진행방향을 임의로 바꿀 수 없다.

**35 교통안전표지의 종류 및 형태에서 다음 그림이 나타내는 표시는?**

① 최저속도 제한　② 진입금지
③ 차 중량 제한　④ 회전형 교차로

해설

| 교통안전표지의 종류 및 형태 | | | |
|---|---|---|---|
|  |  |  |  |
| 진입금지 | 최저속도 제한 | 최고속도 제한 | 차량중량 제한 |
|  |  |  | |
| 좌 · 우로 이중 굽은 도로 | 좌 · 우회전 | 회전형 교차로 | |

**36 유압 펌프 관련 용어 중 "GPM"의 의미는?**

① 회로 내에서 형성되는 압력의 크기
② 회로 내에서 이동되는 유체의 양
③ 복동 실린더의 치수
④ 흐름에 대한 저항

해설

GPM(Gallon Per Minute) : 유량 단위를 말하며, 회로 내에서 이동되는 유체의 양을 의미한다.

**37 유압장치에 사용되는 유압기기에 대한 설명으로 틀린 것은?**

① 축압기 : 외부로 오일누출 방지
② 유압 펌프 : 오일 압송
③ 실린더 : 직선운동
④ 유압 모터 : 무한회전운동

해설

오일씰 : 외부로 오일누출 방지

**38 다음 유압 기호 표시는?**

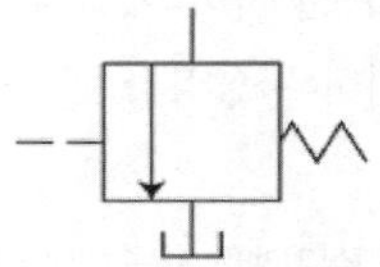

① 무부하 밸브
② 릴리프 밸브
③ 체크 밸브
④ 릴리프붙이 감압밸브

해설

- 릴리프 밸브 : 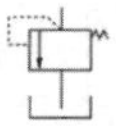
- 체크 밸브 : 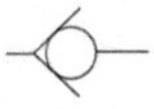
- 릴리프붙이 감압밸브 : 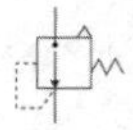

정답 34 ① 35 ③ 36 ② 37 ① 38 ①

**39 유압 모터의 단점에 대한 설명으로 틀린 것은?**

① 릴리프 밸브를 장착함으로써 속도 및 방향 제어가 어렵다.

② 작동유에 이물질이 유입되지 않도록 관리해야 한다.

③ 작동유가 누설되면 작업 성능이 나빠진다.

④ 작동유의 점도에 따라 사용이 제한될 수 있다.

해설

유압 모터의 장점 : 속도 및 방향 제어가 쉽다.

**40 오일펌프의 종류가 아닌 것은?**

① 베인펌프

② 기어펌프

③ 진공펌프

④ 플런저펌프

해설

오일펌프는 베인펌프, 기어펌프, 플런저펌프로 분류된다.

**41 유압장치의 불순물 및 금속가루를 제거하기 위한 장치로 바르게 나열된 것은?**

① 필터, 스크레이퍼

② 필터, 축압기

③ 스트레이너, 축압기

④ 스트레이너, 필터

해설

스트레이너, 필터 : 불순물 및 금속가루를 제거하기 위한 장치를 말한다.

**42 유압회로에 흐르는 압력이 설정된 압력 이상으로 상승하는 것을 방지하기 위한 밸브는?**

① 감압 밸브

② 릴리프 밸브

③ 시퀀스 밸브

④ 카운터 밸런스 밸브

해설

- 감압 밸브 : 1차측 압력과 관계없이 분기 회로에서 2차측 압력을 설정압력까지 감압하는 밸브를 말한다.
- 시퀀스 밸브 : 2개 이상의 분기회로에서 유압 엑추에이터의 작동순서를 제어하는 밸브를 말한다.
- 카운터 밸런스 밸브 : 중력으로 인해 낙하를 방지하기 위해 배압을 유지하는 밸브를 말한다.

**43 유압기기는 작은 힘으로 큰 힘을 얻는 장치이다. 어떤 원리를 응용한 것인가?**

① 파스칼의 원리

② 베르누이의 원리

③ 뉴턴의 원리

④ 보일의 원리

해설

유압기기는 파스칼 원리를 응용한다.

**44 유체 에너지를 일시 저장하여 맥동 및 충격압력을 흡수하고 부하가 클 때 저장해둔 에너지를 방출하여 순간적인 과부하를 방지하는 기기는?**

① 축압기

② 엑추에이터

③ 릴리프 밸브

④ 유압펌프

해설

축압기 : 유체 에너지를 일시 저장하여 맥동 및 충격압력을 흡수하고 부하가 클 때 저장해둔 에너지를 방출하여 순간적인 과부하를 방지하는 기기를 말한다.

39 ①　40 ③　41 ④　42 ②　43 ①　44 ①

**45** **다음 [보기]에서 기중기에 대한 설명으로 옳은 것을 모두 고른 것은?**

> [보기]
> ㄱ. 상부 회전체의 최대 회전각은 300°이다.
> ㄴ. 붐 각과 기중능력은 서로 반비례한다.
> ㄷ. 붐 길이와 작업 반경은 서로 비례한다.

① ㄱ ② ㄷ
③ ㄱ, ㄴ ④ ㄱ, ㄴ, ㄷ

해설
- 상부 회전체의 최대 회전각은 360°이다.
- 붐 각과 기중능력은 서로 비례한다.

**46** **로더의 동력전달 순서를 바르게 나열한 것은?**

① 엔진 → 종감속장치 → 유압 변속기 → 토크 컨버터 → 구동륜
② 엔진 → 유압 변속기 → 종감속장치 → 토크 컨버터 → 구동륜
③ 엔진 → 토크 컨버터 → 종감속장치 → 유압 변속기 → 구동륜
④ 엔진 → 토크 컨버터 → 유압 변속기 → 종감속장치 → 구동륜

해설
로더의 동력전달 순서 : 엔진 → 토크 컨버터 → 유압 변속기 → 종감속장치 → 구동륜

**47** **굴착기에서 굴착작업을 할 때 앞으로 넘어지는 것을 방지해주는 장치는?**

① 트랙 ② 밸런스 웨이트
③ 버킷 ④ 붐

해설
밸런스 웨이트 : 굴착작업을 할 때 앞으로 넘어지는 것을 방지해주는 장치를 말한다.

**48** **트랙이 자주 벗겨지는 원인으로 가장 적절한 것은?**

① 트랙 장력이 과도하게 헐거울 때
② 트랙 장력이 과도하게 팽팽할 때
③ 일반 객토에서 작업을 하였을 때
④ 트랙 슈의 마모가 과다할 때

해설
트랙 장력이 과도하게 헐거우면 트랙이 자주 벗겨진다.

**49** **도저에서 트랙의 주요 구성부품을 바르게 나열한 것은?**

① 핀, 슈, 링크, 부싱
② 롤러, 슈, 링크, 동판
③ 핀, 슈, 롤러, 링크
④ 핀, 슈, 링크, 동판

해설
트랙의 주요 구성부품은 핀, 슈, 링크, 부싱으로 분류된다.

**50** **브레이커에 대한 설명으로 옳은 것은?**

① 콘크리트, 암석 등을 파쇄 하는데 사용된다.
② 유압 모터와 암의 링크에 장착되어 있다.
③ 조개모양의 버킷이다.
④ 수직방향으로 굴착한다.

해설
브레이커 : 콘크리트, 암석 등을 파쇄 하는데 사용된다.

**51** **다음 중 와이어로프의 구성요소가 아닌 것은?**

① 심강 ② 중공
③ 소선 ④ 심선

해설
와이어로프는 심강, 소선, 심선 가닥으로 구성된다.

정답 45 ② 46 ④ 47 ② 48 ① 49 ① 50 ① 51 ②

**52 무한궤도식 도저의 트랙장치에서 하부 롤러에 대한 설명으로 틀린 것은?**

① 트랙 프레임에 4~7개 정도가 설치된다.
② 전체 중량을 트랙에 균일하게 분배하는 역할을 한다.
③ 트랙의 회전 위치를 바르게 유지하는 역할을 한다.
④ 트랙의 처짐을 방지하고 트랙의 회전위치를 바르게 유지한다.

해설

상부 롤러 : 트랙의 처짐을 방지하고 트랙의 회전위치를 바르게 유지한다.

**53 와이어로프의 종류 중 안전율이 4.0이 아닌 것은?**

① 지지 로프
② 보조 로프
③ 붐 신축용 로프
④ 권상용 와이어로프

해설

권상용 와이어로프의 안전율은 5.0이다.

**54 굴착기의 기본 작업 사이클을 나열한 것으로 옳은 것은?**

① 선회 → 굴착 → 적재 → 선회 → 굴착→ 붐상승
② 선회 → 적재 → 굴착 → 적재 → 붐상승 → 선회
③ 굴착 → 적재 → 붐상승 → 선회 → 굴착 → 선회
④ 굴착 → 붐상승 → 스윙 → 적재 → 스윙 → 굴착

해설

굴착기의 기본 작업 사이클 : 굴착 → 붐상승 → 스윙 → 적재 → 스윙 → 굴착

**55 기중기에서 일반적으로 사용되고 있는 드럼 클러치의 형식은?**

① 내부 확장식
② 내부 수축식
③ 외부 수축식
④ 외부 확장식

해설

내부 확장식 : 일반적으로 사용되고 있는 드럼 클러치의 형식을 말한다.

**56 로더로 상차 작업 대상물 진입하는 방법이 아닌 것은?**

① V형 ② I형
③ Z형 ④ T형

해설

로더의 상차 및 적재방법은 I형, V형, T형으로 분류된다.

**57 굴착기에서 스윙 기능이 불량한 원인이 아닌 것은?**

① 스윙모터 내부 손상
② 센터 조인트 불량
③ 릴리프 밸브 설정압력 저하
④ 컨트롤 밸브 스풀 불량

해설

센터 조인트(터닝 조인트) : 상부 회전체의 회전에 영향을 미치지 않고 주행모터에 작동유를 공급해주는 장치를 말한다.

**58 도저를 이용하여 댐 공사, 도로공사, 농경지 작업할 때 흙 및 자갈 등을 단거리 운반하는데 가장 적절한 도저의 작업장치는?**

① 트랙
② 리퍼
③ 트랙 아이들러
④ 블레이드

52 ④ 53 ④ 54 ④ 55 ① 56 ③ 57 ② 58 ④

해설

블레이드 : 댐 공사, 도로공사, 농경지 작업할 때 흙 및 자갈 등을 단거리 운반하는데 가장 적절하다.

**59 무한궤도식 굴착기에서 작업장치의 구성요소로 옳은 것은?**

① 스프로킷 ② 버킷
③ 트랙 ④ 주행모터

해설

스프로킷, 트랙, 주행모터는 하부 주행체의 구성요소이다.

**60 로더의 버킷 중 나무뿌리 뽑기 및 제초작업 등 지반이 매우 단단한 땅을 굴착 할 때 적절한 버킷은?**

① 사이드 덤프 버킷
② 래크 블레이드 버킷
③ 스켈리턴 버킷
④ 암석용 버킷

해설

래크 블레이드 버킷 : 나무뿌리 뽑기 및 제초 작업 등 지반이 매우 단단한 땅을 굴착 할 때 적절한 버킷을 말한다.

정답 59 ② 60 ②

# 기발한 굴착기운전기능사 (기중기·로더·불도저 공통)


발 행 일 2023년 1월  5일 개정3판 1쇄 인쇄
2023년 1월 10일 개정3판 1쇄 발행

판권
본사
소유

저 자 건설기계자격검정위원회

발 행 처 크라운출판사
http://www.crownbook.com

발 행 인 이상원
신고번호 제 300-2007-143호
주 소 서울시 종로구 율곡로13길 21
공 급 처 (02) 765-4787, 1566-5937, (080) 850~5937
전 화 (02) 745-0311~3
팩 스 (02) 743-2688, 02) 741-3231
홈페이지 www.crownbook.co.kr
I S B N 978-89-406-4660-1 / 13550

**특별판매정가 20,000원**




이 도서의 문의를 편집부(02-744-4959)로 연락주시면
친절하게 응답해 드립니다.